SU ESPACIO, SU TIEMPO

SHOHINI GHOSE

SU ESPACIO, SU TIEMPO

Científicas innovadoras que descifraron el universo

Traducción de Pedro Pacheco González

PAIDÓS Contextos

Obra editada en colaboración con Editorial Planeta - España

Título original: *Her Space, Her Time*, de Shohini Ghose
Publicado originalmente por MIT Press.
Esta edición se ha publicado por acuerdo con Westwood Creative Artists LTD y Sandra Bruna Agencia Literaria SL

Bajo el sello editorial PAIDÓS M.R.
Avenida Presidente Masarik núm. 111,
Piso 2, Polanco V Sección, Miguel Hidalgo
C.P. 11560, Ciudad de México
www.paidos.com.mx

Primera edición impresa en México: mayo de 2025
ISBN: 978-607-569-985-1

Impreso en los talleres de Impregráfica Digital, S.A. de C.V.
Av. Coyoacán 100-D, Valle Norte, Benito Juárez
Ciudad De Mexico, C.P. 03103
Impreso en México - *Printed in Mexico*

Para todas las científicas cuyos nombres
se han perdido en el tiempo, y para todas
las que están por venir y harán historia

¡Cuánto necesita la ciencia a las mujeres!

MARIA MITCHELL, astrónoma

Damos por hecho que lo que no vemos no existe.
Qué suposición tan destructiva.

OCTAVIA E. BUTLER, escritora

SUMARIO

INTRODUCCIÓN

¿Has intentado alguna vez contar estrellas en una de esas cálidas noches estivales? A pesar del resplandor de las farolas, desde el balcón de mi apartamento, situado en el centro de la ciudad, en algunas ocasiones he podido contar hasta diez. Pero si tienes la suerte de encontrarte lejos de las luces de cualquier urbe, por ejemplo, en el desierto de Gobi o en el monte Everest, podrías contar unos pocos miles. Por cada una de ellas hay muchos billones más que no podemos ver a simple vista, pero están ahí, brillando constantemente, y, aunque sean invisibles para nosotros, tenemos mucha información sobre ellas.

Sabemos que todas esas estrellas están compuestas principalmente por hidrógeno y helio. Sabemos que las podemos clasificar por su temperatura. Sabemos cómo medir las distancias que nos separan de esos diminutos puntos que adornan nuestro cielo, y sabemos cómo viven y mueren, sintetizando en lo más profundo de sus núcleos los elementos necesarios para la vida. Sabemos desde cuándo existe el universo, cuándo nacieron las primeras estrellas, e incluso tenemos alguna idea sobre cómo será su final.

Todos esos datos, y muchos otros que han sido esenciales para transformar la física y la astronomía, se obtuvieron gracias a descubrimientos llevados a cabo por mujeres. Desde que se empezaron a realizar investigaciones científicas, ellas siempre estuvieron ahí, aportando nuevos conocimientos sobre el universo, incluso cuando fueron eclipsadas por los brillantes halos de los hombres con los que trabajaban. Estas mujeres miraron en el interior de las estrellas y de los átomos, descubrieron nuevos elementos y nuevas partículas, y lucharon por la ciencia, la justicia y las generaciones futuras. Este libro tiene como protagonistas a estas exploradoras anónimas del cosmos, estrellas ocultas de nuestro mundo que hicieron visible el universo invisible.

Entre toda esa inmensa cantidad de estrellas, hay muchas que, a diferencia de nuestro Sol, no son solitarias. En lugar de eso, se encuentran por pares formando sistemas binarios, parejas de estrellas fundidas en un abrazo gravitacional. Es bastante reconfortante pensar que se emparejan en el vasto vacío del espacio, girando una alrededor de la otra al son de un hermoso vals cósmico. En la constelación a la que el pueblo cree de Norteamérica denominó Niska (el Ganso) —y que los griegos llamaron Cygnus, el Cisne— se encuentra un sistema binario especial. Está compuesto por una estrella supergigante azul y por un agujero negro, un objeto invisible tan masivo y denso que ni siquiera la luz puede escapar de su atracción gravitatoria. Entonces, ¿cómo sabemos que está ahí? Observando a su compañera de baile.

Piensa en una pareja que está bailando un vals en un salón. Podemos ver al hombre, pero no a la mujer. Le vemos coger la mano invisible de su pareja y moverse en su dirección cuando ella tira de él. Sabemos que la mujer está ahí. La supergigante azul revela la existencia de su compañera invisible de una forma parecida, ya que en su danza orbital se manifiestan los «tirones» de una compañera oculta. Cygnus X-1 fue el primer agujero negro descubierto de esta manera, en 1971. El hecho de que pudiéramos «ver» un objeto invisible causó un gran revuelo. Muchos investigadores creían que un objeto como ese no podía existir. Incluso Stephen Hawking pensó que el descubrimiento era un error. Se alegró de que se demostrara que estaba equivocado.

Como física, siempre me han fascinado los agujeros negros, uno de los últimos misterios de la física y la astronomía. Pero, para mí, su descubrimiento tenía un significado mucho más profundo. El universo nos estaba demostrando que no hay nada que sea realmente invisible.

Al igual que otras científicas que me precedieron, también sé lo que es ser invisible. Cuando pienso en mi época como universitaria, ya en Estados Unidos, las palabras que recuerdo con más claridad son «¡Buenos días, caballeros!». Así era como saludaba uno de mis profesores al llegar al aula, sin tener en cuenta a la única mujer que había en la sala. Yo bromeaba diciendo que debía tener el superpoder de la invisibilidad. Esas bromas me ayudaron a no desaparecer de verdad.

No me sorprendió mucho pasar desapercibida en mi clase de física. En mi instituto de la India ya había empezado a darme cuenta de que en los libros de texto de física apenas aparecían mujeres (estaba claro que ellas también poseían mi superpoder). La excepción era Marie Curie, la única persona de cualquier género que ha ganado dos Premios Nobel en disciplinas diferentes, física y química. Tuvo que ganar «dos» para que su superpoder fuera la visibilidad. Ni mis amigos ni mi familia habían oído hablar de ninguna otra mujer que se dedicara a la física.

Ahora vivo y trabajo en Canadá, y también aquí las mujeres que se dedican a la ciencia siguen sin ser visibles para un porcentaje sorprendentemente alto de la población. En 2019, un año después de que mi compañera canadiense Donna Strickland ganara el Premio Nobel de Física, una encuesta reveló que más del 52 % de los canadienses seguían sin ser capaces de nombrar a una sola mujer científica, y mucho menos a una mujer especializada en física. Cuando se les pedía que describieran a alguien que se dedicaba a la informática, un 82 % se imaginaba a un hombre. Un estudio realizado en 2017 en Estados Unidos mostró que menos del 1 % de las personas encuestadas podía nombrar a una mujer científica viva. Aproximadamente, dos de cada tres estudiantes de secundaria (y nueve de cada diez estudiantes que se identificaban como hombres) representan a un varón cuando se les pide que dibujen a una persona que se dedica a la ciencia.

Mientras seguía adelante con mis estudios de física descubrí que, tanto en física como en astronomía, cada ecuación revela algún aspecto maravilloso de la naturaleza (las órbitas de los planetas en caída libre alrededor del Sol, las fluctuantes ondas de probabilidad de la estructura atómica o los luminosos arcoíris que aparecen tras las tormentas). Ninguna de esas ecuaciones requiere de una persona de un género particular para ser resuelta, y en ninguna de sus soluciones aparece el género como parámetro. Cuanta más física aprendía, más me asombraba el universo y más humilde me sentía por lo poco que aún sabemos. Es increíble que nuestros diminutos cerebros humanos, cuyo tamaño es algo menor que una mil cuatrillonésima parte del tamaño del universo observable, puedan comprender parte de su majestuosidad y belleza. Mi capacidad de asombro no estaba limitada por mi género, y lo más seguro es que, antes que yo, muchas otras mujeres se sintieran igual de inspiradas.

Pero mis libros de física seguían estando llenos de hazañas llevadas a cabo por hombres brillantes: Einstein, Newton, Galileo, Schrödinger, Bohr, Rutherford, Maxwell, Tesla, Faraday, Heisenberg, Planck... Había muchos. Terminé mi licenciatura en Física sin haber tenido ninguna profesora. En el interior de mi cabeza, una vocecita que nunca se callaba me preguntaba si no tendría la combinación equivocada de cromosomas para dedicarme a la física.

Pregunté a amigos y a otros compañeros por qué en este campo científico había tan pocas mujeres. Algunos me dijeron que las mujeres estaban más preparadas para aquellos campos en los que interviniera la crianza, como si eso fuera ajeno a las leyes que rigen el universo. Otros pensaban que las mujeres no tenían la confianza y el valor suficientes para explorar las nuevas fronteras de la física y la astronomía, ni tampoco el instinto y la energía necesarios. Algunos incluso sugirieron que las mujeres podrían necesitar una ayuda suplementaria para adquirir los conocimientos técnicos requeridos. O que las mujeres no pueden llegar a ser genios de la ciencia. Es decir, las chicas no están hechas para las matemáticas complejas. Lo que querían decir es que el problema está en las mujeres, no en este campo científico.

Así que recurrí a la ciencia en busca de respuestas. En contra de la creencia común, los estudios que se han realizado han llegado a la conclusión de que las chicas rinden tan bien como los chicos en matemáticas y ciencias en general. (En la mayoría de los casos, en esos estudios, los investigadores no han ido más allá del binarismo de género). Las habilidades numéricas y espaciales son similares desde la infancia, independientemente del género. Ningún escáner ha detectado que el cerebro de los niños esté mejor preparado para las matemáticas que el de las niñas. En los últimos años, las chicas están sacando mejores resultados que los chicos en las asignaturas de matemáticas y ciencias de los institutos de secundaria de muchos países, una tendencia que desmiente el mito del género. Está claro que ni los pechos ni otras partes del cuerpo femenino son impedimento alguno para estudiar física.

Entonces, ¿por qué hay tantos hombres en los departamentos de física? La culpa es de todos. Porque el género, como muchas otras cosas más que nos dividen, es un constructo social. Lo hemos creado nosotros. A los humanos nos gusta diferenciarnos en categorías con etiquetas que tienen que ver con la identidad, el género o el rol. Asociamos la física y la astronomía con la masculinidad, confundiendo las diferencias físicas existentes entre los sexos con diferencias intelectuales. La «objetividad» y la «racionalidad», consideradas durante mucho tiempo propias únicamente de los hombres, se convirtieron en los pilares del pensamiento científico, muy por encima de la imaginación, la creatividad y la pasión, lo que limitó tanto a la ciencia como a los hombres. Las instituciones políticas y religiosas, controladas desde siempre por los hombres, fueron las primeras guardianas de la ciencia. Se añadieron etiquetas adicionales como la «tradición» y la «cultura» para excluir a las mujeres. Algunos decían que las actividades intelectuales dañaban los órganos reproductores de la mujer, o que estos atributos femeninos eran el origen de la «irracionalidad» y la «histeria» que incapacitaban a las mujeres para la ciencia. Incluso ahora, aunque esas ideas han sido completamente desmentidas, siguen ejerciendo cierta influencia. También entre las mujeres. En todo el mundo, solo uno de cada cinco estudiantes universitarios de física es mujer. En Estados Unidos, de los casi sesenta mil doctorados en física concedidos entre 1972 y 2017, noventa fueron otorgados a mujeres negras. En el momento de escribir estas líneas, en Canadá no hay ninguna profesora negra en física o astronomía. A lo largo de la historia, las ideas preconcebidas sobre los roles de género y las capacidades intelectuales han conseguido ir borrando a aquellas que se salían de la norma, excluyéndolas de la historia de la ciencia.

Pero las etiquetas se pueden modificar. En lugar de hacer cambiar a las mujeres, ¿qué pasaría si pudiéramos cambiar la física y la astronomía? Incluso podríamos eliminar sus etiquetas, ampliándolas y mejorándolas. En estas páginas encontrarás muchas razones para eliminar esos estereotipos para siempre.

Las mujeres siempre han desempeñado un papel importante a la hora de descifrar los secretos del universo. No necesitaron el permiso de los hombres para ser curiosas. Lucharon por el derecho a entrar en las mejores universidades del mundo y a convertirse en investigadoras y científicas. Descubrieron cómo acceder a las leyes ocultas de la naturaleza, incluso cuando ellas mismas eran invisibles. Gracias a su trabajo, algunos hombres fueron galardonados con el Premio Nobel. Sus contribuciones eran constantemente devaluadas, minimizadas o atribuidas a hombres. Era un fenómeno tan común que pasó a ser conocido como el «efecto Matilda», en honor a Matilda Gage, una activista del siglo XIX que fue la primera en hablar de él.

Pero este no es un libro de biografías. No bastaría un único libro para hacer honor a las vidas de todas las mujeres de las que hablo aquí. En lugar de eso, he optado por estructurar los capítulos en torno a la ciencia que hicieron y a algunos aspectos de sus historias con los que, como mujer que se dedica hoy en día a la física, me identifico completamente. He aprendido mucho estudiando sus vidas. La física que hay en mí siempre busca patrones y relaciones en el mundo que nos rodea. Las trayectorias personales y profesionales de estas mujeres también están llenas de pautas, tanto en el contexto científico y social en el que vivieron como en los retos que superaron y en las capacidades y fortalezas que las ayudaron a triunfar. Las mujeres que aparecen en cada uno de los capítulos no solo tienen en común el tema de su investigación, sino también las barreras a las que se tuvieron que enfrentar. Todas ellas influyeron en la ciencia y en la sociedad de múltiples formas. Quiero contar su historia colectiva.

Casi todas las mujeres que aparecen en este libro rompieron las reglas y marcaron tendencias. Hicieron descubrimientos revolucionarios ampliando de esa forma las leyes conocidas de la física. Ni las políticas institucionales ni los prejuicios existentes sobre el papel que la mujer debía desempeñar en la ciencia consiguieron disuadirlas de su propósito. Cecilia Payne, por ejemplo, descubrió la composición química del universo y consiguió que Harvard entendiera que las mujeres podían ser profesoras de astronomía. Estas científicas averiguaron cómo superar las barreras estructurales y sociales y, al hacerlo, pusieron de manifiesto cuán inaceptables eran esos obstáculos. Lograron que se produjera un cambio institucional y cultural.

Aunque fueron subestimadas con demasiada frecuencia, su trabajo radical y fuera de lo común dio lugar a descubrimientos espectaculares. Lise Meitner desveló el secreto de la fisión nuclear, y el trabajo de Bibha Chowdhuri condujo al descubrimiento no de una, sino de dos partículas fundamentales de la naturaleza. Estas extraordinarias científicas nos invitan a replantearnos el estereotipo según el cual, en ciencia, solo los hombres pueden alcanzar la genialidad.

Por encima de todo, estas mujeres sentían pasión por su trabajo. Las mediciones que realizaron y los datos que recogieron ayudaron a descubrir nuevas leyes y relaciones fundamentales, a diseñar nuevos instrumentos y experimentos revolucionarios, a identificar tipos desconocidos de materia, a desarrollar nuevas teorías y a poner en marcha campos de investigación completamente innovadores. Influyeron en tantas áreas diferentes de la física y la astronomía que, aunque me encantaría, es imposible incluir aquí un análisis en profundidad de cada una de sus contribuciones científicas. En lugar de eso, me he centrado en las grandes cuestiones que afrontaron cada una de estas mujeres, el contexto científico en el que trabajaron, la importancia de los problemas que tuvieron que superar, cuáles fueron sus hallazgos y qué influencia tuvieron (sin dejar de incluir toda la física y la astronomía necesarias para que se puedan apreciar plenamente sus espectaculares contribuciones). Las suyas son historias apasionantes llenas de descubrimientos, innovación, liderazgo inspirador y persistencia ante los abrumadores retos que tuvieron que superar.

Cuando escribía (en inglés) sobre estas mujeres, me costaba mucho describirlas como *women scientists* (mujeres científicas o solo científicas). Después de todo, nadie dice que Einstein o Newton fueran *men scientists* (hombres científicos). Al igual que los hombres, estas mujeres merecen ser consideradas personas brillantes, sin necesidad de utilizar calificativos de género. Pero lo cierto es que, a pesar de que el inglés es un idioma agénero, el término *scientist* sí que tiene adjudicado un género, incluso hoy en día. Si no viene precedido de un adjetivo explícito, la mayoría de las veces se refiere a un hombre (a menudo, quienes leen mis artículos científicos dan por hecho que soy un hombre). Por esta razón, los hombres que trabajan en ciencia pueden omitir su género en la descripción de su trabajo, y poner únicamente *scientist*.

Lo mismo se puede decir de la raza, la aptitud personal y toda una multitud de identidades a las que el mundo científico les ha asignado una capacidad predeterminada. Pero esas identidades son importantes, pues influyen en quién puede hacer ciencia, qué tipo de ciencia es la que recibe apoyo y quién tiene acceso a los resultados. Por eso he optado por seguir hablando de «mujeres científicas» como recordatorio de que el género sí que importa, de que en la ciencia se sigue asignando un género por defecto y de que estas mujeres científicas triunfaron a pesar de trabajar en un campo dominado por hombres.

Por cada mujer que presento en estas páginas, hay muchas más que han participado en el viaje de la humanidad hacia el descubrimiento de las leyes de la naturaleza. Los nombres de algunas de ellas se han perdido para siempre. Sin embargo, sus contribuciones científicas siguen formando parte de la historia de la física y la astronomía. La huella dejada por estas mujeres científicas invisibles perdurará en el tiempo.

En 2019 se dio a conocer la primera imagen de un agujero negro, uno de los mayores logros de la ciencia. Sí, habían descubierto cómo tomar una fotografía de un objeto invisible que atrapa la luz y que se suponía que no existía. Esa imagen no era resultado de una inferencia indirecta de un compañero o compañera invisible de baile, sino una reconstrucción de un agujero negro supermasivo situado en el centro de la galaxia M87. Pero ¿cómo lo hicieron? ¿Podía escapar luz de un agujero negro? No. Las leyes de la física siguen en vigencia en esos lugares, pero la gente que trabaja en ciencia averiguó cómo solucionarlo. Y ello fue posible porque seres humanos de todos los géneros y procedencias trabajaron juntos en todo el mundo para hacer posible lo imposible. Observaron que el material caliente que giraba alrededor del agujero negro emitía luz, gracias a la cual pudieron construir una imagen del centro oscuro observando su borde brillante. El resultado fue una imagen en forma de rosquilla compuesta por la luz que rodeaba los límites de la invisibilidad. Esa imagen histórica y reveladora de un objeto oculto situado a millones de años luz de la Tierra se hizo viral a los pocos minutos de ser publicada.

Esa es la emoción que provoca ver lo invisible.

CAPÍTULO 1

Buscando su espacio: las decodificadoras de estrellas que catalogaron el universo

Annie Jump Cannon, Anna Draper, Williamina Fleming, Antonia Maury, Cecilia Payne-Gaposchkin y las mujeres del Observatorio del Harvard College

Me encontraba frente a doscientos rostros expectantes que me observaban con atención, así que respiré hondo y me dispuse a empezar mi charla. Era el invierno de 2006, y yo, una profesora universitaria novata a la que habían asignado el curso de astronomía de primer año. Había aprovechado la oportunidad que se me ofreció de poder asombrar a los nuevos estudiantes explicándoles las maravillas del universo, pero las primeras semanas fueron duras. Como estudiante, nunca tuve como profesora de física a una mujer. Como maestra, pude ver la expresión de sorpresa en las caras de mis alumnos cuando me vieron entrar por primera vez en el aula. Había tratado de ganármelos centrándome en la belleza de la ciencia que estábamos estudiando, y la verdad es que estaba funcionando. Pero la clase de ese día era muy especial. Les iba a hablar de las mujeres científicas que habían cartografiado y medido las estrellas, y tenía que hacerlo bien.

Mientras preparaba la clase, ojeé el libro de texto de astronomía elegido para el curso y encontré una frase bastante extraña utilizada para describir una propiedad clave de las estrellas: *Oh, Be A Fine Girl, Kiss Me!* Me pregunté si debería utilizar otro libro de texto. Pero cuando consulté otros, publicados en diversas partes del mundo, ahí estaba la misma frase, tanto impresa como en formato digital. En todos ellos. Me pregunté cómo podría abordar este tema en clase y, finalmente, encontré inspiración en las estrellas. Ahora tenía un plan.

In memoriam

La observación de las estrellas es una de las actividades científicas más antiguas, pero en Norteamérica no se convirtió en una actividad profesional y a gran escala hasta principios del siglo XX. Curiosamente, una gran parte de la financiación que recibió la astronomía fue aportada por mujeres, como la astrónoma aficionada Mary Anna Palmer. Es más que posible que no encuentres su nombre en los libros de texto de astronomía. En cambio, sí que te toparás con el nombre de Henry Draper, el hombre con el que se casó en 1867. Médico y profesor de la Universidad de Nueva York, Draper era también un apasionado aficionado a la astronomía. Era uno de esos hombres que, en aquella época, eran conocidos como caballeros científicos. La finca de su padre, situada en Hastings-on-Hudson, a las afueras de la ciudad de Nueva York, era el lugar ideal en el que construir su propio observatorio. Allí pasó noches maravillosas estudiando los cielos con el telescopio que él mismo fabricó. La afición de Henry despertó el interés de Anna, aunque no existía un término equivalente para designar a una mujer que se dedicara a la ciencia como afición. Al día siguiente de su boda, fueron a comprar vidrio para construir los espejos de un nuevo telescopio. Durante los quince años siguientes, la astronomía fue su pasión común. En 1872, la pareja captó unas imágenes que supusieron el comienzo de una revolución en la astronomía observacional.

Los astrónomos escudriñaban el cielo con telescopios desde 1610, año en el que se produjeron las primeras observaciones trascendentales de Galileo. En los dos siglos posteriores, se desentrañaron muchos secretos del universo (nuevos planetas, lunas, cometas, estrellas, constelaciones y mucho más). Pero una vez descubiertas, estas maravillas tenían que ser dibujadas a mano en papel y descritas con palabras si querían compartirse con el mundo. Aquella era una tarea frustrante e imprecisa. La invención de la fotografía en la década de 1830 fue un punto de inflexión. El padre de Henry Draper, John William Draper, ávido observador de los cielos como él, fue la primera persona de todo el mundo que, en 1840, tomó una fotografía de la Luna vista a través de un telescopio.

Mientras tanto, progresaba a gran velocidad otra técnica de observación que nació en el siglo XVII. Empezó con un simple prisma. La luz solar que pasa a través de un prisma se dispersa en sus muchos colores constituyentes. En la actualidad, todos damos por válida la idea de que la luz solar está compuesta por todos los colores del arcoíris, pero no se demostró científicamente hasta que Isaac Newton llevó a cabo un experimento aparentemente sencillo y a la vez crucial: utilizó un prisma para separar los colores de la luz solar y otro para recombinarlos de nuevo, demostrando así que no era el prisma el que contenía los colores, sino la propia luz. También demostró que un determinado color de la luz —por ejemplo, el rojo— seguía siendo el mismo al pasar a través de un segundo prisma, lo que confirmaba que el color era una propiedad de la luz y no del prisma. En realidad, la naturaleza nos muestra el contenido de la luz solar cada vez que se crea un arcoíris, cuando las gotas de agua presentes en el aire actúan a modo de prisma, pero no lo entendíamos hasta que Newton realizó sus experimentos. Newton acuñó el término «espectro» para describir los colores que componían el arcoíris. Los científicos empezaron pronto a desarrollar mejores técnicas para separar y estudiar el espectro de la luz solar, y también para explorar los espectros emitidos por otras fuentes de luz como velas o gases calientes. Había nacido el campo de la espectroscopia.

Cansados de registrar a mano los espectros de las estrellas, los Draper se propusieron tomar la fotografía más nítida posible de un espectro estelar. Hoy en día, cuesta imaginar la magnitud del reto que supuso esta idea antes de que existieran los ordenadores, las cámaras CCD o incluso las películas fotográficas. Cada imagen se grababa en placas de vidrio recubiertas de emulsiones químicas especiales. La placa debía colocarse con mucho esmero en una determinada posición para que la luz de la estrella recogida por el telescopio se pudiera separar en su espectro, para luego enfocarla en la placa fotográfica, la cual debía protegerse de las fuentes de luz parásita. Los Draper se centraron en la estrella Vega, y en 1872 pudieron tomar la primera fotografía de la historia del espectro de una estrella. Entusiasmada, la pareja continuó con sus observaciones durante la década siguiente, convirtiéndose en exploradores que vagaban juntos entre las estrellas. Henry incluso renunció a su puesto de profesor en la Universidad de Nueva York para dedicarse a tiempo completo a la astronomía. Pero en 1882, sin llegar a poder hacerlo, falleció por culpa de una inflamación pulmonar. Tenía cuarenta y cinco años.

Anna Draper intentó contratar ayudantes para continuar con el trabajo que hacían juntos, pero se dio cuenta de que no era tan fácil reemplazar a Henry. Así que decidió cambiar de estrategia. Cuando falleció su padre, heredó una importante cantidad de dinero. Eso le permitió crear la fundación Henry Draper Memorial en el Observatorio del Harvard College, uno de los primeros edificios del país dedicados a la investigación astronómica. Anna donó sus telescopios al observatorio. Ese apoyo era exactamente lo que Edward Charles Pickering, director del observatorio, estaba buscando para poner en marcha un plan bastante ambicioso: quería crear un catálogo completo de miles de estrellas. Ahora ya tenía lo que necesitaba; lo único que le quedaba por hacer era encontrar a las personas adecuadas que lo ayudaran a llevar a cabo su proyecto. Una de ellas iba a ser Annie Jump Cannon.

Códigos de barras en la luz de las estrellas

Tenía claro que mi charla solo tendría éxito si podía esbozar para mis alumnos un retrato de Annie Jump Cannon lo más fiel posible. Por suerte, su historia es maravillosa.

De niña, Annie disfrutó de algunas ventajas que la ayudaron a encontrar el camino que acabaría llevándola al Observatorio del Harvard College. Era hija de un senador de Delaware, lo que le facilitó el acceso a buenas escuelas y universidades para mujeres. Aunque el estatus de su padre le abrió muchas puertas, fue su madre quien, literalmente, le dio a conocer el universo, ya que juntas observaban las estrellas desde la buhardilla de su casa. Ese temprano estímulo resultó ser crucial. Annie decidió estudiar física y astronomía en el prestigioso Wellesley College, donde se graduó con las mejores calificaciones en 1884. Durante su estancia allí, tuvo la suerte de asistir a clases de astronomía impartidas por Sarah Frances Whiting, la primera profesora de física en Wellesley y la persona que había creado el departamento. En las clases de Whiting, las estudiantes realizaban experimentos prácticos y utilizaban técnicas de laboratorio que ella misma había aprendido de Edward Pickering.

Podría parecer que el siguiente paso natural en la carrera de Cannon era Harvard, pero en aquella época a las mujeres no se les permitía estudiar allí, y mucho menos en disciplinas tan dominadas por los hombres como la astronomía. Annie se pasó los siguientes diez años en su tierra natal de Delaware, dando clases y explorando por sí misma el campo aún en desarrollo de la fotografía. Incluso publicó un folleto con fotos que se distribuyó en la Exposición Universal de Chicago de 1893.

En 1894, su mundo se derrumbó con el fallecimiento de su madre. Devastada por la pérdida de su gran apoyo, Annie buscó consuelo en la astronomía. Empezó a trabajar como ayudante de la profesora Whiting en Wellesley. Con su ayuda, pudo matricularse en Radcliffe, la universidad hermana de Harvard. Las clases eran impartidas por profesores de Harvard, gracias a lo cual a Cannon se le presentó una gran oportunidad. En 1896 fue seleccionada para trabajar como ayudante en el Observatorio del Harvard College. Por entonces, se había quedado parcialmente sorda, probablemente debido a una infección de escarlatina, pero eso no la desanimó.

El observatorio de la Universidad de Harvard fue fundado por otro caballero científico, William Cranch Bond. Relojero de profesión, Bond sentía tanta pasión por la astronomía que convirtió su salón en un observatorio. Colocó una claraboya en el techo para poder observar el cielo con su telescopio. Fue el primer estadounidense que detectó el Gran Cometa de 1811, y en las dos décadas siguientes fue conocido por sus mediciones astronómicas. La Marina de Estados Unidos llegó a utilizar la localización de su casa como punto de referencia, ya que había medido con gran precisión su latitud y su longitud. En 1839, cuando Harvard lo nombró Observador Astronómico de la Universidad (un puesto no remunerado), instaló allí su propio equipo personal de observación, creando de esa forma el Observatorio del Harvard College.

En 1843, un cometa pasó tan cerca del Sol que su cola alcanzó la impresionante longitud de trescientos millones de kilómetros. Fue uno de los cometas más brillantes de la historia. Su rastro se podía ver incluso durante el día, lo que despertó el interés del público por la astronomía. Harvard aprovechó ese brillante acontecimiento celeste para recaudar dinero, gracias al cual se pudo comprar el mejor telescopio disponible en el mercado y construir una instalación específica para él. El Gran Refractor, que debe su origen al Gran Cometa de 1843, siguió siendo el mayor telescopio de Estados Unidos durante las dos décadas siguientes, convirtiendo al observatorio en el líder mundial en astrofotografía.

La señorita Cannon, que es como la llamaban en el observatorio, no fue la primera mujer que trabajó allí. Antes que ella ya se había contratado a más de una docena de mujeres para que ayudaran a analizar las observaciones realizadas por los astrónomos, todos hombres. Algunas de esas mujeres eran esposas o parientes de los científicos del equipo. Todas cobraban la mitad que los hombres de la plantilla. Pickering justificó la brecha salarial existente calificando el trabajo que realizaban las mujeres en la categoría de secretaría o contabilidad. Pero no era así.

Para poder apreciar en toda su dimensión lo que estaban haciendo estas mujeres pioneras a principios del siglo XX, podemos hacer el siguiente ejercicio mental. Imaginemos un hermoso bosque otoñal, cuando los árboles se tiñen de amarillo dorado, naranja ardiente o rojo vino. Mientras escribo estas líneas puedo ver a través de la ventana los árboles del parque, situado al otro lado de la carretera, brillando al atardecer. Imaginemos, entonces, que mi trabajo consistiera en catalogar y clasificar el color de cada árbol del bosque calculando la proporción de amarillo, verde, rojo y naranja de cada uno de ellos. Para hacerlo, solo puedo utilizar mis ojos, una lupa, un papel, un lápiz y una fórmula para cuantificar la cantidad de cada color. Me paso el día analizando imágenes de bosques, catalogando y calculando los componentes de cada color presente en cada árbol. Si nos parece que es una tarea agotadora, tediosa y casi imposible de hacer, entenderemos qué fue lo que se les pidió a las mujeres de Harvard.

Gracias a la espectroscopia estelar, el objetivo del Observatorio del Harvard College era intentar obtener y catalogar el espectro de colores de bosques de estrellas en lugar de árboles. El primer paso era tomar fotografías con los mejores telescopios disponibles. La luz recogida se separaba en los colores que la componían y el espectro del arcoíris resultante se grababa en una placa de vidrio (la fotografía). Los astrónomos se encargaban de manejar los telescopios y de registrar las imágenes. Las mujeres, en cambio, examinaban las placas.

Trabajaban juntas en una sala del observatorio, grande y bien iluminada, que se conocía como «sala de las calculadoras». Eran aproximadamente doce mujeres que a menudo se agrupaban como si fueran estrellas binarias. Una escudriñaba la placa con una lupa o un microscopio transmitiendo en voz alta sus observaciones, mientras que la otra orbitaba a su alrededor, anotando lo que le decía su compañera. Pensar en aquella sala de una institución científica, en la que resonaban las voces de las mujeres, me llena de alegría. Es algo que incluso hoy en día resultaría extraño. Aunque las placas solo podían captar imágenes en blanco y negro de los espectros, si se escrutaban de cerca se podían detectar patrones de líneas oscuras que las hacían parecer un código de barras borroso sobre el fondo grisáceo del espectro del arcoíris. Oculta en esos «códigos de barras» se hallaba la composición química de las estrellas.

Anteriormente, los científicos ya habían observado la presencia de líneas oscuras en el espectro de la luz solar si esta había atravesado algún gas, y se dieron cuenta de que cada gas en particular tenía asociado un conjunto específico de líneas. Por ejemplo, cuando la luz solar pasa a través del gas de hidrógeno, este absorbe colores concretos, lo que da como resultado un conjunto de líneas oscuras de «absorción» en el espectro del arcoíris que es diferente al de las líneas que se ven cuando, por ejemplo, la luz atraviesa gas de sodio o de cualquier otro elemento de la tabla periódica. El espectro de absorción es realmente un código de barras, una huella dactilar del elemento que es el resultado de su estructura interna única. Es un regalo para los químicos que intentan identificar compuestos desconocidos y para los astrónomos que intentan averiguar cuál es la estructura química de las estrellas.

Al comparar el espectro de absorción de una estrella con los espectros de absorción conocidos del hidrógeno, el helio u otros elementos, los científicos pueden averiguar cuáles son los gases constituyentes de la estrella en cuestión. Para eso contrataron a las decodificadoras de códigos de barras de Harvard. Analizaron cuidadosamente cada imagen borrosa buscando todas las líneas de absorción. Una vez detectadas, calculaban las longitudes de onda (colores) absorbidas, calculaban la solidez y la anchura relativa de cada línea, y comprobaban un par de veces sus números. De este modo pudieron identificar cuáles eran los gases y registraron los datos con todo lujo de detalles. Su trabajo cumplía con todos los requisitos que hoy en día creemos que debe caracterizar a cualquier investigación científica seria: análisis cuidadoso, registro y catalogación de los datos. Ningún trabajo de secretaría o contabilidad exigía hacer tareas como esas. Pickering y el resto de los astrónomos justificaron haber calificado ese trabajo de la forma en la que lo hicieron porque requería paciencia y concentración, cualidades típicas de las secretarias (mujeres), ya que no se distraerían pensando en otras cosas. No eran astrónomas, eran «computadoras» o «calculadoras». Nadie les preguntó a las mujeres si estaban de acuerdo.

También se dio por sentado que al ser un trabajo en el que la organización era esencial resultaría atractivo para las mujeres, dado que por regla general eran amas de casa. ¿A quién se le ocurrió que la espectroscopia astronómica era una tarea remotamente similar a organizar los armarios de la cocina? Además, las mujeres no eran la principal fuente de ingresos de sus hogares, por lo que se consideraba razonable pagarles salarios más bajos. Pero dado que tenían muy pocas oportunidades de participar en algo que tuviera que ver con la astronomía y el análisis científico, aceptaron el trabajo con entusiasmo. Cuando Annie Jump Cannon se unió al equipo, las mujeres del Observatorio del Harvard College ya habían analizado miles de estrellas, gracias a lo cual elaboraron un catálogo tan completo que se sigue utilizando hoy en día. A pesar de sus importantísimas contribuciones, en la primera edición del *Catálogo Henry Draper*, compuesto por más de diez mil estrellas y publicado en 1890, aparecía un único autor: Edward Pickering.

Las mujeres de Harvard pudieron dar su opinión en otra «publicación astronómica». Concretamente, en una ópera que parodiaba un éxito previo de Gilbert y Sullivan. Fue escrita en 1879 por Winslow Upton, un astrónomo asistente del observatorio, aunque con ayuda de las propias calculadoras. La tituló *The Harvard Observatory Pinafore*:

> Trabajamos desde la mañana hasta la noche,
> pues calcular es nuestro trabajo.
> Somos fieles y educadas,
> y nuestro libro de registros es una belleza.
> Con Crelle, Gauss, Chauvenet y Pierce
> trabajamos duramente todo el día;
> sumamos, restamos, multiplicamos, dividimos,
> nunca tenemos tiempo para nada más.

Organizando las estrellas

Annie Jump Cannon fue la primera «calculadora» que —gracias a su licenciatura en Física y a su experiencia a la hora de observar estrellas, adquirida con la profesora Whiting— pudo tener acceso directo a los telescopios. Le encantaba el trabajo que hacía, y los días le pasaban volando. «Por fin puedo tener la vida ajetreada que anhelaba desde hace mucho tiempo», escribió en su diario. «Ahora, mi corazón y mi vida entera son el estudio de la astronomía». Por la noche realizaba observaciones junto a los hombres, mientras que durante el día se unía a las mujeres que examinaban las placas. En muy poco tiempo aprendió a identificar tanto los patrones de líneas más comunes como aquellos que no lo eran tanto y diferían de una estrella a otra. ¿Acaso había una taxonomía de las estrellas oculta en esos patrones?

Aunque Pickering no la incluyó como autora en el *Catálogo Henry Draper* de 1890, sí que reconoció la importancia de las aportaciones de la «señorita M. Fleming» en la introducción. Williamina (Mina) Fleming era una madre soltera que fue contratada como criada antes de que la esposa de Pickering se diera cuenta de que tenía algo especial. Así que, en 1881, Pickering, frustrado porque el proceso de catalogación de estrellas iba muy lento, ofreció a Fleming un trabajo como calculadora. Necesitada de una fuente de ingresos que le permitiera salir adelante como madre soltera de un bebé tras ser abandonada por su marido, Fleming aceptó, a pesar de no tener experiencia ni en astronomía ni en espectroscopia. Fue una decisión que cambió su vida y el futuro de la investigación astronómica.

Cuando se publicó el primer *Catálogo Henry Draper*, Mina Fleming ya era supervisora del equipo de calculadoras. Tras examinar miles de espectros estelares, desarrolló un método para clasificarlos basado en la solidez relativa de las líneas de absorción de hidrógeno. Si, por ejemplo, el hidrógeno era el elemento más dominante en el espectro de una estrella concreta, esta se colocaba en la clase A. A medida que encontraba espectros más complejos, iba creando más categorías en las que clasificar las estrellas. Fueron quince en total, de la A a la Q. La clase P era para las nebulosas planetarias, y la Q, para todo aquello que no encajaba en las otras clases. ¡Diecisiete categorías que contendrían los miles de estrellas que observaron en el cielo! Sé que yo no tengo ni la resistencia ni la capacidad de observación necesarias para llevar a cabo semejante tarea. Fleming y su equipo lo hicieron por el módico precio de veinticinco centavos la hora.

Cuando, en 1896, Annie Jump Cannon se unió al equipo del observatorio, Fleming se encargó de enseñarle todo lo que sabía. Incluso le ofreció en alquiler una habitación de su casa (una fuente adicional de ingresos para la madre soltera). Cannon aceptó encantada, y las dos mujeres se hicieron íntimas amigas, de modo que, a menudo, continuaban con sus conversaciones científicas en casa, tras acabar su jornada laboral. Mientras tanto, el sistema de clasificación estelar Pickering-Fleming, que es como pasó a ser conocido, había hecho famosa a Mina Fleming. Cualquier otra mujer podría haberse sentido intimidada por el nivel mostrado por Fleming, pero Cannon era la persona más indicada para continuar con su trabajo. Clasificar 10.000 estrellas no es poca cosa.

Pero clasificar 300.000 es una tarea monumental. Y eso es lo que hizo Cannon.

Al parecer, la capacidad de observación de Cannon era asombrosa. De ella se decía que tenía unos «ojos maravillosos», capaces de reconocer al instante características casi inapreciables de los espectros, algo que nadie más era capaz de hacer. Se quitaba los audífonos para no distraerse y estudiaba minuciosamente placa tras placa con su lupa. Tardaba menos de un minuto en clasificar una estrella. Tanto Pickering como las compañeras de Cannon estaban convencidos de que nadie más podía ver lo que ella veía; la prueba eran los nuevos rasgos y patrones que era capaz de detectar. Cannon se dio cuenta de que existía demasiado solapamiento entre las diecisiete categorías estelares de Fleming, ya que había características comunes ocultas en clases que, aparentemente, eran diferentes. Y el orden de la A a la Q que Fleming había creado basándose en la abundancia de hidrógeno tampoco era del todo correcto.

Reorganizando las estrellas

Además de la clasificación estelar de Mina Fleming, en el Observatorio del Harvard College se propusieron otros enfoques para clasificar las estrellas. Edward Pickering también estaba trabajando con una joven en el análisis y la clasificación del espectro de las estrellas brillantes del hemisferio norte. En 1897, un año después de la llegada de Cannon a Harvard, Antonia Caetana de Paiva Pereira Maury se convirtió en la primera mujer que figuraba como autora (junto con Pickering) de un artículo publicado en los *Anales del Observatorio Astronómico de la Universidad de Harvard.*

Antonia Maury era sobrina de Henry y Anna Draper, y nieta de John William Draper, la primera persona que hizo una fotografía de la Luna. Parecía predestinada a estudiar las estrellas. Después de graduarse con honores en física, astronomía y filosofía en el Vassar College, en 1887, Pickering la contrató para trabajar en el proyecto del catálogo estelar que su tía estaba financiando en memoria de su tío. Una de las primeras tareas que le asignaron fue analizar el espectro de la estrella Mizar A en la constelación de la Osa Mayor.

Pickering se había dado cuenta de que, en algunas ocasiones, las líneas espectrales de Mizar A aparecían duplicadas, lo cual era muy inusual. Maury también lo vio. Juntos estudiaron el espectro durante muchos meses y confirmaron la sospecha de Pickering: Mizar A no era una estrella, sino dos. Era la primera «binaria espectroscópica» que se descubría. Mizar A está formada por dos estrellas que orbitan una alrededor de la otra pero no se pueden distinguir visualmente, aunque sí al examinar sus espectros. Maury calculó su periodo orbital y su velocidad, y pronto descubrió otra binaria oculta en los difusos espectros. La pareja de Harvard había encontrado una nueva forma de observar pares celestes. Sin embargo, cuando en 1890 se publicó el descubrimiento, el único autor que aparecía era Pickering, como venía siendo habitual en él, mientras que Maury tan solo fue merecedora de una frase en los agradecimientos.

A principios de 1892, Antonia Maury abandonó el observatorio. En aquella época estaba trabajando en su propio sistema de clasificación estelar. Temiendo no recibir el reconocimiento que merecía por su trabajo cuando abandonó el observatorio, escribió una carta a Pickering en la que le decía: «¿No sería lo más justo que, en el momento en que se publiquen los resultados, reciba crédito por lo que dejé por escrito en relación con este asunto?». No debió de ser fácil enfrentarse al director, especialmente porque en esa época no existían otros lugares en los que una mujer se pudiese dedicar a la espectroscopia estelar. Además, Maury sabía que Pickering estaba en contacto con su tía Anna Draper, a quien no le parecía aceptable la actitud de su sobrina. En cualquier caso, Maury se mantuvo firme, no solo insistiendo en que debía recibir el crédito público que merecía por su trabajo, sino que también se negó a conformarse con el sistema de clasificación Pickering-Fleming, ya que, en su opinión, era demasiado simple porque no tenía en cuenta las diferencias de anchura y nitidez de las líneas espectrales. Finalmente, regresó a Harvard con el beneplácito de Pickering, y juntos publicaron su nueva y más compleja clasificación estelar en el histórico artículo de 1897, en el que, en la lista de autores, aparecía el nombre de Maury justo encima del de Pickering.

A pesar de tener ideas diferentes sobre la organización de las categorías estelares, Fleming y Maury se llevaban bien. Cannon, conocida por sus modales amistosos y abiertos, era también amiga y defensora no solo de ellas dos, sino de todas las mujeres calculadoras del observatorio. Cuando empezó a analizar los espectros estelares era consciente de que contaban con dos enfoques diferentes para clasificar todas esas estrellas. En su opinión, ambos sistemas tenían mérito, por lo que propuso un nuevo conjunto de categorías estelares basado en los dos enfoques, pero clasificó las estrellas en solo siete categorías principales. Eliminó varias de las diecisiete clases (cada una caracterizada por una letra) del sistema de Fleming y adaptó el de Maury para reorganizar las restantes de tal modo que ya no estaban en el orden original, que iba de la A a la O. Una vez reorganizadas, se quedó con el siguiente conjunto de clases estelares: O, B, A, F, G, K y M. Ella y Pickering publicaron el nuevo sistema en los *Anales del Observatorio Astronómico de la Universidad de Harvard* en 1901 (Cannon aparecía como autora). Poco después, alguien inventó una regla mnemotécnica para recordar el orden de las letras: «Oh, Be A Fine Girl, Kiss Me!». (Oh, sé una buena chica, ¡bésame!).*

Así es como el brillante logro científico alcanzado por una mujer, basado en dos décadas de trabajo realizado por otras mu-

* En español, la regla mnemotécnica más utilizada para esta clasificación es «¡Oh, Bienaventurados Aquellos Feligreses!, Gritó Krispín, Mintiendo». (*N. del t.*).

jeres, la mayoría del cual fue financiado también por mujeres, se convirtió en una frase que era una ridícula petición a todas y cada una de las mujeres. Es más, ese sistema pasó a ser mayormente conocido como «clasificación espectral de Harvard», en lugar de «clasificación espectral de Cannon», lo que, con el tiempo, fue minimizando su contribución al proyecto. La Unión Astronómica Internacional acabó adoptando oficialmente el sistema, que sigue utilizándose en la actualidad y apareciendo en todos los libros de texto de astronomía, incluido el que utilizan los alumnos de mi clase. En la mayoría de ellos no mencionan a Cannon, a Maury ni a Fleming. En un débil intento de hacer que la regla mnemotécnica parezca menos sexista, algunos textos modernos (y Wikipedia) le han añadido una palabra: *Oh, Be A Fine Girl/Guy, Kiss Me!* (Oh, sé una buena chica/un buen chico, ¡bésame!). Yo tenía pensado algo diferente para la clase; no me limitaría a la ciencia y al sistema de clasificación que se describe en los libros de texto, sino que les iba a contar a mis alumnos la historia completa de aquella increíble época de exploración y descubrimiento de estrellas, y les hablaría de las mujeres científicas que participaron y que no aparecen en los libros de texto.

A medida que escuchaban mi explicación, sus ojos se iban abriendo de par en par. Se quedaron prendados de aquellas extraordinarias científicas y de sus historias inspiradoras. Les asombró la historia de Fleming y les impresionó el valor mostrado por Maury. Cuando llegué a la regla mnemotécnica, algunos parecían sorprendidos y otros se reían incómodos, sin saber muy bien cómo reaccionar. Así que les encargué la tarea de inventar su propia regla para la siguiente clase, y yo elegiría la mejor. Puse una condición: tenía que estar relacionada con la astronomía. ¿Cuál fue la maravillosa regla ganadora?: «Occasionally Broken Asteroids Fall, Giving Kids Meteorites». (De vez en cuando caen asteroides fragmentados, dando meteoritos a los niños).

Mis estudiantes estaban ansiosos por saber qué ocurrió después. ¿Continuaron aquellas mujeres con su trabajo? ¿Fue reconocido como trabajo científico y no de secretariado? Esto es lo que sucedió.

Mina Fleming, el ama de llaves y calculadora, nunca recibió en el observatorio el título oficial de astrónoma. Sin embargo, fue una científica incansable. A lo largo de su carrera descubrió más de trescientas estrellas y diez estrellas novas. Además, fue quien descubrió la famosa nebulosa Cabeza de Caballo, una de las más de cincuenta nebulosas que encontró ocultas en aquellas borrosas placas fotográficas de cristal. Como era de esperar, el descubrimiento se atribuyó inicialmente a Pickering, pero más tarde se corrigió. Las maravillosas fotografías modernas de alta resolución de dicha nebulosa realizadas por la NASA se han convertido en icónicas, pero pocos saben que la primera persona que la descubrió fue una mujer. En 1910, Fleming fue también quien identificó por primera vez una estrella enana blanca, un remanente frío de una estrella que ha agotado su combustible nuclear. En 1899, Harvard aceptó que Pickering nombrara a Fleming conservadora de las fotografías astronómicas del observatorio, lo que la convirtió en la primera mujer que ocupaba un puesto oficial.

A pesar de la negativa de Harvard a reconocer oficialmente las contribuciones científicas de Fleming, la comunidad astronómica la respetaba. Los miembros de la Real Sociedad Astronómica de Londres, que no se caracterizaban precisamente por su apertura mental hacia las contribuciones de las mujeres, estaban tan impresionados con su trabajo que en 1906 la nombraron miembro honorario. Era la primera mujer escocesa y la primera mujer estadounidense que recibía ese honor. El Wellesley College la nombró miembro honorario del Departamento de Astronomía a pesar de carecer de un título oficial. Aun así, nunca recibió el mismo salario que los hombres que publicaban con sus nombres los trabajos que ella había realizado. Al ser el único sostén de su familia, se encontraba en una situación económica complicada. A pesar de habérselo pedido a Pickering, este creía que no tenía la cualificación que justificara recibir el mismo salario que los hombres. Eso la encolerizaba, y con razón. «Parece que piensa que ningún trabajo es demasiado duro para mí, no importa cuál sea la responsabilidad o cuántas horas tenga que dedicarle. Pero si le planteo la cuestión del salario, enseguida me dice que recibo un sueldo excelente en comparación con los sueldos habituales de las mujeres». Tuvo que recurrir a trabajos de secretaria (más tradicionales) para poder mantener a su hijo, quien acabó graduándose en el MIT. No es de extrañar que Fleming hablara en público a favor de la igualdad de oportunidades para las mujeres que se dedicaban a la astronomía.

Mina Fleming murió de neumonía en 1911, después de pasar treinta de sus cincuenta y cuatro años de vida en Harvard. En 1970, casi sesenta años después, la Unión Astronómica Internacional (UAI) bautizó un cráter de la Luna con el nombre de Fleming, pero incluso en este caso tuvo que compartir el reconocimiento; el cráter también honra al microbiólogo sir Alexander Fleming (puede que la UAI temiera quedarse sin cráteres a los que dar nombre). Creo que le habría complacido ver la indignación y el apoyo que sus logros, que durante tanto tiempo no le fueron reconocidos, despertaron en los estudiantes de mi clase.

Fleming estaba tan bien considerada en la comunidad científica de su época que, cuando murió, la revista *Science* publicó una necrológica escrita por Annie Jump Cannon. Después de describir sus diversas contribuciones a la astronomía, finalizó señalando que «una vida dedicada a la rutina de la ciencia no tiene por qué anular el atractivo carácter humano de la naturaleza femenina». Cannon creía firmemente que las mujeres podían contribuir a la astronomía tanto como los hombres, pero que eso no contradecía lo que se entendía de manera predominante como «naturaleza» femenina. Era una persona cálida y abierta que ayudaba a los hombres del laboratorio a realizar su trabajo y que actuaba como mentora de las mujeres jóvenes.

Aunque nunca se casó ni tuvo hijos propios, cuestionó la incompatibilidad que en aquella época se creía que existía entre la vida familiar y la investigación (una actitud que persiste en nuestros días). Cannon se preguntaba: «¿Acaso la investigación, que no se limita a unas horas fijas o necesariamente al laboratorio, no puede ser llevada a cabo por mujeres casadas?». Ella misma navegó con pericia entre los límites y roles existentes asignados a las mujeres y se convirtió en embajadora de la institución, ayudándola a crear redes internacionales, organizando conferencias, negociando el intercambio de equipos, y escribiendo sobre astronomía para fomentar el interés público por este campo científico.

Tras la muerte de Fleming, Pickering consideró que Cannon era su sucesora natural en el cargo de conservadora del archivo de fotografías astronómicas del observatorio, pero el presidente de Harvard, Abbott Lowell, pensaba de otra forma. Consideraba que Fleming era una anomalía, y no tenía intención de abrir las puertas de Harvard a otras anomalías. Pickering y otros miembros de la comunidad astronómica se sorprendieron ante esa flagrante injusticia. Desde la publicación de la clasificación Cannon-Pickering, en 1901, Cannon había llegado a ser conocida como la mayor experta mundial en clasificación espectral. Nadie, ya fuera mujer u hombre, podía tener una mejor cualificación en ese campo. De todos modos, Pickering la nombró conservadora, pero no podía aparecer como tal en el directorio oficial de personal. Cannon ni se inmutó y dejó que su trabajo hablara por ella, igual que hizo Fleming.

Durante los años siguientes, Cannon y su equipo clasificaron estrellas a la vertiginosa velocidad de unas cinco mil al mes. Su reputación no dejaba de crecer. Astrónomos de todo el mundo le pidieron consejo sobre espectros y análisis estelares. En 1913, la Sociedad Astronómica Estadounidense (AAS, por sus siglas en inglés) la eligió como tesorera, lo que la convirtió en la única mujer que tenía un cargo oficial en la entidad. Ese mismo año viajó a Europa para asistir a reuniones astronómicas. Era bienvenida, a pesar de que solía ser la única mujer presente en la sala. En el Observatorio de Greenwich se percató de que no había mujeres trabajando como ayudantes, pero eso no impidió que disfrutara de sus conversaciones con los astrónomos «sin la menor sensación de estar fuera de lugar». En Alemania también se dio cuenta de que en las reuniones científicas no había ninguna mujer, y eso la incomodaba, aunque los hombres eran amables con ella. Cuando la Unión Solar la nombró miembro del comité de clasificación de espectros estelares, no pudo evitar darse cuenta una vez más de que era la única mujer presente en la sala, pero, dado que el comité la consideraba la mayor experta en el tema, no dudó en llevar la voz cantante durante toda la reunión. En 1914, la Real Sociedad Astronómica de Londres nombró a Cannon miembro honorario, el mismo honor que recibió Fleming antes que ella. Ese año, Anna Draper —que había desempeñado un papel crucial en la historia de las mujeres calculadoras— falleció, y de nuevo fue Annie Jump Cannon quien escribió su obituario para la revista *Science*, rindiendo un sentido homenaje al impacto que tuvo Draper en la astronomía. Incluso después de su muerte, Anna Draper siguió vinculada a la astronomía. En su testamento donó otros 150.000 dólares a la fundación Henry Draper Memorial de Harvard, la cual sigue financiando en la actualidad el puesto de conservador del archivo de fotografías astronómicas, cargo que se le negó a Cannon.

Pickering y Cannon siguieron trabajando en el *Catálogo Henry Draper* de estrellas, y publicaron tres nuevos volúmenes en 1918. Al año siguiente, Pickering murió repentinamente como consecuencia de una neumonía, y dejó a Cannon al cargo de los volúmenes restantes. En 1924 publicó el último de los nueve volúmenes, completando así una vasta colección de casi un cuarto de millón de estrellas. En todos ellos aparecían los nombres de ambos como autores.

Por desgracia, Edward Pickering no vivió lo suficiente para ver cómo la Unión Astronómica Internacional adoptaba oficialmente el sistema de clasificación estelar de Harvard en 1922. En otro obituario, este dedicado a su mentor y colaborador más cercano, Cannon escribió lo siguiente: «El legado que dejó al mundo fue la historia que el cielo nos ha contado durante los últimos treinta y cinco años, impresa en la colección de fotografías de Harvard».

Observando el interior de las estrellas

Tenía una historia más para contar a mis alumnos que sería un gran colofón. En 1923 llegó otra mujer al Observatorio del Harvard College, pero no iba a formar parte del equipo de calculadoras. Cecilia Payne viajó desde Inglaterra para estudiar astronomía en el observatorio, gracias a una beca Pickering.

Unos años antes, mientras estudiaba física en el Newnham College para mujeres, perteneciente a la Universidad de Cambridge, Cecilia había asistido a una conferencia pronunciada por el astrónomo sir Arthur Eddington sobre su famosa expedición a África para fotografiar el eclipse solar de 1919. Las imágenes que Eddington trajo de vuelta confirmaron las predicciones de la teoría de la relatividad general de Einstein, y lo convirtieron en una celebridad de la noche a la mañana. Cecilia escuchó boquiabierta la conferencia de Eddington. De vuelta a su habitación de la universidad, transcribió todo lo que había escuchado de memoria, mientras las preguntas se arremolinaban en su mente.

Su experiencia en Cambridge como mujer, en aulas de física en las que los hombres eran mayoría, no fue la ideal. Se solía sentar en primera fila. La toleraban, pero no la aceptaban como una más. Los hombres de la clase nunca la invitaron a ser compañera de laboratorio. Desgraciadamente, me identifico con ella. Cuando en la década de 1990 era estudiante de física, setenta años después de la época universitaria de Cecilia, muy a menudo también era la única mujer tanto en el laboratorio como en las aulas. No es de extrañar, por tanto, que buscara una salida a su aislamiento explorando otras alternativas en la astronomía en lugar de en la física.

En un acto público posterior, Cecilia se reunió con el profesor Eddington. Lo bombardeó a preguntas y le contó que estaba interesada en estudiar astronomía. Impresionado por las cuestiones que le planteó y por el entusiasmo que mostró, le dio dos proyectos en los que trabajar. Uno consistía en crear un modelo del interior de las estrellas, el cual la dejó perpleja, pero Eddington le dijo que él también había estado luchando con ese problema durante años. Tal vez era la manera de poner a prueba sus habilidades y su fortaleza. El otro proyecto no era menos difícil. Debía medir y analizar los movimientos de las estrellas cercanas al cúmulo NGC 1960, para lo cual era necesario dominar técnicas matemáticas que ella desconocía. Pero aprendió por sí misma y redactó un borrador de sus conclusiones. Eddington calificó su trabajo como «muy bueno», lo que le dio la confianza necesaria para enviar el artículo a la Real Sociedad Astronómica para su publicación.

En 1923, siendo aún estudiante, Cecilia Payne se convirtió en miembro de la Real Sociedad Astronómica, con un artículo ya publicado. Aunque completó sus estudios universitarios, no obtuvo la titulación porque Cambridge no las concedía a mujeres. En Inglaterra, la única posibilidad era convertirse en profesora. Por suerte asistió en Londres a una presentación a cargo de Harlow Shapley, que había asumido la dirección del Observatorio del Harvard College tras la muerte de Pickering. Su trabajo fascinó tanto a Cecilia que después de la conferencia le preguntó si podía trabajar con él. Shapley, tal vez con la esperanza de tener a otra Fleming u otra Cannon, le ofreció una beca para trabajar en el observatorio. Y entonces Cecilia zarpó hacia América. Nunca miró atrás.

En Boston, Annie Jump Cannon se convirtió en la protectora de Payne, igual que hizo con todas las mujeres calculadoras. Cannon y el resto de los científicos pronto se dieron cuenta de que tanto la formación académica de Cecilia como su manera de afrontar los problemas planteados por la astronomía eran extraordinarias. En Cambridge, Payne recibió clases de física de ganadores del Premio Nobel, entre ellos, Ernest Rutherford y Niels

Bohr, gigantes en el emergente campo de la mecánica cuántica. El famoso Laboratorio Cavendish de Cambridge era un centro neurálgico de la investigación en física que atraía a visitantes de todo el mundo. Por esa razón, Payne estaba acostumbrada a estar en contacto con ideas científicas radicalmente nuevas y a enfrentarse a cálculos teóricos detallados. Shapley le sugirió que se doctorara en astronomía, pero como en Harvard no existía ningún programa de doctorado en dicha área, tuvo que reunir un comité de tesis exclusivamente para ella. La estudiante de Cambridge, Reino Unido, se puso a trabajar analizando las placas de vidrio en Cambridge, Massachussets. En ellas pudo descubrir de qué estaba hecho el universo.

Aunque prácticamente toda la comunidad astronómica mundial había aceptado las categorías estelares O, B, A, F, G, K y M, no estaba claro por qué el orden era tan importante. La física cuántica tenía la clave de ese rompecabezas. Payne conocía las técnicas más novedosas, por lo que sabía que Meghnad Saha, en Calcuta, había desarrollado un conjunto de ecuaciones que permitían relacionar el espectro de las estrellas con su temperatura. Sorprendentemente, el truco consistía en observar el comportamiento de cada átomo individual en la superficie de una estrella.

La teoría cuántica describe el comportamiento de los electrones en un átomo mientras orbitan alrededor del núcleo. Las líneas oscuras de absorción que aparecen en el espectro de una estrella se producen porque los electrones de los átomos que la componen pueden absorber energía de la luz de la estrella y saltar a orbitales de mayor energía. Por otra parte, los electrones de alta energía también pueden saltar a un orbital menos energético y liberar energía, lo que da lugar a una línea de emisión más brillante en el espectro estelar. Cuanto mayor sea la temperatura de la estrella, mayor será la energía disponible para que los electrones salten a orbitales más altos. Si las temperaturas son lo suficientemente altas, los electrones cargados negativamente pueden incluso escapar de su orbital, dejando tras de sí un ion cargado positivamente. El espectro correspondiente de un ion será diferente al del átomo original, y dependerá de la temperatura de la estrella. Por esa razón, los espectros de ionización pueden utilizarse para calcular la temperatura de la estrella. Las ecuaciones de Saha, refinadas posteriormente por Arthur Milne y Ralph Fowler, proporcionaron un método cuantitativo con el que poder calcular esas temperaturas estelares. Milne había sido uno de los profesores de Payne en la Universidad de Cambridge.

Utilizando las ecuaciones de Saha, Payne analizó los espectros registrados en las placas de Harvard y calculó la temperatura de las estrellas de cada tipo. Descubrió que las estrellas de la clase O eran las más calientes, y que con cada clase disminuían las temperaturas hasta llegar a las de la M, las estrellas cuya temperatura era más baja. Estos datos confirmaron los cálculos realizados previamente por Saha, Fowler y Milne, pero Payne fue un poco más allá. Calculó la abundancia relativa de los diferentes elementos presentes en las estrellas. Los resultados fueron una verdadera sorpresa.

En todas y cada una de las clases que examinó, Payne descubrió que el hidrógeno era, con diferencia, el elemento más abundante. Las diferencias que se apreciaban en las líneas espectrales entre las clases (de la O a la M) se debían principalmente a las diferencias de temperatura entre las estrellas, no a su composición. Cuando esa diferencia se tenía en cuenta, la composición de todas las estrellas era prácticamente la misma. El hidrógeno y el helio son, de lejos, los elementos más abundantes. El resto, incluidos el carbono, el nitrógeno y el oxígeno, fundamentales para la existencia de vida en la Tierra, solo suponen un 2 % del total.

Hoy sabemos que la mayor parte de la materia del universo es, de hecho, hidrógeno y helio. Cecilia Payne fue la primera en encontrar pruebas de ello, pero en ese momento su descubrimiento fue bastante inesperado. Los científicos creían que la composición del Sol y de otras estrellas debía ser similar a la de planetas como la Tierra. Por eso, en 1925, la tesis de Payne fue recibida con cierto escepticismo. Henry Norris Russell, de Princeton, principal investigador en este campo, pensó que las proporciones de hidrógeno y helio eran demasiado altas para ser ciertas, aunque consideraba que la tesis de Payne era excepcional.

A pesar de aquellos sorprendentes resultados, finalmente Payne pudo doctorarse. Fue la primera persona que obtuvo un doctorado en astronomía en Harvard, aunque técnicamente era un doctorado de Radcliffe, ya que Harvard, como Cambridge, no concedía títulos a mujeres. Puede que fuera un momento agridulce para Payne; revisó su tesis y añadió una nota en la que decía que los valores calculados para el hidrógeno y el helio eran probablemente demasiado elevados. Cuatro años más tarde, Russell publicó un artículo con sus propios cálculos, que confirmaron que Payne tenía razón. Él reconoció el trabajo de su predecesora, pero la fama de Russell era tan grande que ese descubrimiento se asoció a su persona. Sin embargo, Payne había publicado su tesis en forma de libro, y con el tiempo los científicos reconocieron la extraordinaria importancia de su trabajo. En 1960, el célebre astrónomo Otto Struve afirmó que «sin duda, es la tesis doctoral más brillante jamás escrita en astronomía».

Con tan solo veinticinco años, la doctora Cecilia Payne ya había transformado nuestra comprensión del universo. Eso le debería haber asegurado su ascenso académico en Harvard, pero no fue así. Trabajó como becaria posdoctoral durante un par de años, pero más allá de eso lo que había era un callejón sin salida. Harvard no tenía mujeres astrónomas en su facultad. El presidente Lowell, que en su momento consideró que Fleming era una anomalía, se mantuvo firme en su postura contra las mujeres. Así pues, Shapley le ofreció un trabajo como ayudante, y Payne aceptó. Durante la década siguiente no ocupó ningún otro cargo oficial en Harvard. Impartió cursos que no figuraban oficialmente en los catálogos de la universidad y le pagaban mucho menos que a los astrónomos del observatorio.

Payne continuó haciendo importantes contribuciones a pesar de su falta de reconocimiento dentro de Harvard. En 1930 publicó otro importante libro sobre estrellas de alta luminosidad. En 1933, durante una visita a Alemania, conoció a un astrónomo ruso llamado Sergei Gaposchkin, que se había quedado sin trabajo y se enfrentaba a la persecución política del régimen soviético. Payne lo ayudó a obtener un visado para entrar en Estados Unidos y trabajar en el observatorio con ella. En 1934 se fugaron y se casaron en Nueva York, algo que sorprendió al personal del laboratorio.

Durante las dos décadas siguientes, mientras criaban a sus tres hijos, los Payne-Gaposchkin analizaron más de un millón de observaciones de estrellas variables en las placas de Harvard. Sus estudios de las variables, estrellas cuyo brillo cambia con el tiempo, fueron los cimientos sobre los que se construyó este campo. Fuera del observatorio, la fama de Cecilia Payne-Gaposchkin creció enormemente. El libro que publicó a partir de los resultados de su tesis acabó siendo considerado un clásico. Fue la astrónoma más joven que figuró en el compendio *American Men of Science*, y fue elegida miembro de un comité de la Unión Astronómica Internacional. Mientras tanto, en 1932, Annie Jump Cannon recibió el premio de investigación Ellen Richards, dotado con 1.000 dólares y creado por la Asociación para Promover la Participación de las Mujeres en la Investigación Científica. Cannon utilizó ese dinero para ayudar a crear un premio que concedería la Sociedad Astronómica Estadounidense a las mujeres astrónomas. En 1934, la primera galardonada con el premio Annie Jump Cannon fue Cecilia Payne-Gaposchkin. El premio es anual y se sigue concediendo en la actualidad.

En 1938, Harvard eligió finalmente a James Conant como sustituto del obstinado presidente Lowell y, por fin, Cannon y Payne-Gaposchkin recibieron el título oficial de astrónomas. Ese año, Cannon cumplió setenta y cuatro años. Se retiró dos años más tarde, aunque se mantuvo activa en la astronomía hasta su fallecimiento, en 1941.

Cecilia Payne-Gaposchkin siguió investigando, supervisaba a estudiantes, impartía clases y participaba en conferencias organizadas por el Observatorio del Harvard College. Pero, a pesar de su reconocimiento oficial como astrónoma, no obtuvo ningún ascenso. Otros hombres menos distinguidos pasaron a ser miembros oficiales de la universidad, mientras ella era ignorada. Su capacidad como astrónoma nunca se puso en duda, pero sus compañeros astrónomos no pudieron superar la «anomalía» de su género y le echaron en cara sus responsabilidades como esposa y madre. Por otra parte, a menudo se le pedía que hiciera una cantidad desproporcionada de tareas domésticas y organizativas para el observatorio. Finalmente, uno de sus compañeros, Donald Menzel, asumió el cargo de director y actuó de inmediato para rectificar la situación. Después de más de tres décadas en Harvard, Cecilia Payne-Gaposchkin se convirtió en profesora titular de astronomía y poco después fue nombrada jefa del Departamento de Astronomía, convirtiéndose así en la primera mujer en ocupar ese cargo en un departamento de la Universidad de Harvard.

Al terminar mi última clase sobre estas mujeres, se hizo el silencio en el aula. Alguien preguntó si algún cráter de la Luna tenía el nombre de Payne-Gaposchkin. No lo tiene, pero un volcán de Venus y un asteroide llevan su nombre. Cuando falleció, en 1979, su obituario la describió como «probablemente, la mujer astrónoma más importante de todos los tiempos».

Tanto ella como Cannon fueron pioneras en su campo, pero con enfoques diferentes. Cannon halló la manera de destacar dentro de las limitaciones impuestas por los roles disponibles para las mujeres en aquel momento. Payne-Gaposchkin, que se consideraba a sí misma una rebelde contra los roles femeninos, odiaba ser tratada como intelectualmente inferior y derribó esa barrera. No lo podría haber conseguido sin Cannon, Fleming y todas las mujeres que la precedieron.

Cuando salí del aula, esperaba que las historias de estas mujeres inspiraran a futuras Cannon, Payne, Maury y Fleming, porque de vez en cuando las astrónomas brillantes alimentan las mentes de las niñas.*

Figura 1.1. Algunas de las mujeres de Harvard en pleno trabajo. Entre ellas, Williamina Fleming (de pie) y Antonia Maury (tercera por la izquierda). El gráfico de la pared muestra las mediciones de un sistema binario descubierto por Maury.

* La autora concluye el capítulo con otra regla mnemotécnica, de cosecha propia, para la clasificación estelar OBAFGKM: «Occasionally, Brilliant Astronomers Fuel Growing Kids' Minds». [En ocasiones, los brillantes astrónomos alimentan las mentes de los niños]. *(N. del t.).*

Figura 1.2. Annie Jump Cannon examinó y clasificó espectros a una velocidad asombrosa.

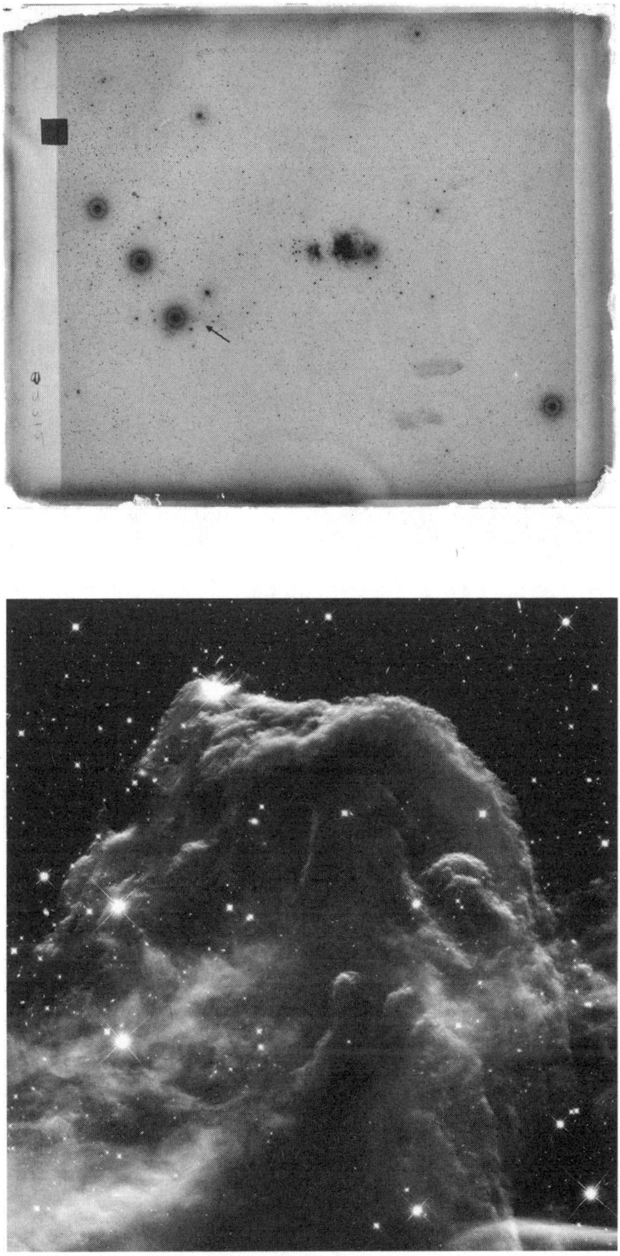

Figura 1.3. *Arriba*: Placa B2312 en la que aparece la nebulosa Cabeza de Caballo (señalada con una flecha), descubierta por Mina Fleming. *Abajo*: La misma nebulosa fotografiada con el telescopio Hubble.

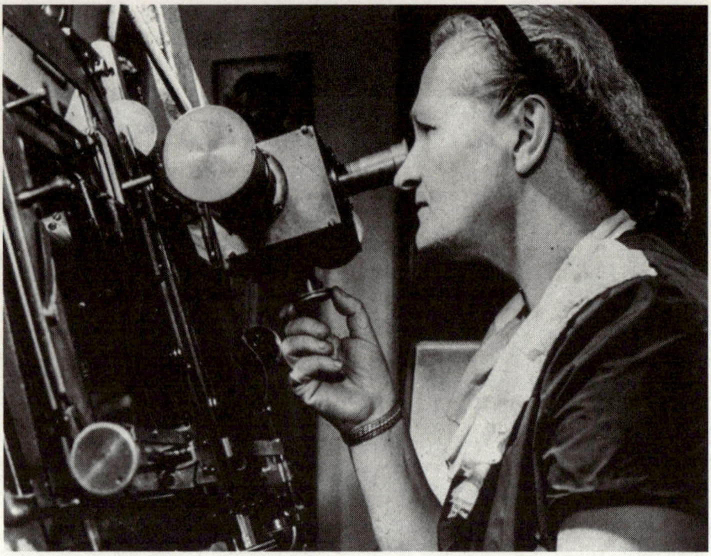

Figura 1.4. Cecilia Payne-Gaposchkin descubrió la composición química del universo en la luz de las estrellas.

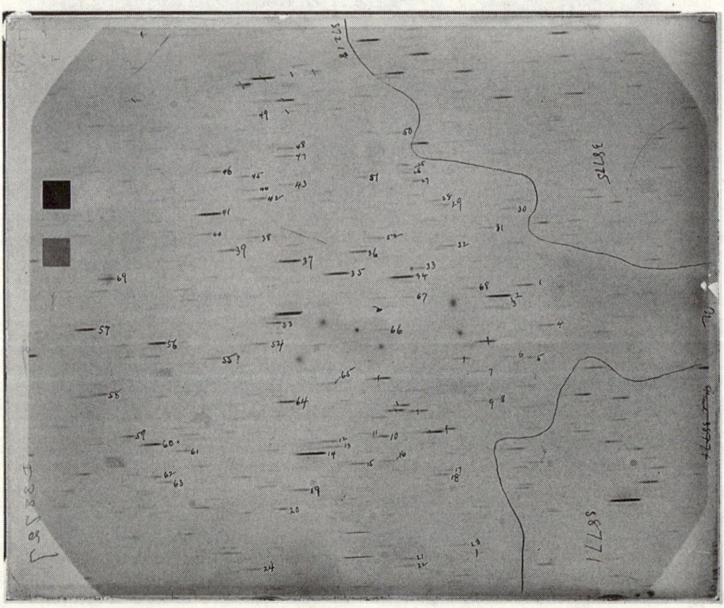

Figura 1.5. Placa de vidrio del Observatorio del Harvard College en la que se pueden ver los espectros de estrellas con líneas de absorción débiles.

CAPÍTULO 2

Sobre el tiempo: descubridoras del *big bang*

Henrietta Leavitt y Margaret Burbidge

Nuestros cuerpos están hechos para medir el tiempo. Coloca una mano sobre tu corazón. Con cada latido ha pasado un segundo. Cada cana y cada arruga de nuestra piel son un registro de los años vividos. Pero ¿qué podemos decir de la historia del propio tiempo? ¿Cuándo empezó? Aunque parezca increíble, ahora ya tenemos una respuesta a esa pregunta. El tiempo y el espacio, tal como los conocemos, comenzaron hace unos 500.000 billones de latidos humanos. Por supuesto, nadie estaba allí para presenciar el nacimiento. Sin embargo, de alguna manera, los humanos hallaron la forma de averiguarlo. Todo lo que hizo falta para conseguirlo fue disponer de una máquina del tiempo y que apareciera una joven muy observadora.

Si queremos mirar atrás en el tiempo basta con observar el universo. Por ejemplo, cuando miramos al Sol, lo vemos tal como era hace ocho minutos. Ese es el tiempo que tarda la luz solar en recorrer los 150 millones de kilómetros que lo separan de nuestros ojos, aquí, en la Tierra. Por otro lado, nuestra vecina más cercana, la Luna, está a tan solo 384.400 kilómetros de distancia. Así que la luz de la Luna tarda menos de dos latidos en llegar hasta nosotros. Aun así, cada bella imagen de la Luna es una foto de cómo era aproximadamente 1,3 segundos antes de que se captara la imagen. Por lo tanto, en la Tierra no hay forma alguna de ver cómo son ahora mismo la Luna o el Sol.

Claro que eso es igualmente cierto para todo lo que vemos a nuestro alrededor aquí, en la Tierra. La luz siempre tarda una cantidad finita de tiempo en llegar a nuestros ojos, incluso desde la página o la pantalla en la que estás leyendo esto ahora mismo. Afortunadamente, dado que la luz viaja a unos impresionantes 300.000 kilómetros por segundo, el desfase es demasiado pequeño para que tenga relevancia en nuestra vida cotidiana. Pero observa el cielo en una noche oscura. Si Júpiter es visible, lo estarás viendo tal como era hace unos cuarenta minutos. Saturno es más de una hora más viejo que cuando tú lo ves. Y cuando divises Sirio, la estrella más brillante del cielo nocturno, la estarás viendo como era hace nueve años. Si los latidos de tu corazón son tu reloj interno, tus ojos son tus máquinas del tiempo.

En la constelación que los inuit llamaban Ursuutaattiaq (también conocida como Casiopea) hay una estrella que brilla cientos de miles de veces más que nuestro Sol, pero está tan lejos que para nosotros no es más que un punto borroso. Es una de las estrellas más lejanas que podemos ver a simple vista, tan distante que su luz tarda más de tres mil años en llegar hasta nosotros. En el cielo nocturno, no muy lejos de Ursuutaattiaq, también podemos divisar una mancha blanca y borrosa; la galaxia de Andrómeda —a 2,5 millones de años luz— es el objeto más lejano que podemos ver con nuestros ojos sin ayuda alguna. La estamos observando tal como era hace 2,5 millones de años. Pero el universo es miles de veces más grande. Si construyéramos un modelo a escala de todo el universo observable que tuviera un kilómetro de largo, la galaxia de Andrómeda estaría a menos de tres centímetros de la Tierra. Para ver más allá de ese límite de tres centímetros, necesitamos utilizar mejores máquinas del tiempo.

Galileo Galilei construyó una de las primeras máquinas del tiempo en 1609. Su «catalejo», al que ahora llamamos telescopio, fue revolucionario. Con él pudo ver más lejos de lo que ningún ojo humano había visto antes. Sin embargo, era un dispositivo bastante pequeño, hecho a mano con mucho esmero por el propio Galileo, pero no muy potente. Cinco siglos después, nuestra tecnología de máquinas del tiempo ha mejorado enormemente. Los mejores telescopios actuales pueden ver objetos tan distantes que en realidad estamos mirando más de 13.000 millones de años atrás. Ten en cuenta que solo podemos saber cuánto tiempo atrás nos llevan nuestros telescopios si sabemos lo lejos que se encuentra el objeto que observamos. Por ejemplo, dado que sabemos que el Sol está a 150 millones de kilómetros de nosotros, sabemos que la luz (que lógicamente viaja a la velocidad de la luz) tardará unos ocho minutos en recorrer esa distancia. Por lo tanto, el Sol que vemos es el de hace ocho minutos. Calcular la distancia que nos separa de objetos lejanos es esencial para medir los tiempos de retrospección (el tiempo transcurrido entre la detección de la señal y su emisión original). Es más fácil decirlo que hacerlo.

La otra calculadora

La historia de cómo Annie Jump Cannon, Cecilia Payne y las otras «calculadoras» de Harvard desentrañaron los mensajes escondidos en la luz de las estrellas es realmente inspiradora, pero es incompleta. Aunque parezca increíble, a finales del siglo XIX y principios del siglo XX hubo otra calculadora en el Observatorio del Harvard College que hizo la mayor contribución realizada por todas las mujeres que allí trabajaban. Considerando el nivel mostrado por Cannon y Payne, eso es decir mucho, pero probablemente ambas habrían estado de acuerdo con esta afirmación. Mientras que Cannon y Payne miraban en los corazones de las estrellas, esta otra mujer abrió una ventana al universo a través de la cual se llegaba al principio de los tiempos.

La historia de Henrietta Swan Leavitt comenzó en Lancaster, Massachusetts, a menos de cien kilómetros de Harvard. Nació el

4 de julio de 1868, y era hija de George Roswell Leavitt, un ministro de la Iglesia congregacional, y de Henrietta Swan Kendrick. Poco después de su nacimiento, su familia se trasladó a Cambridge. La ascendencia de los Leavitt se remonta a Josiah Leavitt, uno de los colonos puritanos de la colonia de Plymouth, fundada por los padres peregrinos. La iglesia que dirigía su padre fue, lógicamente, una parte fundamental de la infancia de Henrietta, y la religión siguió siendo importante para ella durante toda su vida. De sus cinco hermanos, Roswell murió siendo un bebé cuando ella tenía cinco años, y su hermana Mira, de dos años, murió cuando Henrietta tenía doce. Así pues, conoció la naturaleza efímera del tiempo desde una edad muy temprana.

La familia Leavitt era conocedora del valor de la educación. El padre de Henrietta tenía un doctorado en Divinidades, y su hermano, Erasmus Darwin Leavitt, fue un respetado ingeniero mecánico que diseñó el motor de bombeo de agua Leavitt utilizado por la Boston Water Works. Tras acabar la educación secundaria, Henrietta se matriculó en 1885 en el Oberlin College, donde pasó tres años antes de trasladarse a la Universidad de Harvard, o, mejor dicho, al Radcliffe College, que era conocido como la Sociedad para la Instrucción Universitaria de Mujeres. Sus asignaturas eran principalmente idiomas, ciencias sociales y artes. También estudiaban un poco de matemáticas y física. Pero en su cuarto año se matriculó en un curso de astronomía que la impresionó. En 1892 se graduó en Radcliffe. En Harvard, esos títulos equivalían a una licenciatura. Mientras que los títulos de Harvard abrían las puertas a los hombres, las perspectivas de Henrietta de poder hacer una carrera eran limitadas. Además, en esa época sufría pérdida de audición. Decidió quedarse en Cambridge en un puesto no remunerado de ayudante de astronomía en el Observatorio del Harvard College bajo la supervisión de su director, Edward Pickering.

Mientras que muchas de las mujeres de Harvard trabajaban en la catalogación de los espectros estelares, Henrietta Leavitt se encargó de analizar el brillo aparente, o la magnitud, de las estrellas (fotometría). Cuando observamos el cielo nocturno, lo primero que notamos es que no todas las estrellas brillan por igual. Algunas, como Sirio, son deslumbrantes y resulta casi imposible pasarlas por alto. Otras son tan fantasmagóricas que uno se pregunta si sus ojos no le estarán jugando una mala pasada. Hiparco —un antiguo astrónomo romano— y, más tarde, el científico griego Ptolomeo intentaron clasificar las estrellas según su brillo. Había seis categorías; las de primera magnitud eran las más brillantes y las de sexta magnitud, las más tenues. Las de primera magnitud eran aproximadamente dos veces y media más brillantes que las de segunda magnitud. A su vez, estas eran dos veces y media más brillantes que las de tercera magnitud, y así sucesivamente. En esta escala, la luz de las estrellas de sexta magnitud era cien veces ($2{,}5^5$) más débil que la de las más brillantes. La escala que utilizamos actualmente para medir el brillo aparente de los objetos celestes va mucho más allá de las seis clases originales de Ptolomeo. El telescopio Hubble puede captar imágenes de objetos de magnitud treinta y uno. Son diez billones de veces más tenues que Sirio.

Leavitt se propuso catalogar las magnitudes de los miles de estrellas captadas en las placas de cristal de Harvard. Mirando a través de un microscopio o con una lupa, pasó horas comparando cada estrella de las placas fotográficas con imágenes de objetos cuya magnitud era conocida. Pickering también le había pedido que buscara estrellas variables, es decir, estrellas cuyo brillo cambiara con el tiempo, como si fueran luces estroboscópicas dispersas por el oscuro océano del espacio. Un método práctico para identificar las variaciones del brillo consiste en superponer una fotografía de una región del cielo sobre un negativo de la misma región tomado en un momento diferente. En el negativo aparecen estrellas oscuras sobre un fondo luminoso, mientras que en el positivo la imagen muestra estrellas blancas sobre un fondo negro. Cuando se superponen las imágenes, las estrellas que no han cambiado de brillo con el tiempo se anulan entre sí y aparecen como puntos grisáceos. Las que aumentan o disminuyen su brillo se distinguen porque sus imágenes no se anulan del todo: un anillo blanco u oscuro indica que el brillo de la estrella en cuestión ha aumentado o disminuido.

Día tras día, Leavitt buscó imágenes de estrellas que no se anularan, intentando encontrar esos anillos reveladores. Era una tarea hercúlea, pero se dedicó a ella con un compromiso inquebrantable. Etiquetó cada candidata a estrella variable de las placas fotográficas de cristal con una letra para no dañar la imagen grabada. En su cuaderno de notas, anotaba cuidadosamente cuál era la estrella que estudiaba y las posiciones relativas del resto de las estrellas situadas a su alrededor para ir elaborando un mapa de esa región del cielo. Cuando encontraba una posible estrella variable, analizaba las fotografías de la misma estrella que se tomaron en otras ocasiones para comprobar si el anillo era mayor o menor con el paso del tiempo. Medía el tamaño de cada imagen para averiguar cuál era su magnitud y lo anotaba en su cuaderno. Y repetía esa operación con cada estrella candidata.

En 1896, Leavitt decidió que necesitaba un descanso, que finalmente fue bastante largo. Viajó por Europa durante los dos años siguientes. A su regreso a Estados Unidos, optó por pasar más tiempo con su familia, que se había trasladado a Wisconsin, en lugar de volver al observatorio. Escribió un borrador de un artículo en el que resumía sus hallazgos y se lo llevó con ella a Wisconsin. Durante los años siguientes, trabajó en el Beloit College, pero no fue un trabajo tan estimulante como sus exploraciones astronómicas. Entonces volvió a sentir la llamada de las estrellas.

En 1902, Leavitt escribió a Pickering preguntándole si podría completar sus proyectos anteriores desde Wisconsin. No le pidió directamente un trabajo remunerado, sino que le preguntó si sabía de algún empleo en astronomía que pudiera ser interesante para ella. Pickering captó la indirecta. Escribió a Leavitt ofreciéndole un puesto en Harvard con un salario de treinta centavos por hora. No era una suma enorme, pero era superior a la que recibían normalmente las mujeres computadoras. Leavitt lo aceptó agradecida y regresó a Cambridge para continuar su trabajo. Gracias a sus cuidadosas mediciones realizó un descubrimiento asombroso y referencial que serviría para cartografiar el universo.

Cómo medir las distancias cósmicas

Imagina que te encuentras en un túnel oscuro tratando de encontrar el camino más corto para salir. A lo lejos puedes ver cómo parpadea la luz de una farola que marca una de las salidas del túnel. No sabes a qué distancia se encuentra. Miras hacia el otro lado y ves la luz de otra farola que parece ser más brillante. Pero ¿es más brillante porque está más cerca o simplemente porque su bombilla es más potente? No lo sabes.

Ocurre algo parecido cuando intentamos saber a qué distancia están las estrellas en función de su brillo. ¿Parecen más brillantes porque están más cerca o simplemente porque emiten más luz? Para saber a qué distancia están hay que recurrir al ingenio. En la época de Leavitt, una de las técnicas más comunes para medir distancias era el método del paralaje. Puedes probarlo tú mismo.

Cierra uno de tus detectores de tiempo gemelos, digamos, el ojo izquierdo. Coloca una manzana a un brazo de distancia y mírala con el ojo derecho. Ahora cierra el ojo derecho y mira la manzana con el ojo izquierdo. Verás que la ubicación de la manzana cambia con respecto al fondo. El efecto es fácil de ver si guiñas un ojo, pues inmediatamente cambia la perspectiva. Se trata de un fenómeno llamado paralaje y es bastante sencillo de entender. Si trazas una línea recta desde tu ojo izquierdo hasta la manzana y más allá, los objetos de fondo que ves detrás de la manzana situados a lo largo de la línea de visión son diferentes de los objetos que ves detrás de la manzana y que se encuentran a lo largo de la línea de visión trazada desde el ojo derecho. Al cambiar de ojo has cambiado literalmente de punto de vista. Ahora coloca la manzana al doble de distancia y mírala de nuevo con cada ojo. Verás que ahora el desplazamiento de la manzana con respecto al fondo es menor. Pero si acercas la manzana, el efecto aumenta. La magnitud del efecto de paralaje depende de la distancia a la que se encuentre la manzana. De hecho, conociendo la distancia existente entre tus ojos (el cambio en el punto de vista) y la del desplazamiento de paralaje con respecto a un fondo lejano fijo, como una pared, puedes utilizar la geometría más sencilla para calcular la distancia que hay entre tus ojos y la manzana.

El problema de esta técnica de medición es que, a partir de cierta distancia, el efecto deja de percibirse. Puedes intentar calcular distancias mayores observando objetos mucho más grandes, como casas o árboles en relación con montañas distantes situadas en el fondo y utilizando el paralaje para calcular la distancia a la que se encuentran. Pero si estos objetos se encuentran muy lejos, acaban siendo demasiado pequeños para que se puedan medir. Si miras las estrellas por la noche e intentas verlas primero con un ojo y luego con el otro para detectar el efecto de paralaje, no tendrás éxito. Están demasiado lejos. De hecho, antes del siglo XIX, nunca se había podido observar el efecto de paralaje estelar porque los ojos están demasiado cerca entre sí.

El efecto de paralaje no solo aumenta cuando el objeto está más cerca, ocurre lo mismo si la distancia entre los dos puntos de vista (llamada línea de base) aumenta. Lo puedes comprobar tú mismo. Coloca la manzana sobre una mesa y haz una foto a un metro de distancia. Luego da cinco pasos a la derecha (manteniendo un metro de distancia respecto a la manzana) y haz otra foto de ella. Notarás que se produce un desplazamiento de paralaje mucho mayor que en el experimento de cambiar de ojo. Esto se debe a que los dos puntos de vista de tu cámara están separados por una longitud de cinco pasos (aproximadamente dos metros) en lugar de estar separados por unos siete centímetros (la distancia media que separa un ojo del otro). El aumento de la distancia de la línea de base también aumenta el efecto de paralaje.

Ahora imagina que tomas una imagen de una estrella con un telescopio y luego te desplazas a un lugar situado a unos trescientos millones de kilómetros de distancia y tomas otra imagen de la misma estrella. Eso es factible, pues la nave espacial Tierra completa una vuelta alrededor del Sol cada año. Si observas la estrella en cuestión el 1 de enero y luego esperas seis meses para volver a observarla, el punto de vista de tu telescopio (línea de base) se habrá desplazado trescientos millones de kilómetros, ya que, en ese espacio de tiempo, la Tierra se ha desplazado en su órbita y se encuentra al otro lado del Sol. Ese enorme cambio en la ubicación de la Tierra permite detectar el paralaje estelar.

En el siglo XIX, la tecnología de los telescopios había avanzado mucho desde la época de Galileo. Al construir telescopios con lentes cada vez más potentes, los astrónomos pudieron mejorar la resolución lo suficiente como para detectar por fin el paralaje de las estrellas más cercanas. Mediante el uso de la línea de base de seis meses, o trescientos millones de kilómetros, detectaron que Alfa Centauri se desplazaba muy poco respecto a las lejanas estrellas de fondo. Si imaginamos que el cielo nocturno es una media cúpula situada sobre nosotros que se extiende 180 grados, el desplazamiento de Alfa Centauri es de algo menos de un segundo de arco, que es la sexagésima parte de una sexagésima parte (1/3600) de un grado. Hubo que utilizar los mejores telescopios del momento para poder detectar ese minúsculo desplazamiento. Dada la línea de base de trescientos millones de kilómetros, los astrónomos calcularon que para que se produjera un desplazamiento de paralaje de un segundo de arco la estrella tendría que estar a una distancia de 31 billones de kilómetros. Es decir, treinta y uno seguido de doce ceros. Para evitar lidiar con tantos ceros, los científicos idearon el concepto de pársec. Un pársec es una manera abreviada de decir «distancia correspondiente a un paralaje de un segundo». Se determinó que Alfa Centauri estaba unas 200.000 veces más lejos que nuestro Sol. Es el sistema estelar más cercano al nuestro. La gran mayoría de las estrellas están tan lejos que es imposible medir un paralaje distinguible, incluso con una línea de base de trescientos millones de kilómetros.

Un patrón en las variables

Cuando, en 1902, Henrietta Leavitt regresó a Harvard, su trabajo no consistió en medir paralajes o distancias. Su tarea era catalogar el brillo de las estrellas, incluyendo las variables cuyo brillo cambiaba con el tiempo. El brillo de algunas de esas estrellas variables cambiaba en cuestión de días, mientras que el de otras tardaba meses en producirse. Los cambios eran a veces casi imperceptibles, y en algunas ocasiones no se podían verificar debido a errores o temblores en el mecanismo de seguimiento del telescopio.

Al principio, Leavitt se centró en la nebulosa de Orión, donde el astrónomo alemán Max Wolf había descubierto diversas variables. Utilizando una pequeña placa de referencia que contenía imágenes de estrellas de magnitud conocida a la que unió un mango largo (un dispositivo al que bautizó como «atizador de moscas»), pronto halló más de cincuenta estrellas variables en las hermosas imágenes de Orión. Animada por sus descubrimientos, amplió su búsqueda.

Leavitt se centró en dos nebulosas del hemisferio sur que el pueblo adnyamathanha de Australia llamó Vutha Varkla o Vaalnapa (dos policías). Los europeos las llamaron Pequeña y Gran Nube de Magallanes, en honor a Fernando de Magallanes, que las observó a principios del siglo XVI, cuando circunnavegó el planeta. Henrietta Leavitt no vio directamente las nebulosas, pero, gracias a una benefactora, pudo analizar sus imágenes capturadas en placas de vidrio.

Uno de los sueños de Pickering era poder observar todo el cielo, tanto el del hemisferio norte como el del hemisferio sur, algo que no podía hacer desde Harvard. Entonces convenció a Catherine Wolf Bruce, una rica heredera de Nueva York, para que donara 50.000 dólares con los que se construiría un nuevo y potente telescopio que se instalaría en una estación de observación al sur del ecuador. Solon Bailey, miembro del personal del observatorio, fue enviado a Sudamérica y se encargó de buscar una localización para la nueva estación de observación meridional de Harvard. El lugar elegido fue Arequipa, Perú. El telescopio más potente del mundo dedicado a hacer fotografías, Bruce, fue instalado allí en 1895, y captó imágenes del cielo austral con asombroso detalle, incluidas las nebulosas Vutha Varkla con sus miles de estrellas. Las placas de vidrio se enviaron con enorme cuidado a Harvard para que las calculadoras las analizaran.

Para Leavitt, las imágenes eran un tesoro de luces estroboscópicas variables. En 1905 ya había descubierto casi un millar de variables solo en la nebulosa más pequeña. Los habituales anuncios de Pickering de su creciente cuenta de variables en los boletines del observatorio no pasaron desapercibidos. Charles Young, profesor de Princeton y uno de los principales investigadores en espectroscopia solar, afirmó que la señorita Leavitt era una «apasionada» de las estrellas variables. El *Washington Post* la comparó con el célebre agente teatral Charles Frohman, afirmando que «su historial de descubrimientos de estrellas casi iguala al de Frohman».

Leavitt continuó con su caza durante tres años más, y aprovechaba la Navidad para ir a visitar a su familia en Beloit. Mientras tanto, Pickering y Solon Bailey presentaban regularmente los hallazgos de Leavitt a la comunidad astronómica a través de folletos y conferencias. Por fin, en 1908, más de una década después de que empezara a escudriñar las estrellas en Harvard, Henrietta Leavitt publicó en los *Anales del Observatorio Astronómico de la Universidad de Harvard* un artículo que acabaría siendo un referente en la materia. Tal como anunciaba su título, el manuscrito de veintiuna páginas informaba sobre nada más y nada menos que «1.777 estrellas variables de las Nubes de Magallanes». Las describía minuciosamente y presentaba sus variaciones de magnitud en tablas detalladas. Al final de su artículo, dio un golpe de efecto científico: «Vale la pena resaltar que las variables más brillantes tienen los periodos más largos».

Leavitt disponía de datos suficientes de 16 de las 1.777 estrellas pulsantes para calcular la periodicidad de sus pulsos. Calculó el periodo de cada una de ellas: cuánto tardaban en pasar de su brillo máximo al mínimo y de nuevo al máximo. Creó una tabla con los periodos en una columna y sus magnitudes en otra. Fue entonces cuando se percató de la existencia de una relación entre las magnitudes de las estrellas y sus periodos. Cuanto más brillante era la estrella variable, más lentamente latía.

En física, las relaciones más simples pueden ser las más poderosas. La ecuación $F = ma$ de Newton relacionó la fuerza y la aceleración de todos los objetos del universo que están en movimiento. Einstein desentrañó la enorme cantidad de energía de la materia con su $E = mc^2$. El descubrimiento de Henrietta Leavitt de la relación entre el periodo de una estrella variable y su luminosidad demostró ser una idea igualmente poderosa.

Leavitt supuso que las estrellas variables que había rastreado en la Pequeña Nube de Magallanes estaban aproximadamente a la misma distancia de la Tierra, ya que todas se encontraban en la misma nebulosa. Si se colocan a la misma distancia dos bombillas encendidas, una de sesenta vatios y otra de cien vatios, la de cien parecerá más brillante porque emite más luz. Del mismo modo, si una estrella variable es más brillante que otra situada a la misma distancia en la misma nebulosa, se deduce que debe estar emitiendo más energía y por tanto ser más luminosa. La observación de Leavitt de que las estrellas variables más brillantes de la misma nebulosa, todas situadas aproximadamente a la misma distancia de la Tierra, tienen periodos más largos significa que, de hecho, las variables más luminosas tienen periodos más largos. Este hallazgo proporcionó una forma de medir la distancia a cualquier estrella variable.

Por ejemplo, si observamos dos estrellas variables, A y B, cuyo brillo aumenta y disminuye con el tiempo, podemos utilizar esas observaciones para calcular sus periodos. Entonces, utilizando la relación periodo-luminosidad de Leavitt, podemos calcular sus luminosidades relativas. Por ejemplo, podríamos calcular que la estrella A debería ser la mitad de brillante que la estrella B si ambas estuvieran a la misma distancia de nosotros, todo ello basándonos en su luminosidad. Si la estrella A brilla menos que la B, entonces las dos estrellas no están a la misma distancia de la Tierra y la estrella A debe estar más lejos. En cambio, si la estrella A es más brillante que lo determinado por su predicción, debe estar más cerca que la estrella B. De hecho, la distancia relativa entre las estrellas puede calcularse exactamente a partir de su brillo aparente. De ese modo, podemos conocer la distancia relativa existente entre cualquier par de estrellas variables. Pero todavía nos falta medir la distancia real, al menos la de una de las estrellas variables. Cuando la conozcamos, tendremos la calibración necesaria para calcular la distancia hasta cualquier otra estrella variable con relación a la que conocemos. Y así es como medimos las distancias que nos separan de las estrellas lejanas cuando no lo podemos hacer por paralaje.

Leavitt había descubierto cómo cartografiar el universo, pero, en ese momento, todavía no se conocía la distancia real hasta al menos una estrella variable, por lo que no se podía calibrar la escala de distancias. Además, en su primer artículo de 1908, la relación periodo-luminosidad no era muy sólida, pues estaba basada en tan solo dieciséis estrellas, lo cual no es suficiente para demostrar de forma convincente la existencia de una relación, pero sí que demuestra que poseía un gran poder de observación al haber sido capaz de detectarla con tan pocos datos. Ese mismo año Leavitt se propuso obtener más datos, pero pronto tuvo que abandonar su cometido, pues fue hospitalizada por una enfermedad y más tarde se trasladó a su hogar, en Wisconsin, para recuperarse.

Un año después, Leavitt todavía no se sentía lo suficientemente bien como para volver al observatorio. Pickering le escribió ofreciéndose a enviarle por correo las placas fotográficas y el equipo necesario para que pudiera continuar con su trabajo. Estaba muy interesado en que Leavitt lo ayudara con su proyecto favorito: el catálogo definitivo de las magnitudes de las estrellas del hemisferio norte. Ella aceptó y pronto llegó una caja desde Cambridge. Durante los meses siguientes, envió a Pickering informes periódicos sobre su trabajo. Las variables pasaron a un segundo plano. Finalmente, regresó al observatorio en 1910, pero su estancia allí fue interrumpida por el fallecimiento de su padre, lo que la hizo regresar de nuevo a casa para estar con su madre. Ese otoño, por fin, pudo mudarse a la casa de su tío en Cambridge y centrarse de nuevo en las variables.

En 1912, cuatro años después de que se publicara su descubrimiento, Leavitt informó de sus últimos hallazgos sobre periodos de estrellas variables de las Nubes de Magallanes en la *Circular del Observatorio del Harvard College*. Allí presentó gráficos que relacionaban el periodo y el brillo de veinticinco estrellas y ya no albergaba ninguna duda respecto a su relación. Afirmó, con gran rotundidad, que «existe una notable relación entre el brillo de estas variables y la duración de sus periodos. [...] Se puede trazar una línea recta entre cada una de las dos series de puntos correspondientes a los máximos y mínimos, lo que demuestra que existe una clara relación entre el brillo de las variables y sus periodos». También se dio cuenta de lo que eso significaba para la cartografía de las distancias estelares, pues escribió que «es de esperar también que se pueda medir el paralaje de algunas variables de este tipo». Si se podía utilizar el método de paralaje para hallar la distancia hasta una sola de las variables, ese resultado se podría utilizar para calibrar el resto de su escala periodo-luminosidad y calcular así las distancias hasta otras estrellas.

Solo un año después, el astrónomo danés Ejnar Hertzsprung midió el paralaje de algunas estrellas variables de la Vía Láctea y calibró la escala de Leavitt tal como ella había esperado que alguien hiciera. Con esta nueva vara de medir, calculó que la distancia a las Nubes de Magallanes era de unos tres mil años luz (treinta mil billones de kilómetros). Batía el récord de distancia más larga jamás medida, aunque, en realidad, puede que se tratara de una errata. Hertzsprung calculó que la distancia hasta las Nubes de Magallanes era de unos increíbles treinta mil años luz (hoy sabemos que están incluso más lejos), pero la utilidad de la regla de Leavitt era evidente. Incluso tres mil años luz era mucho mayor que la distancia máxima de aproximadamente cien años luz que se había podido medir anteriormente con el método del paralaje. Ese límite había sido superado.

El principio del tiempo

A pesar de la inmensa importancia del descubrimiento de Leavitt, Pickering seguía obsesionado con crear un catálogo de las magnitudes de las estrellas del hemisferio norte que pudiera ser utilizado como estándar para medir el brillo de las estrellas. Según él, esa debía ser la principal tarea de Leavitt. Ella cumplió obedientemente, centrándose en ese proyecto durante los tres años siguientes. Su salud siguió siendo delicada durante ese tiempo, y en 1913 acabó postrada en cama durante tres meses tras una operación de estómago. Eran los primeros indicios de algo mucho más grave que estaba por llegar. A pesar de ello, siguió trabajando sin prisa pero sin pausa. Finalmente, después de escudriñar casi trescientas placas fotográficas tomadas con trece telescopios diferentes, Leavitt publicó una enciclopedia de 195 páginas sobre noventa y seis estrellas de la secuencia del hemisferio norte. Dicha obra se convirtió en la base de la escala estándar de Harvard que se podía usar para clasificar el brillo de las estrellas en diecisiete órdenes de magnitud. Durante sus investigaciones, Leavitt se dio cuenta de que la nova T Pyxidis, observada en 1890, volvió a erupcionar tras un intervalo de muchos años. Fue la primera estrella recurrente que se descubrió (hoy en día, los científicos saben que estas novas recurrentes se producen cuando una estrella enana blanca de una pareja binaria atrae gravitacionalmente la suficiente masa de su compañera como para desencadenar una explosión).

Mientras tanto, la gran utilidad de la relación periodo-luminosidad empezó a llamar la atención de la comunidad astronómica. En 1907, Harlow Shapley (quien más adelante se convertiría en director del Observatorio del Harvard College) se había matriculado en la Universidad de Misuri para estudiar periodismo, pero cambió de carrera cuando se enteró de que la facultad aún no había entrado en funcionamiento. Mirando la lista alfabética de programas universitarios, el primero que llamó su atención fue el de astronomía, que le venía como anillo al dedo. Tras graduarse y cursar estudios de posgrado en Princeton, le ofrecieron un puesto en el Observatorio del Monte Wilson, en Pasadena. Para entonces, gracias a sus estudios sobre estrellas variables, conoció la relación periodo-luminosidad. En una carta que envió a Pickering en 1917, en la que preguntaba por los nuevos estudios de variables de la «señorita Leavitt», señalaba que «su descubrimiento de la relación entre el periodo y la luminosidad está destinado a ser uno de los más significativos de la astronomía estelar». Tal vez pensaba que era así por el ambicioso proyecto de cartografía estelar que tenía en mente: averiguar cuál era el tamaño de la Vía Láctea.

Al utilizar la relación entre la periodicidad y el brillo descubierta por Leavitt para calcular las distancias que nos separan de las estrellas variables de la galaxia, Harlow Shapley entró en los libros de historia como el hombre que «midió» la Vía Láctea. Descubrió que los cúmulos de estrellas parecían estar centrados alrededor de un punto de la constelación de Sagitario, y con ello llegó a la conclusión de que el centro de la Vía Láctea debía encontrarse en algún lugar de esa región. Utilizó las variables para calcular las distancias y se dio cuenta de que nuestro sistema solar estaba situado en los bordes exteriores de la galaxia, inimaginablemente lejos de su centro. Como dijo Shapley, en el universo, los humanos éramos periféricos en lugar de centrales. Asombrado al darse cuenta de lo enorme que era la Vía Láctea, llegó a convencerse de que la galaxia era en realidad el universo entero. ¿Qué podría haber fuera de su diámetro de 300.000 años luz? Y así lo defendió en un famoso debate celebrado en 1920 con el astrónomo Heber Curtis, en el que ambos científicos discutieron sobre la existencia de otras galaxias o «universos isla», como se las llamaba entonces. Aunque el debate no tuvo un claro vencedor, dio a conocer el trabajo de Leavitt a los principales astrónomos de la época.

Un año más tarde, a Shapley se le presentó la oportunidad de suceder al recientemente fallecido Edward Pickering como director del Observatorio del Harvard College. Leavitt era uno de los miembros más destacados del personal del observatorio, se había convertido en jefa de la sección de fotometría y estaba entusiasmada con la llegada del nuevo director. En su correspondencia anterior, Shapley la había animado enérgicamente a seguir analizando las estrellas variables. En general, apoyaba al personal femenino, pero de forma condescendiente, midiendo su carga de trabajo en «horas-chica».* Sin embargo, con Leavitt discutía de sus investigaciones de igual a igual. Al fin y al cabo, él se hizo famoso gracias a que aplicó los conocimientos de ella. Con su apoyo, Leavitt por fin podía centrarse en las variables.

Justo cuando su asociación estaba a punto de despegar, a Leavitt se le acabó el tiempo. Ese mismo año fue hospitalizada de nuevo. Esta vez se trataba de un cáncer de estómago. Murió el 12 de diciembre de 1921.

Henrietta Leavitt no vivió para ver el gran impacto que tuvo su trabajo. Mientras que Shapley utilizó su idea para analizar toda la Vía Láctea, Edwin Hubble, un abogado convertido en astróno-

* Harlow Shapley ideó una forma de medir indirectamente la dificultad del trabajo que había que realizar: las horas que debía dedicar una chica para completarla. Según él, las más difíciles requerían kilohoras-chica. (*N. del t.*).

mo, pudo abarcar el universo entero. Shapley y Hubble tenían mucho en común. Ambos eran de Misuri, se llevaban cuatro años de diferencia y crecieron a solo cien kilómetros de distancia uno del otro. Ambos empezaron con la intención de estudiar otras carreras antes de aterrizar en la astronomía. En el caso de Hubble, su padre quería que fuera abogado, por lo cual solo pudo estudiar astronomía tras el fallecimiento de su progenitor. Al igual que Shapley, Hubble fue estudiante de Henry Norris Russell en Princeton antes de aceptar un puesto en el Observatorio del Monte Wilson, en California.

Una vez allí, gracias al telescopio Hooker, el más grande del mundo en aquella época, Hubble descubrió estrellas variables en la galaxia de Andrómeda, demostrando que estaba demasiado lejos para ser parte de la Vía Láctea. Hubble era consciente de la importancia de su descubrimiento. Utilizando su talento para el dramatismo, en 1924 publicó sus hallazgos en el *New York Times*, antes de presentárselos a los astrónomos y mucho antes de publicar los resultados en una revista científica. Cuando, en 1929, finalmente su trabajo apareció publicado en una de esas revistas, Shapley comentó con pesar que «este es el artículo que ha destruido mi universo». De hecho, fue el artículo que colocó a nuestro pequeño sistema solar en su legítimo lugar como una parte insignificante de una sola galaxia entre las incontables galaxias que pueblan el universo.

Hubble se hizo famoso por resolver el debate sobre la escala del universo, pero no había hecho más que empezar. Se asoció con Milton Humason, un antiguo conserje del Observatorio del Monte Wilson que había aprendido astronomía durante sus turnos nocturnos de limpieza. Humason adquirió tal destreza en el manejo de los telescopios y en la toma de fotografías astronómicas que se convirtió en el primer empleado autodidacta del observatorio. Juntos, Humason y Hubble, observaron estrellas variables en galaxias lejanas para calcular a qué distancia se encontraban de la Tierra. Al mismo tiempo, utilizaron la espectroscopia para medir la velocidad a la que se movían las galaxias. Lo que descubrieron los dejó atónitos.

Todas las galaxias se alejaban de la nuestra. Vesto Slipher —un astrónomo del Observatorio Lowell en Arizona— había llegado a la misma conclusión, pero la incorporación de las mediciones de las distancias hasta las estrellas variables proporcionó una nueva perspectiva. Las galaxias más remotas se alejaban más rápidamente, lo que indicaba con toda claridad que estaba en marcha un proceso de expansión.

Una forma sencilla de visualizarlo es pensar en lo que ocurre cuando se hornea una galleta de chocolate (mi favorita). Digamos que cada trocito de chocolate es una galaxia en el universo de las galletas y que una de ellas es la Vía Láctea. A medida que el universo de las galletas se hornea y se expande, los trocitos de chocolate se alejan. Desde el punto de vista de cada galaxia, incluida nuestra Vía Láctea, todas las demás galaxias se están alejando de ella. Después de algún tiempo, digamos que la galleta se ha expandido de tal forma que los trocitos de chocolate están el doble de lejos que al principio. Las galaxias de chocolate que estaban a un centímetro de distancia ahora están a dos, y las que estaban a dos centímetros ahora están a cuatro. Así, las galaxias más cercanas se han alejado un centímetro, mientras que durante ese mismo tiempo, las más lejanas lo han hecho dos centímetros. Desde nuestro punto de vista, las galaxias más lejanas se han alejado una distancia mayor en el mismo espacio de tiempo, por lo que decimos que tienen una mayor velocidad de recesión. Ese es el efecto que observaron Hubble y Humason. Todas las galaxias se alejaban de nosotros, pero cuanto más lejos estaban, a mayor velocidad se alejaban. Habían descubierto la expansión del universo.

Hubble y Humason también utilizaron sus datos para calcular la tasa de expansión del universo, un número conocido en la actualidad como constante de Hubble. Si rebobinamos la expansión a la velocidad adecuada, podemos calcular cuándo empezó, el momento conocido como *big bang*. En 1929, los cálculos de

Hubble demostraron que el universo nació hace unos 2.000 millones de años. Ahora sabemos que se equivocó debido a que sus datos contenían errores. A lo largo de los años, la constante de Hubble se ha ido refinando gracias a que los telescopios son cada vez mejores. En 1990, la NASA lanzó el telescopio Hubble, cuya misión principal era sondear las profundidades del espacio y refinar la constante de Hubble. En 2001, la doctora Wendy Freedman anunció que se habían realizado mediciones actualizadas de la constante de Hubble basadas en las observaciones del telescopio del mismo nombre. El número se calculó con un margen de error del 10 % y estableció la edad del universo en algo menos de 14.000 millones de años. Henrietta Leavitt, cuyo corazón latió solo un par de miles de millones de veces en este universo, hizo ese cálculo posible.

Una astrónoma en tiempos de guerra

La teoría del *big bang* sobre el comienzo del tiempo y el espacio resultó ser bastante controvertida. Muchos científicos preferían e incluso se sentían más cómodos con un universo inmutable, eterno e ilimitado. El mismo Einstein era escéptico ante la idea de que el universo se encontrara en un estado de cambio constante. De hecho, modificó sus ecuaciones de la relatividad general para asegurarse de que describían un universo estático. Solo después de ver la prueba incontrovertible presentada por Hubble y Humason reconoció públicamente su «error». A pesar de la capitulación de Einstein, el *big bang* siguió suscitando acalorados debates. ¿Es el universo infinito y eterno o realmente comenzó con una gran explosión?

La mayor prueba «en contra» de la teoría del *big bang* parecía ser el propio universo y todo lo que hay en él. En 1948, el físico George Gamow y su doctorando Ralph Alpher calcularon que en los momentos posteriores al *big bang*, el universo habría sido tan caliente y denso que se habrían creado núcleos de hidrógeno. A medida que el universo se iba expandiendo y enfriando, las condiciones habrían sido las adecuadas para que se unieran protones y neutrones y se crearan núcleos de helio. Los cálculos de Alpher y Gamow podrían explicar la abundancia de hidrógeno y helio en el universo. Sin embargo, si el universo se seguía expandiendo y enfriando, se detendría ese proceso de nucleosíntesis. Su modelo no podía explicar la formación de elementos más pesados que el helio para acabar dando lugar a la abundancia que podemos observar hoy en día. Entonces, ¿de dónde salieron el litio, el oxígeno, el nitrógeno y todos los demás elementos del universo?

Margaret Burbidge, astrónoma británica, no era una firme partidaria de la teoría del *big bang*. Sus detalladas observaciones de las estrellas la llevarían a descubrir el secreto de los elementos pesados del universo y a contribuir así al debate sobre el origen del universo.

Eleanor Margaret Peachy nació en Davenport, Inglaterra, en 1919, justo después del final de la primera guerra mundial. Su padre era profesor de química y su madre fue una de sus alumnas. Margaret heredó su amor por las ciencias, y su madre se convirtió en su modelo por sus ganas de triunfar. De niña, se enamoró del cielo nocturno durante una travesía en ferri a Francia. Aunque la mayoría de las chicas habrían pensado que la astronomía era tan solo un pasatiempo, Margaret tenía aptitudes para las matemáticas, y en poco tiempo ya estaba estudiando libros de texto de astronomía.

Sir James Hopwood Jeans era un conocido astrónomo y matemático británico, pariente lejano de Margaret y autor de un libro de divulgación, *The Mysterious Universe*, que ella encontraba fascinante. Los números grandes la entusiasmaban y le encantó saber que la estrella más cercana estaba a más de cuarenta billones de kilómetros. Decidió inmediatamente que de mayor quería medir las distancias que nos separan de las estrellas. Sus lecturas y la influencia de una excelente profesora de ciencias la llevaron al University College de Londres (UCL, por sus siglas en inglés), donde estudió astronomía, matemáticas y física. Se graduó con honores en 1939, justo antes del estallido de la segunda guerra mundial. La guerra brindó a Margaret algunas oportunidades inesperadas. Con los hombres lejos, pasó los años siguientes trabajando en su doctorado, pero también manteniendo el Observatorio de la Universidad de Londres (ULO, por sus siglas en inglés) en marcha.

Los apagones que se produjeron durante la guerra devolvieron las estrellas al cielo de Londres y mejoraron las condiciones de observación en el ULO, pero entonces empezaron a caer las bombas. Sin apenas inmutarse, Margaret continuó con las observaciones. Se encargaba también del mantenimiento y de las reparaciones en caso de que los bombardeos causaran algún daño. A pesar del peligro, durante los años siguientes dijo que, gracias a aquellas noches que pasó en la cúpula de la ULO, «pude cumplir mis sueños más tempranos». La tesis doctoral de la doctora Margaret Peachey, terminada en 1943, fue un análisis espectral de la estrella variable Gamma Cassiopeiae. A Henrietta Leavitt le habría gustado.

Igual que hicieron Shapley y Hubble anteriormente, Peachey dirigió su atención al Observatorio del Monte Wilson en California. Su telescopio Hooker seguía siendo el más grande del mundo en ese momento. Tras la guerra, solicitó una beca posdoctoral en el Monte Wilson, pero no se la concedieron. Nunca olvidó la escueta carta de rechazo que recibió, en la que se la informaba de que las becas eran solo para hombres (aunque en los anuncios de esas becas nunca se decía tal cosa). Probablemente, al comité de selección nunca se le ocurrió que pudiera presentarse una mujer. Este primer roce con el sexismo astronómico fue un momento revelador para ella. Más adelante, escribiría en sus memorias: «En ese momento, se puso en marcha un principio que regiría toda mi vida: si en alguna empresa fracasamos o nos topamos con algún tipo de barrera, hemos de encontrar una forma de evitarla, hallar otro camino que conduzca hacia el objetivo».

Con Estados Unidos fuera de su alcance por el momento, Peachey permaneció en el UCL enseñando astronomía a estudiantes universitarios, incluido Arthur Clarke, el futuro escritor superventas de ciencia ficción. También decidió asistir como oyente a las conferencias de física que se daban en la universidad. Resultó ser una decisión muy acertada no solo porque aprendió sobre una amplia gama de temas relevantes para su futura carrera, sino también porque allí conoció a Geoffrey Burbidge, uno de los doctorandos de física, que era seis años más joven que ella. Era sociable y extrovertido, cualidades en las que ella no destacaba, pero juntos disfrutaban de la música y los paseos al aire libre. Se casaron en 1948. Geoff amaba todo de Margaret, incluyendo su pasión por la astronomía, tanto que amplió su investigación a la astrofísica teórica. La astrónoma y el físico iniciaron una asociación que resultó ser estelar en todos los sentidos.

La muerte de las estrellas

Los Burbidge pasaron los dos primeros años de su matrimonio en Europa, observando las estrellas y publicando conjuntamente sus hallazgos. En una conferencia celebrada en París, en 1949, se hicieron grandes amigos del físico Fred Hoyle, quien desempeñaría un papel fundamental en sus futuras investigaciones.

Mientras tanto, Margaret no olvidaba su objetivo de visitar Estados Unidos ni el de cumplir con su principio de hallar una forma de sortear las barreras. En 1951 obtuvo una beca de la Unión Astronómica Internacional para visitar el Observatorio Yerkes de la Universidad de Chicago, donde las mujeres eran bienvenidas. Al mismo tiempo, Geoff obtuvo una beca para el Observatorio del Harvard College, donde Harlow Shapley seguía siendo el director.

En Estados Unidos, Margaret Burbidge sintió que sus horizontes se ampliaban a gran velocidad. Allí pudo realizar observaciones tanto con el telescopio Yerkes como con el McDonald, de unos 208 centímetros, en Texas. Fue una experiencia inolvidable. Sus investigaciones se centraron en el análisis de la química de las estrellas. Visitó a Geoff en Harvard y aprovechó la oportunidad para conocer el innovador trabajo de Cecilia Payne sobre la composición de las estrellas. Al año siguiente, ambos aceptaron un posdoctorado en el Observatorio Yerkes, donde pasaron el tiempo observando y analizando la abundancia de elementos en las estrellas. Gracias a ese trabajo pudieron publicar varios artículos. Cuando en 1953 se les acabó el visado, tuvieron que elegir entre un trabajo para ambos en Manchester o un puesto de más prestigio solo para Geoff en Cambridge. A Margaret aún le quedaban muchos espectros estelares por analizar, por lo que estaría ocupada aunque no realizara observaciones adicionales, así que eligieron Cambridge.

En su pequeño apartamento, los Burbidge calcularon la abundancia de elementos en un tipo de estrella variable que Margaret había observado con el telescopio McDonald. Hallaron cantidades inusualmente altas de los elementos pesados conocidos como tierras raras. Esos elementos eran mucho más abundantes en la estrella variable que en el Sol. Se preguntaron si los fuertes campos magnéticos de la estrella influían en los procesos nucleares que impulsan la formación de elementos pesados. Por aquel entonces, William (Willy) Fowler, un destacado físico nuclear de Caltech, en Pasadena, estaba pasando un año sabático en Cambridge con Fred Hoyle, el hombre que había propuesto por primera vez la idea de la nucleosíntesis estelar (la idea de que los elementos pesados se pueden crear en los núcleos de las estrellas). A Fowler le intrigaban los descubrimientos de los Burbidge y les sugirió que trabajasen juntos. Los cuatro investigadores unieron sus fuerzas para tratar de comprender más detalladamente los procesos nucleares que se producen en las estrellas y cómo se crean los elementos pesados.

Gracias a la investigación sobre la nucleosíntesis, los cuatro entablaron una gran amistad. Cuando terminó el año sabático de

Fowler, instó a los Burbidge a trasladarse con él a Pasadena para así poder seguir trabajando juntos. Margaret podría intentar nuevamente obtener una beca en el Monte Wilson, mientras que Geoff optaría a una beca Kellogg en Caltech para trabajar con Fowler; pero el Observatorio del Monte Wilson seguía estando cerrado para las mujeres, supuestamente por la falta de baños para ellas. Para salvar este último obstáculo, ella y su marido cambiaron sus papeles. En 1955, Margaret aceptó una beca Kellogg a tiempo parcial y Geoff una beca Carnegie que le permitió solicitar tiempo de observación conjunta en el Observatorio del Monte Wilson para él y para Margaret como su «ayudante».

Sin embargo, esa solución alternativa se topó con cierta resistencia en el observatorio. Finalmente, el director —Ira Bowen— cedió, pero solo a condición de que la pareja se alojara en una cabaña separada en la montaña en lugar de en los dormitorios de los hombres. Los Burbidge aceptaron. De esa manera, Margaret podía utilizar el telescopio y hacer sus observaciones mientras Geoff trabajaba en sus cálculos.

No todo el personal estaba de acuerdo con ese arreglo. Irónicamente, uno de los que criticaron la presencia de Margaret fue Milton Humason. Aunque él mismo se topó con mucha hostilidad cuando ascendió de conserje a astrónomo, sentía que el observatorio no era lugar para ella, pero Margaret demostró que estaba equivocado. Con el tiempo, llegó a reconocerla como una de las mejores observadoras que conocía (un gran elogio, ya que venía de un hombre considerado como uno de los mejores observadores del mundo).

El cuarteto estelar de amigos continuó construyendo su modelo de nucleosíntesis, utilizando los datos de observación de Margaret para probar y refinar sus modelos teóricos. En esa época, estaba embarazada, pero continuó con su trabajo de observación hasta los últimos meses antes de parir. Su hija Sarah nació en agosto de 1956, y Margaret volvió a trabajar poco después, a pesar de no contar con la aprobación de las esposas del resto de los miembros de Caltech, donde Geoff trabajaba con Fowler. Ese año, el cuarteto pudo por fin desentrañar los mecanismos que forman los elementos y que, además, son coherentes con las abundancias que observamos en el universo. La llegada de Sarah marcó el nacimiento de un modelo de nucleosíntesis basado en la muerte de las estrellas.

Al principio, todas las estrellas son reactores de fusión, funden núcleos de hidrógeno y forman helio en las profundidades de sus núcleos, liberando cantidades enormes de energía en el proceso. La radiación hacia el exterior de la energía generada equilibra el aplastamiento que se produciría por culpa de la gravedad, manteniendo así a la estrella en un equilibrio dinámico. Cuando todo el hidrógeno se agota y solo queda helio, el núcleo del reactor de fusión deja de producir energía, la presión de la radiación emitida se detiene y la estrella empieza a colapsar por culpa de su propia gravedad. Cuando la presión y la temperatura del núcleo aumentan, se vuelve a activar el reactor. Es el momento en el que empieza la fusión del helio, lo que provoca que la estrella produzca carbono y oxígeno, además de energía; la estrella se vuelve a expandir hasta que se agota el helio. Entonces, la gravedad provoca de nuevo el colapso de la estrella hasta que la presión y la temperatura son lo suficientemente altas como para que se ponga en marcha la fusión, creando elementos aún más pesados. El ciclo continúa mientras la estrella moribunda emite una serie de bocanadas finales, exhalando elementos cada vez más pesados hasta llegar al hierro. La fusión del hierro da lugar a elementos todavía más pesados, pero no produce energía. En este punto, acaban los ciclos de fusión y la estrella se enfría, poniendo fin a su vida como enana blanca. Sin embargo, las estrellas más masivas no se detienen aquí. Su colapso gravitatorio es tan grande que se produce una enorme explosión, una supernova más brillante que toda una galaxia de estrellas. En esas explosiones y en la fusión de las estrellas de neutrones (los núcleos densos de estrellas supergigantes masivas muertas) se pueden crear los elementos más pesados de la tabla periódica.

Los cuatro autores del artículo conocido como B^2FH descubrieron cuáles son los procesos y las condiciones internas de temperatura y presión extremas en las estrellas necesarios para impulsar la síntesis de diferentes elementos durante el cambiante ciclo vital de la estrella. Las observaciones de Margaret en el Monte Wilson confirmaron la abundancia de elementos predicha por su modelo de nucleosíntesis estelar. Todo parecía encajar, pero el peligro está en los detalles. Eran muchos los procesos que intervenían, y tenían que comprobar y explicar cada uno de ellos. Margaret y Geoff trabajaron para redactar el primer borrador de un artículo que recopilara todo su trabajo. La versión final se publicó en 1957 en *Reviews of Modern Physics*. Esta obra magna de cien páginas venía acompañada de otras páginas adicionales que contenían imágenes y una bibliografía. En ella exponían la teoría de la nucleosíntesis estelar y los datos que la apoyan. Los físicos suelen escribir de forma bastante escueta cuando explican su trabajo, pero Margaret era una amante de la poesía, y este artículo era tan monumental e importante que los autores decidieron comenzar con una combinación de dos citas de Shakespeare:

> «Son las estrellas, sí / son las estrellas que están sobre nosotros las que rigen nuestro destino» (*El rey Lear*, acto 4, escena 3);

pero puede que

> «La culpa, querido Bruto, no es de nuestras estrellas / sino de nosotros mismos» (*Julio César*, acto 1, escena 2).

Margaret Burbidge apareció como la primera autora del artículo sobre la nucleosíntesis, seguida de Geoff Burbidge, William Fowler y Fred Hoyle. Debido a su enorme influencia, el artículo tiene su propio apodo, B^2FH, por las iniciales de sus autores. Este artículo, que puso en marcha el campo de la astrofísica nuclear, sigue siendo uno de los manuscritos más innovadores de la historia de la física y la astronomía. Se dice que el *big bang* creó el hidrógeno y el helio, pero Burbidge, Burbidge, Fowler y Hoyle hicieron todo lo demás.

Cazadoras de cuásares

Los autores del B^2FH se habían propuesto explorar una debilidad del modelo del *big bang*: su incapacidad para explicar la abundancia de elementos pesados en el universo. Pero su explicación del origen de los elementos pesados no contradecía dicho modelo; al contrario, lo complementaba al resolver el misterio de la creación de elementos pesados, mostrando que estos nacieron en el universo en desarrollo, en expansión, mientras nuevas generaciones de estrellas vivían y morían. Como todo el mundo sabe, Willy Fowler dijo: «Todos somos, verdadera y literalmente, un poco polvo de estrellas». Puede que por eso a Margaret Burbidge le pusieran el apodo de lady Stardust (lady Polvo de Estrellas).

En 1957, a Geoff Burbidge le ofrecieron un puesto como profesor de astronomía en la Universidad de Chicago. Las normas para prevenir el nepotismo impidieron a Margaret aceptar un puesto similar, pero le ofrecieron una beca. Aceptó con elegancia, sabiendo que eso le facilitaría el acceso a los telescopios más grandes del país, lo que le permitiría seguir observando sus queridas estrellas. La pareja cambió el enfoque de su investigación y desarrolló formas innovadoras para medir los espectros de luz y analizar la dinámica y la masa de las galaxias utilizando el telescopio McDonald. Durante la década siguiente publicaron más de sesenta artículos sobre sus observaciones, lo cual impulsó la investigación en este campo. Oculto en esas observaciones estaba el primer indicio de otro gran descubrimiento.

Los cálculos de los Burbidge indicaban que las relaciones masa-luminosidad de algunos cúmulos de galaxias eran inusualmente altas. En otras palabras, la masa de los cúmulos de galaxias parecía ser demasiado alta, dada la cantidad de luz emitida por sus estrellas. Pero sus estudios se limitaron a las regiones interiores más brillantes de las galaxias, donde se concentraban las estrellas, y los datos no eran suficientes para llegar a conclusiones claras. En la década de 1980, una de sus colaboradoras, Vera Rubin (hablaremos de ella más adelante), realizó estudios más detallados que confirmarían la existencia de esa masa adicional en las galaxias y sería considerada la primera evidencia clara de la existencia de materia oscura en el universo. Los modelos cosmológicos actuales muestran que la materia oscura desempeñó un papel importante en la creación de la estructura del universo tras el *big bang*.

El artículo B^2FH y su prolífica investigación posterior hicieron que Margaret y Geoff Burbidge fueran muy conocidos y respetados entre la comunidad astronómica. Les llovían ofertas para dar charlas y conferencias y, lo que es más importante, tras una década estudiando los cúmulos de galaxias, Geoff y Margaret recibieron una atractiva oferta para formar parte del cuerpo docente de la universidad. La Universidad de California en San Diego (UCSD, por sus siglas en inglés) tenía reglas para prevenir el nepotismo igual que ocurría en la Universidad de Chicago, pero la institución las eludió ofreciendo a Geoff un puesto en la facultad de física y a Margaret un puesto como profesora de química. Los dos aprovecharon la oportunidad para continuar con sus carreras como socios en igualdad y se trasladaron a la UCSD en 1962, justo a tiempo para dar un nuevo e inesperado giro a su investigación.

En 1963 se descubrió en el espacio un sorprendente objeto que emitía ondas de radio y era decenas de veces más brillante que las galaxias más brillantes conocidas. Esta fuente de radio cuasi estelar (o cuásar, que es como fue llamado) se alejaba de la Tierra a una increíble velocidad de 47.000 kilómetros por segundo (una sexta parte de la velocidad de la luz). Según la ley de expansión de Hubble, cuanto más rápido se aleja un objeto de nosotros, más lejos está de la Tierra. Este se movía tan rápido que la distancia que lo separaba de nuestro planeta tenía que ser de más de 2.500 millones de años luz. Margaret Burbidge se sintió instantáneamente fascinada. Poseía las habilidades de observación adecuadas y tenía acceso a los telescopios más apropiados para buscar más misteriosos cuásares, así que se puso manos a la obra con su concentración y determinación habituales. Durante la siguiente década descubrió docenas de cuásares, incluido el cuásar OQ172, que durante casi una década fue el objeto más distante descubierto en el universo y apareció listado en el *Libro Guinness de los récords*. En 1967 publicó junto a Geoff un resumen de los cuásares y sus propiedades en un libro titulado *Quasi-Stellar Objects*, que se convirtió en el texto más utilizado en este campo durante las dos décadas siguientes.

Al igual que ocurrió con la nucleosíntesis estelar, los cuásares parecían ser una prueba más a favor de la teoría del *big bang* y de la expansión del universo. Se dieron cuenta de que todos ellos se alejaban de la Tierra, ya que sus ondas de luz estaban estiradas, es decir, mostraban lo que se conoce como «corrimiento hacia el rojo». Si se hubieran estado moviendo hacia la Tierra, sus ondas luminosas sufrirían un «corrimiento hacia el azul», es decir, estarían comprimidas. Pero este último efecto nunca se observó en los cuásares, y no había ningún otro modelo alternativo que pudiera explicar mejor el corrimiento hacia el rojo que la expansión del universo. Geoff Burbidge y Fred Hoyle, partidarios del modelo de universo estacionario, intentaron desarrollar explicaciones alternativas, pero no gozaron de una amplia aceptación. Margaret también seguía siendo partidaria del modelo estacionario, pero era menos vehemente que Geoff. Para ella, los cuásares, las rotaciones de las galaxias y la composición química de las estrellas eran fascinantes desde una perspectiva observacional, y, además, abrían la puerta a una nueva física, independientemente del modelo de universo que, en el futuro, se confirmara que era el verdadero.

Gracias a su colaboración con Fowler en Caltech, los Burbidge pudieron conocer a Grace Hubble, viuda de Edwin Hubble, quien había fallecido en 1953. Cuando la NASA empezó a diseñar el lanzamiento del telescopio Hubble, Margaret Burbidge desempeñó un papel destacado en el desarrollo de su espectrógrafo para detectar objetos débiles (FOS, por sus siglas en inglés), diseñado específicamente para estudiar objetos muy distantes como los cuásares. Cuando en 1990 se lanzó el Hubble, al principio fue un desastre. El espejo primario del telescopio óptico estaba defectuoso, por lo que las imágenes eran borrosas. Por suerte, la misión de seguimiento de la NASA para reparar el telescopio en el espacio fue una historia épica de innovación y determinación y, lo que es más importante, un éxito rotundo, lo cual permitió que las imágenes captadas por el telescopio fueran aún más espectaculares. Pero el FOS de Margaret Burbidge funcionó a la perfección desde el principio, proporcionando una gran cantidad de nuevos datos. Las bombas que cayeron cerca de la ULO en Londres durante la guerra la prepararon para ser capaz de diseñar un dispositivo que pudiera funcionar sin problemas en las condiciones extremas del espacio. Gracias al FOS se pudo confirmar la existencia de un agujero negro supermasivo en el corazón de la galaxia M87 (el que fue milagrosamente captado en 2019 por una red global de telescopios).

Luchando por el cambio

En abril de 2020, el telescopio Hubble celebró su trigésimo cumpleaños. Tras una larga y distinguida carrera en el espacio, había entrado en su última década de operaciones, y su sucesor estaba listo para ser lanzado en breve.

El día de Navidad de 2021 observé con asombro, junto al resto del mundo, cómo el sucesor del Hubble, el telescopio espacial James Webb (JWST, por sus siglas en inglés), se elevaba hacia el espacio en uno de los cohetes de la NASA. El JWST está diseñado para ver objetos cien veces más débiles que los que podía captar el Hubble, por lo que puede llegar a las partes más distantes del universo y a los primeros días después de su nacimiento. Menos de un año después de su lanzamiento, el JWST había cumplido con todas las expectativas, ya que captó imágenes impresionantes de las galaxias más distantes y jóvenes jamás vistas. Me pregunto qué habría querido observar Henrietta Leavitt si hubiera podido utilizar este increíble nuevo telescopio. También me pregunto por qué el telescopio no lleva su nombre.

Leavitt dejó una impronta en Harvard que, con el tiempo, se extendió a través del espacio observable y llegó hasta el principio de los tiempos hace 14.000 millones de años. Su presencia perduró en el observatorio, e incluso se extendió hasta tal punto que se decía que, durante las noches oscuras, su fantasma rondaba su escritorio. (Seguramente sería Cecilia Payne, que había heredado su mesa y trabajaba hasta altas horas de la noche). Pero la presencia científica de Leavitt persistió, influyendo en las futuras mediciones de distancias astronómicas.

En 1925, Gösta Mittag-Leffler —miembro de la Real Academia Sueca de Ciencias— había escrito al director Shapley, proponiendo nominar a Leavitt para el Premio Nobel. No sabía que había fallecido, lo que hacía que fuera inelegible para el premio. La vida de Leavitt había llegado a su fin, pero ayudó a la humanidad a encontrar su lugar en la historia del tiempo. El cráter Leavitt en la Luna, el asteroide Leavitt y un telescopio del Observatorio McDonald, en Texas, llevan su nombre en su memoria. Aun así, con el tiempo desapareció de la memoria científica pública.

Edwin Hubble nunca será olvidado gracias a su famoso telescopio homónimo y a la ley Hubble. Sin embargo, la relación periodo-luminosidad no llevó inicialmente el nombre de Leavitt (aunque, en la actualidad, cada vez más gente la conoce como ley de Leavitt). Ninguno de los telescopios espaciales insignia de la NASA honra a las mujeres. A pesar de la evidente oportunidad que han tenido para corregir esta omisión, la NASA nombró al sustituto del Hubble con el nombre de un antiguo director de la agencia. Las pruebas que muestran que James Webb fue cómplice de la discriminación contra los científicos homosexuales durante el terror lila desatado bajo la administración Truman han provocado que muchos crean que el telescopio debería llevar otro nombre. Se han sugerido varios, pero no se me ocurre ninguna persona que merezca más ser honrada de esa manera que Henrietta Leavitt.

Aunque Margaret Burbidge fue reconocida por sus numerosos descubrimientos durante su carrera, nunca alcanzó el mismo nivel de reconocimiento que los hombres. Por ejemplo, en 1972 fue nombrada directora del Real Observatorio de Greenwich (Reino Unido), convirtiéndose en la primera mujer en ocupar ese distinguido cargo. Durante más de trescientos años, el director también había sido nombrado Astrónomo Real. Sin embargo, ella no recibió ese título, que fue otorgado a Martin Ryle, otro radioastrónomo. A Burbidge no le gustaron las maniobras políticas que le exigían sus labores administrativas, y a los dos años dimitió y volvió a su antiguo puesto de profesora en San Diego.

En 1971 Burbidge volvió a ser noticia por rechazar el premio Annie Jump Cannon de la Sociedad Astronómica Estadounidense (AAS), porque solo se concedía a mujeres, y ella quería que las mujeres estuvieran en igualdad de condiciones que los hombres. Su negativa dio pie a un debate muy necesario sobre los prejuicios de género y condujo a la creación del primer comité que se dedicaría a analizar la situación de la mujer en el campo de la astronomía. Cuando Burbidge asumió la presidencia de la AAS, en 1976, la asociación acordó no celebrar ninguna conferencia o reunión en aquellos estados que no hubieran ratificado la Enmienda por la Igualdad de Derechos. En 1984, Margaret aceptó el Premio Henry Norris Russell concedido por la AAS, el más alto honor otorgado por dicha sociedad a una persona de cualquier sexo. Sin embargo, un año antes, el Nobel de Física recayó en su amigo íntimo y coautor del B^2FH, William Fowler, por sus estudios sobre la formación de los elementos químicos en el universo. Fowler se sorprendió cuando supo que iba a ser el único galardonado, pero no rechazó el premio.

Durante el resto de su carrera, Margaret Burbidge siguió defendiendo los derechos de la mujer. Inspiró a muchas mujeres a dedicarse profesionalmente a la astronomía y ella misma fue la mentora de muchas de ellas. Geoff fue siempre su aliado en su activismo. En 1963 realizaron un viaje a la India en el que se enamoraron del país. Regresaron muchas veces a partir de entonces para asistir a conferencias y colaborar con un antiguo alumno de Fred Hoyle, el físico indio Jayant Narlikar. Geoff Burbidge falleció en 2010 a los ochenta y cuatro años. Margaret partió hacia las estrellas en 2020. Vivió hasta los cien años, el número de páginas que tiene el artículo B^2FH.

Recientemente, me enfrenté a un dilema en mi carrera que me recordó a Margaret Burbidge. Me entusiasmó que me invitaran a contribuir a una antología de artículos relacionados con mi campo de investigación. Después de enviar mi manuscrito, me enteré de que me habían invitado para aumentar la diversidad de los que participaban en la publicación. En otras palabras, necesitaban una autora. El editor dio las gracias a todos los autores por presentar artículos y a mí por añadir «diversidad», sin mención alguna a mis conocimientos. Me costó encontrar una respuesta. ¿Debía oponerme a esa forma superficial de discriminación positiva, o debía quedarme callada y no causar problemas? No quería que me publicaran solo por ser mujer, pero, por otro lado, si me retiraba, ¿no me estaría perjudicando a mí misma? El resto de los artículos se publicarían igualmente, y no quería que los jóvenes investigadores (especialmente las mujeres jóvenes) vieran otra lista de autores en la que todos fueran hombres. Pero entonces recordé que Margaret Burbidge había rechazado públicamente el premio Cannon. Así que retiré mi artículo y expliqué la razón al editor y a todos los demás autores. No provoqué el mismo efecto que Burbidge, pero recibí una disculpa del editor y una promesa de hacerlo mejor en el futuro.

Figura 2.1. La relación periodo-luminosidad de Henrietta Swan Leavitt sigue siendo una piedra angular de la física y la astronomía actuales.

Figura 2.2. El telescopio Bruce, instalado en 1895 en Arequipa, Perú, se llamó así en honor a Catherine Bruce, que donó 50.000 dólares para financiar su construcción. En esa época, era el telescopio fotográfico más potente del mundo. Con él se obtuvieron las imágenes que Henrietta Leavitt analizó y gracias a las cuales descubrió la relación existente entre el periodo y la luminosidad.

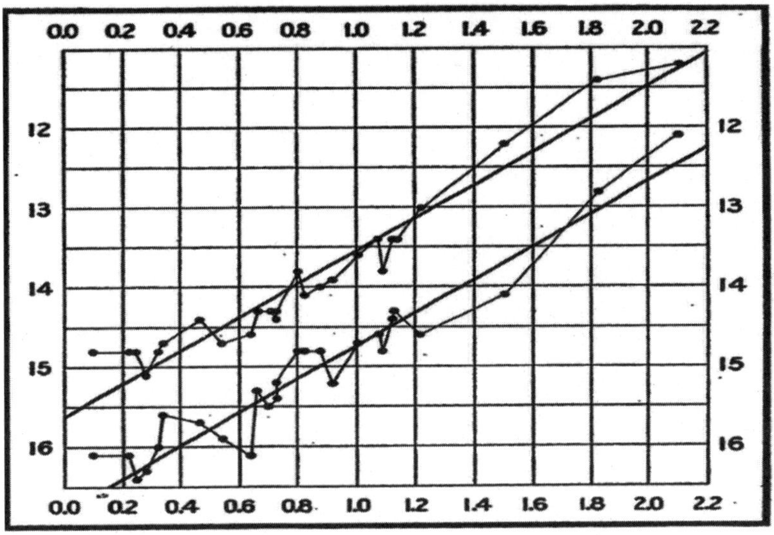

Figura 2.3. Gráfico elaborado por Henrietta Leavitt, incluido en su artículo de 1912, en el que se aprecia la relación entre el periodo (eje horizontal) y el brillo (eje vertical) de las estrellas variables.

CAPÍTULO

3

Velocidad de escape: pioneras de la exploración espacial

Mary Golda Ross, Joyce Neighbors, Dilhan Eryurt, Claudia Alexander y las mujeres que impulsaron el programa espacial de la NASA

Lo ves antes de oírlo. Un cohete se dispara hacia el cielo en absoluto silencio antes de que el estruendo de sus motores llegue a tus oídos. Mientras mi cerebro intentaba conciliar la enorme potencia que impulsaba la nave espacial con la diminuta mota que se elevaba hacia la estratosfera, no me di cuenta de que estaba conteniendo la respiración. ¿Podrá vencer a la gravedad? ¿Llegará hasta Marte?

Fui una de las afortunadas que pudo presenciar en directo el lanzamiento de la sonda espacial MAVEN desde Cabo Cañaveral, Florida, un soleado día de noviembre del año 2013. Su nombre tiene que ver con su misión: el explorador robótico Mars Atmosphere and Volatile EvolutioN (Evolución Atmosférica y Volátil de Marte) vería lo que los ojos humanos no pueden ver y estudiaría qué le ocurrió a la atmósfera marciana y por qué no tenemos vecinos marcianos. Desapareció demasiado pronto entre las nubes, y me dejó con las ganas de unirme a él en su misión a tan remoto lugar. Después deambulé por el complejo de visitantes del Centro Espacial Kennedy de la NASA, maravillándome al contemplar el jardín de cohetes y la exposición sobre la historia de los vuelos espaciales.

Los seres humanos llevamos mucho tiempo obsesionados con Marte. MAVEN fue la cuadragésima segunda misión de los terrícolas cuyo objetivo era explorar nuestro vecino planetario. La Unión Soviética hizo el primer intento en 1960. Aquel lanzamiento fracasó, igual que el siguiente, el siguiente y el siguiente. Resulta bastante difícil apuntar un cohete en la dirección correcta que lo lleve hasta un planeta situado a decenas de millones de kilómetros de distancia mientras se mueve a más de cien mil kilómetros por hora a lo largo de una órbita diferente.

Los soviéticos fracasaron cinco veces antes de que los estadounidenses estuvieran preparados para intentar su primer vuelo a Marte, lanzando la sonda Mariner 3 de la NASA en 1964. También fracasó. Nadie quería quedarse atrás en la carrera espacial, así que la NASA lo intentó de nuevo tres semanas después. La salida de la Mariner 4 fue un éxito. Pasaron ocho largos meses en los que el control de la misión monitorizó la sonda mientras esperaba ansiosamente que llegara a su destino. Por fin, se recibieron noticias desde las profundidades del espacio. La Mariner 4 había navegado con éxito alrededor de Marte y tomó algunas fotografías para enviar a casa. Solo llegaron veintiuna imágenes granuladas en blanco y negro, pero fueron las primeras fotografías de cerca de la superficie de otro planeta. Ese álbum de fotos de otro mundo fascinó al mundo entero.

Los soviéticos habían perdido la carrera por ser los primeros en llegar a Marte, pero iban por delante en la carrera hacia la Luna. En 1957 lanzaron el Sputnik, el primer satélite que orbitaba la Tierra, pero su primera misión a la Luna fracasó. A ese fracaso lo sucedieron otros dos. Y en 1959 llegó el éxito: la sonda Luna 1 de la Unión Soviética fue la primera que tomaba fotos de la cara oculta de nuestro satélite. Por su parte, la NASA intentó la friolera de trece misiones a la Luna entre 1958 y 1964. Todas fracasaron. Por fin, justo antes de que la Mariner 4 partiera hacia Marte, en 1964, el Ranger 7 logró enviar a casa fotos de una triunfante expedición lunar. Fue realmente una hazaña milagrosa cuando, solo cinco años más tarde, los humanos pisaron la Luna por primera vez.

Deambulé por las diversas exposiciones del centro de visitantes Kennedy, leyendo sobre ese increíble momento. «Un pequeño paso para el hombre, un gran salto para la humanidad», proclamó elocuente y memorablemente el astronauta Neil Armstrong en 1969, al dejar huellas humanas en la Luna por primera vez. El módulo lunar del Apolo 11 llevaba una placa igualmente emblemática: «Venimos en son de paz en nombre de toda la humanidad».

Me sentí inspirada y aislada al mismo tiempo. La exposición que me rodeaba omitía casi por completo a las mujeres que participaron en la historia de la exploración espacial. Es cierto que los veinticuatro astronautas que volaron en misiones a la Luna eran hombres, pero en la verdadera historia que hay tras nuestros pequeños pasos hacia las estrellas participaron muchas personas valientes, entre ellas mujeres que dieron pasos de gigante en la Tierra, aunque nunca tuvieron la oportunidad de tocar la Luna.

En los centros de la NASA de Texas, Alabama, California, Virginia y Florida, en el desierto de Nuevo México y en laboratorios y empresas de todo el país, equipos de mujeres realizaron cálculos y diseñaron sistemas que impulsaron los vuelos espaciales. Puede que la más conocida sea Katherine Johnson, la brillante científica cuyos cálculos llevaron a Neil Armstrong y a otros astronautas a la Luna. Pero hubo más.

Las mujeres participaron en la puesta en órbita de los primeros satélites y seres humanos, en las misiones a todos los planetas del sistema solar, en las misiones del Transbordador espacial, en los proyectos de la Estación Espacial, en las exploraciones de asteroides y cometas, en los históricos viajes de las Voyager a los confines del sistema solar y, por supuesto, en las misiones Apolo a la Luna. Eran matemáticas, ingenieras, médicas, informáticas, astrónomas, físicas y soñadoras.

La profesora de Oklahoma

Mary Golda Ross, nacida en Oklahoma en 1908, nunca conoció a su tatarabuelo, pero conocía su historia. John Ross fue el venerado y más longevo líder del pueblo anigiduwagi, conocido en inglés como la nación cheroqui. El jefe Koowisguwi, que era como llamaba su gente a Ross, hizo todo lo que pudo, sin declarar la guerra, para proteger la tierra ancestral de los anigiduwagi en los montes Apalaches. Pero en aquellas tierras se había descubierto oro, y todos sus esfuerzos fracasaron. En el invierno de 1838, 7.000 soldados y milicianos sureños expulsaron de su tierra a 16.000 cheroquis desarmados, en la migración forzada hacia el oeste que se conoció como el Sendero de las Lágrimas. John Ross lloró por los miles de personas que murieron, incluida su esposa, Quatie, pero consiguió encontrar fuerzas para centrarse en la reconstrucción de la nación cheroqui en el territorio que acabó convirtiéndose en Oklahoma. Ayudó a redactar una nueva constitución cheroqui, a crear una nueva capital —Tahlequah—, a construir escuelas, tribunales y hasta fundó un periódico. Guio a su pueblo a través de la agitación provocada por la guerra civil y la firma de más tratados. A pesar de sus incansables esfuerzos, murió en 1866 sin haber podido cumplir su sueño de un estado cheroqui independiente.

La infancia de Mary coincidió con otro periodo oscuro para la nación cheroqui. En 1907, el año anterior al nacimiento de Mary, Oklahoma se convirtió oficialmente en un estado y se abrió a los colonos estadounidenses no indígenas. El largo y doloroso proceso de reconstrucción de la nación cheroqui había fracasado. El gobierno tribal quedó marginado. La pobreza se convirtió en un problema importante. En medio de toda esta agitación, Mary creció con cuatro hermanos en Park Hill, Oklahoma, cerca de las montañas Ozark. La asediada tribu aún valoraba mucho la educación, por lo que Mary fue enviada a vivir con sus abuelos a la cercana Tahlequah, donde pudo ir a la escuela. Estudiante superdotada, hizo honor a su apodo de «Gold», y se graduó en la escuela secundaria a los dieciséis años, en una época en la que no muchas mujeres podían sacarse el título.

Ya en 1847, el jefe John Ross había propuesto la construcción de instituciones para la educación superior, una para chicos y otra para chicas, y colocó la primera piedra del Seminario Femenino Cheroqui en la ciudad natal de Mary, Park Hill. En 1899 se construyó un edificio nuevo y más grande al norte de Tahlequah después de que un incendio arrasara la escuela original. Tras la creación del estado de Oklahoma, el seminario se convirtió en escuela estatal y pasó a llamarse Northeastern State Teacher's College. Más adelante, fue el primero del país en ofrecer igualdad salarial a profesores y profesoras. El jefe Ross se habría sentido muy orgulloso al ver a Mary matricularse allí en 1924.

A Mary, lo que más le gustaba eran las matemáticas: «Para mí, siempre fueron como un juego», dijo más tarde. Y esa fue su carrera elegida. A menudo era la única mujer presente en el aula. Se sentaba sola en un lado de la clase mientras los chicos se sentaban al otro lado. No le molestaba. Sabía lo que significaba ser una extraña, y sabía que podía aguantar la situación. Normalmente, lo hacía mejor que ellos. En 1928, cuando tenía veinte años, Mary Ross se convirtió en una de las pocas mujeres en todo el país en conseguir una licenciatura en Matemáticas.

Justo cuando terminaba la universidad, el Gobierno de Estados Unidos publicó un informe sobre la situación de los «indios americanos» en toda la nación. El informe Meriam, de 847 páginas, presentaba un panorama desolador. La malnutrición era un problema importante. La mortalidad infantil duplicaba la media nacional. El 96 % de los indígenas americanos ganaba menos de 200 dólares al año. Era necesario mejorar el plan educativo: el sistema de internados separaba a los niños indígenas de sus familias y cultura y fue calificado de «sumamente inadecuado».

Mary Ross creía que una educación en matemáticas y ciencias ayudaría a los estudiantes a triunfar más rápido y llegar más lejos en el mundo moderno. Por lo que, durante casi una década después de graduarse, enseñó en escuelas públicas de pequeñas ciudades de Oklahoma. Fue una época tumultuosa. En 1929, el mercado bursátil se desplomó, y miles de millones de dólares se esfumaron de la economía nacional. Era el inicio de la Gran Depresión. Las dificultades financieras de la década siguiente fueron traumáticas para la mayoría de las personas, pero los indígenas americanos ya estaban familiarizados con ellas. La década de 1930 también trajo sequía, polvo y desastres ecológicos a Oklahoma y sus estados vecinos, razón por la cual ese periodo fue conocido como el Dust Bowl (cuenco de polvo). Se produjo una gran migración en la que alrededor de 2,5 millones de personas abandonaron la región en busca de trabajo. Casi medio millón de los habitantes de Oklahoma se unieron a ella. Mary Ross fue una de las que se quedaron.

En 1936, Ross aprobó el examen de servicio civil y fue contratada por la Oficina de Asuntos Indígenas (BIA, por sus siglas en inglés). Tras un breve periodo como encargada de la estadística, el Departamento de Educación de la BIA decidió que una indígena con un título universitario era demasiado valiosa como para no dedicar su vida a la enseñanza, y nombró a Ross asesora de niñas en la Escuela India de Santa Fe, en Nuevo México. En verano, daba clases de matemáticas en el Colorado State College. Había descubierto otra pasión, la astronomía, y se matriculó en todos los cursos de dicho campo que ofrecía esa institución. En 1938 obtuvo un máster en matemáticas con una nueva especialización en astronomía. En los años treinta era raro que una mujer obtuviera un título superior en matemáticas, y era inaudito que lo consiguiera una mujer indígena americana. Mary Ross estaba preparada para otra fase de su carrera.

Skunk Works

Cuando Estados Unidos inició su participación en la segunda guerra mundial, en todas partes aparecían pósteres que exhortaban a las mujeres a «hacer el trabajo que los hombres dejaron atrás». Con ellos en la guerra, el país necesitaba desesperadamente a todos los demás para que las cosas siguieran funcionando. Seis millones de mujeres estadounidenses respondieron a esa llamada y por primera vez pasaron a formar parte de la población activa. Hicieron trabajos de oficina, se convirtieron en técnicas de laboratorio, condujeron camiones, pilotaron aviones, trabajaron en fábricas y hospitales y mantuvieron en marcha la maquinaria de producción de guerra, todo eso sin dejar de ocuparse de los niños. Una de cada cuatro mujeres casadas trabajó durante la guerra. Más de trescientas mil mujeres se incorporaron a la industria de la aviación, unas cincuenta veces más que las que había antes de la guerra. En 1943, las mujeres representaban dos tercios de la mano de obra de la industria aeronáutica, el mayor incremento de mujeres en todas las industrias del país. Una de las nuevas reclutas fue Mary Golda Ross.

El padre de Mary la había animado a averiguar cómo podía aplicar sus conocimientos técnicos al esfuerzo que suponía la guerra. En 1942, mientras visitaba a unos amigos en California, se enteró de que Lockheed Aircraft Corporation tenía ofertas de trabajo. Lockheed se encargaba de un trabajo crítico para la fuerza aérea, tan secreto que su fábrica de Burbank estaba camuflada para que pareciera un barrio suburbano. Ross se presentó y fue contratada para trabajar en el avión de combate insignia P-38 Lightning, que había sido desarrollado para hacer frente al poder de la Luftwaffe alemana y a la fuerza aérea imperial japonesa. El P-38 era ligero y veloz, y fue el primer avión militar del mundo que podía alcanzar una velocidad de 640 kilómetros por hora; sin embargo, tenía problemas: a altas velocidades, los controles se bloqueaban y el avión entraba en pérdida. El piloto de pruebas Ralph Virden perdió la vida en 1941.

Ross se unió a un equipo que trabajaba a toda prisa para mejorar el diseño del P-38. Les dieron su propio espacio privado en el edificio Lockheed y se convirtieron en el núcleo del Programa de Desarrollos Avanzados de Lockheed, que llegó a ser conocido como Skunk Works. Los manuales tradicionales para la construcción de aviones no fueron muy útiles para resolver el problema del P-38. El equipo tuvo que realizar nuevos cálculos y pruebas para optimizar el diseño estructural que permitía alcanzar esas velocidades, pero sin sacrificar la seguridad y la estabilidad. Y lo lograron. El P-38 empezó a producirse a gran escala; se llegaron a fabricar más de nueve mil aviones en el transcurso de la guerra. Fue el único avión de combate de Estados Unidos en producción y uso durante todo el conflicto bélico. Me pregunto si Mary Ross dudó en algún momento sobre el hecho de contribuir al poder militar de Estados Unidos, el cual antaño había sido utilizado de forma tan trágica contra su propio pueblo. Pero su padre, el bisnieto del jefe, la había animado a contribuir al esfuerzo de guerra, y la amenaza del nazismo alemán y el imperialismo japonés era una motivación enorme. Ross también tenía otra motivación para trabajar en la aviación, nacida de su amor por la astronomía: soñaba en secreto con los viajes espaciales.

Al terminar la guerra, se esperaba que las mujeres viajaran atrás en el tiempo y volvieran a ser amas de casa y madres, como si los años intermedios no hubieran existido. Muchas mujeres con trabajos técnicos fueron despedidas cuando regresaron los hombres. Pero Lockheed no trató a Mary como sustituta de un hombre. Le pidieron que se quedara como miembro permanente del equipo a pesar de que podrían haber escogido para ese puesto a cualquiera de los matemáticos o ingenieros que regresaban de la guerra. Estaban tan impresionados con su talento que le pagaron todos los costes para que obtuviera un certificado de ingeniera aeronáutica en la Universidad de California como complemento a sus conocimientos matemáticos. Skunk Works continuaría siendo oficialmente un equipo de élite de I+D compuesto por cuarenta científicos. Ross era la única mujer y la única indígena americana.

Armas de represalia

La guerra había terminado, pero la guerra fría acababa de empezar. Mary Ross y el equipo de Skunk Works pasaron de diseñar aviones de combate a diseñar el avión espía U-2 para misiones de reconocimiento a gran altitud sobre la Unión Soviética y China, y más tarde Cuba y Vietnam. Skunk Works también desarrolló misiles y cohetes para uso militar, aunque la mayoría de esos proyectos siguen siendo clasificados. El U-2 se probó en lugares secretos, entre ellos la base militar de Nevada conocida como Área 51, un lugar que ha dado infinita inspiración a los entusiastas de los ovnis durante años. Más al este, en Nuevo México, el final de la guerra dio paso al inicio del programa espacial estadounidense.

Casi 20.000 años antes de que los humanos dejaran sus primeras huellas en la Luna ya habían dejado su rastro en la piedra fosilizada situada a lo largo del lago Otero, en el sur de Nuevo México. Durante un tiempo, la vida fue placentera en aquellos pastizales, pero, poco a poco, el clima cambió. Hace unos 12.000 años el antiguo lago se evaporó. Los vientos secos soplaron a través de la cuenca árida, creando enormes dunas de fina arena blanca de yeso. La zona que ahora forma parte del parque nacional White Sands es el mayor yacimiento de yeso del mundo, que cubre una superficie de más de setecientos kilómetros cuadrados. Cientos de miles de turistas visitan el parque cada año para maravillarse ante el fantasmagórico desierto blanco. Hace dos décadas, yo fui uno de ellos y me enamoré al instante de sus resplandecientes dunas blancas y de aquel extraño paisaje, casi alienígena. Me atrajo tanto que años más tarde me casé allí con mi pareja; bajo el cielo abierto, rodeados de dunas y con la brillante arena bajo nuestros pies, intercambiamos nuestros votos. Estando allí, uno se siente como si estuviera en otro planeta. De hecho, White Sands desempeñó un papel importante en el envío de humanos a otros mundos.

El parque es precioso, pero la zona vecina tiene una historia más oscura. El 9 de julio de 1945, el Departamento de Guerra de

Estados Unidos decretó que la zona que rodea al parque de White Sands sería la Zona de Pruebas White Sands, un lugar en el que se realizarían ensayos de armas militares. Y lo que allí se iba a probar no era un arma cualquiera, sino las armas atómicas de destrucción masiva que se estaban diseñando en Los Álamos, Nuevo México. Apenas una semana más tarde, el 16 de julio de 1945, la primera nube en forma de hongo se elevó en el cielo azul por encima del emplazamiento de White Sands en el que se realizó la prueba Trinity. Tres semanas después, los hongos se elevaron sobre Hiroshima y Nagasaki, y dejaron tras de sí manchas de sangre en la física para siempre. Japón se rindió a la semana siguiente, poniendo fin a la segunda guerra mundial. Posteriormente, White Sands recibió un enorme cargamento de armas y equipos confiscados a los alemanes para probarlos en el desierto de Nuevo México, incluidos cien misiles balísticos alemanes Aggregat 4 (A-4).

Los A-4, los primeros misiles guiados de largo alcance del mundo propulsados por cohetes de combustible líquido que alcanzaban velocidades supersónicas, fueron ideados por Wernher von Braun, físico nazi y miembro de las SS. Von Braun soñaba con construir cohetes que llegaran a las estrellas, pero durante la guerra las estrellas no eran el objetivo; lo era Londres. Hitler había exigido un «arma de represalia» para responder a los bombardeos de los aliados sobre Alemania. El A-4 fue precisamente eso. Los militares alemanes lo apodaron Vergeltungswaffe 2 (arma de represalia 2), V-2 para abreviar. Sobre Londres y Amberes cayeron más de tres mil de esas armas en los últimos meses de la guerra. Murieron miles de personas. En años posteriores, Von Braun escribió una autobiografía que tituló *Apunto a las estrellas* (un cómico sugirió irónicamente un añadido: «Pero a veces le doy a Londres»). Uno de sus lanzamientos de prueba en tiempos de guerra sí alcanzó las estrellas. El 20 de junio de 1955, un cohete V-2 llegó a la atmósfera y más allá antes de regresar a la Tierra. Esa fue la primera vez que los humanos enviaron un objeto por encima de los cien kilómetros de nuestra atmósfera. Se había abierto la puerta al espacio.

Cuando acabó la guerra, todo el mundo quiso apoderarse de la tecnología de cohetes de los alemanes y de los científicos que trabajaban en ella. Los estadounidenses y los rusos se repartieron la mayor parte del botín. Los cohetes alemanes y las instalaciones de misiles ayudaron a sentar las bases del programa espacial soviético. Mientras tanto, los estadounidenses se dieron prisa en adaptar los cohetes V-2 para las pruebas de lanzamiento de White Sands. Casi de la noche a la mañana, los rusos trasladaron a más de dos mil científicos alemanes para trabajar en la Unión Soviética. Los estadounidenses se llevaron a otros mil seiscientos. Entre ellos estaba Wernher von Braun.

Aunque Von Braun dijo a sus captores estadounidenses que lo habían obligado a unirse al partido nazi en 1939 para no tener que abandonar su trabajo, la verdad es que se había afiliado en 1937. También aseguró que no era políticamente activo en el partido, a pesar de ser un jefe muy dedicado, encargado de todo lo relacionado con los cohetes y misiles alemanes. También dijo que no tuvo otra opción que aceptar cuando Heinrich Himmler le ofreció el rango de teniente de las SS. Los misiles alemanes V-2 que diseñó y puso en producción no solo mataron a londinenses, sino también a miles de presos del campo de concentración de Mittelbau-Dora que fueron utilizados como esclavos para construirlos. Los prisioneros dijeron que Von Braun visitaba con frecuencia el campo, algo que también negó más tarde. Admitió conocer el brutal trato que se dispensaba a los prisioneros, pero dijo que se sentía impotente para intervenir.

Ya fuera nazi por decisión propia o no, su magia con los cohetes lo protegió de las represalias después de la guerra. Él y su equipo fueron enviados a una base militar de Texas, a menos de cien kilómetros del campo de pruebas de White Sands. Allí enseñaron al personal estadounidense tecnología de cohetes y misiles, y ayudaron a ensamblar y adaptar los V-2 para lanzamientos espaciales. En 1942 se lanzó el primer V-2 a modo de prueba desde White Sands. La revista *Life* dedicó un artículo de cinco páginas al siguiente lanzamiento. En 1947, un V-2 estadounidense llevó los primeros animales al espacio. Eran moscas de la fruta de Nuevo México.

El ansiado despegue

Wernher von Braun pasó a ser una pieza fundamental del programa que podría llevar a los estadounidenses a las estrellas. En 1950, él y su equipo fueron trasladados a Huntsville, Alabama, donde continuaron diseñando nuevos cohetes mejorados para el vuelo espacial.

Mientras tanto, los soviéticos también aspiraban a despegar, pero no tan a la vista de todos como sus homólogos estadounidenses. El 4 de octubre de 1957, los estadounidenses despertaban sorprendidos con la noticia de que los rusos habían lanzado y puesto en órbita el primer satélite. El Sputnik 1 era una esfera metálica con cuatro brazos, de aspecto maravillosamente extraño, que fue impulsada hasta el espacio por cohetes que quemaban oxígeno y queroseno. No podía hacer mucho más que emitir pitidos, pero esos pitidos se oyeron en todo el mundo. La guerra fría se calentó, el programa Sputnik se disparó y el orgullo estadounidense se hundió. El siguiente golpe llegó un mes después, cuando el Sputnik 2 llevó a una perra llamada Laika al espacio, alrededor del planeta, y la hizo entrar en los libros de historia. Fue mucho más impresionante que lo de las moscas de la fruta, aunque estas sobrevivieron, mientras que Laika nunca llegó a casa.

Un año antes del lanzamiento del Sputnik, Alice Joyce Kerr Neighbors se unió al equipo de Wernher von Braun en Alabama. Nativa de ese estado, era de una familia de ocho hermanos nacidos y criados en una granja del condado de Randolph. Su familia era pobre, pero su madre no iba a permitir que sus hijos abandonaran la escuela. Cuando Joyce estaba en quinto curso, resolvió un problema de matemáticas que dejó perpleja a su profesora. Fue entonces cuando supo que tenía un don.

Después de terminar la escuela secundaria, en 1948, trabajó durante un tiempo para ahorrar y pagarse la universidad. En 1950 se matriculó en la Universidad de Auburn, donde se graduó en matemáticas con una especialidad en física. Continuó con sus estudios en física antes de mudarse con su marido Bill a Huntsville. Bill inició una importante pero secreta carrera durante la guerra fría, mientras que Joyce se incorporó en 1956 a la Agencia de Misiles Balísticos del Ejército (ABMA, por sus siglas en inglés). Se convirtió en la primera mujer científica que trabajaba en el equipo de Von Braun.

El equipo de cohetes de Huntsville había recibido el encargo de diseñar un sistema de lanzamiento capaz de poner en órbita un satélite. El enfoque inmediato consistía en modificar un misil Redstone existente. Alargaron el cohete y optimizaron los motores de modo que proporcionasen el impulso necesario para elevar el satélite fuera de la atmósfera. Mientras tanto, la carga útil del satélite y las etapas secundarias del cohete se construían en el Laboratorio de Propulsión a Chorro (JPL, por sus siglas en inglés) de California. Allí, un equipo de mujeres calculadoras dirigido por Macie Roberts se encargaba de las operaciones matemáticas necesarias para diseñar los parámetros de la misión.

Pero, finalmente, el presidente Eisenhower dio luz verde al proyecto Vanguard, una misión de satélites de la Marina, y canceló el proyecto del ejército. En octubre de 1957, antes de que pudiera despegar el Vanguard, el Sputnik 1 saltó a los titulares de toda la prensa mundial, seguido por el Sputnik 2 y el viaje de Laika al espacio en noviembre de dicho año. En diciembre, el cohete Vanguard explotó en la plataforma de lanzamiento. La misión del ejército, bautizada como Explorer 1, se puso de nuevo en marcha.

Joyce Neighbors dirigió un equipo encargado de determinar la trayectoria exacta del Explorer y el punto más alto que alcanzaría durante su vuelo. Era en ese momento cuando los motores de la segunda etapa se encenderían y pondrían el satélite en órbita. Si los motores se encendían en el momento equivocado, todo estaría perdido. El cálculo era muy complicado: dependía del peso y la tasa de combustión del combustible del cohete y del rendimiento de los motores. En los primeros tiempos de los vuelos espaciales no se contaba con un valor estándar de ninguno de esos datos. A pesar de todas las dificultades, Neighbors creía que su equipo estaba a la altura. Sus cálculos ayudaron a que se completara el plan de vuelo y a que el 31 de enero de 1958 el Explorer 1 despegara con éxito.

Es maravilloso imaginar lo que debió sentir Neighbors al contemplar el lanzamiento del primer cohete. Cuando años más tarde le preguntaron sobre ese momento, se limitó a decir: «Fue un gran éxito». La órbita era un poco más alta de lo esperado, pero el satélite no solo orbitó con éxito el planeta, sino que incluso cumplió con su principal objetivo científico: detectar zonas de partículas cargadas alrededor de la Tierra. Esas zonas recibieron el nombre de cinturones de Van Allen por James van Allen, el científico jefe de la misión Explorer 1.

El éxito del Explorer 1 ayudó a Estados Unidos a recuperarse ligeramente de la conmoción provocada por el Sputnik. Los noticiarios informaron con emoción sobre el primer satélite estadounidense en el espacio. Las fotografías de Von Braun, Van Allen y William Pickering aparecieron en periódicos y revistas, y se convirtieron en celebridades nacionales. Joyce Neighbors y el equipo de mujeres calculadoras del JPL nunca llegaron a los titulares. Pero se consideró que el trabajo de Neighbors fue tan crucial que se le concedió el singular honor de firmar con su nombre la carta de la misión junto a las firmas de Wernher von Braun y Ernst Stuhlinger, otro destacado científico alemán del equipo. Aunque solo con sus iniciales y su apellido. El nombre de una mujer socavaría la credibilidad de la carta. Sin embargo, los nombres de los antiguos nazis no eran un problema.

Ciencia espacial

El programa espacial estadounidense despegó con el Explorer 1. Pero incluso antes de eso, la Fuerza Aérea de Estados Unidos ya consideró la posibilidad de crear un sistema de reconocimiento por satélite. En 1956, Lockheed recibió un encargo de la fuerza aérea para construir un sistema de cohetes que hiciera el trabajo. Por fin, Mary Ross tenía la oportunidad de trabajar en los vuelos espaciales. Desempeñó un papel tan importante en el desarrollo de lo que acabaría siendo el cohete Agena que Lockheed empezó a contratar personal poniéndola a ella como ejemplo: «Estableció importantes requisitos técnicos y operativos, y proporcionó datos fundamentales para el diseño de la nave espacial». Al igual que el caza P-38 Lightning fue el caballo de batalla de la guerra, Agena llegó a ser considerado el caballo de batalla de la era espacial.

No era ni muy grande ni muy potente, pero era versátil y mucho más fiable en su función como etapa superior que muchos cohetes de mayor tamaño. Tras el disparo de la primera etapa, se encendía en el cielo como si fuera una estrella brillante. De ahí el nombre de Agena, el nombre en latín de la estrella Beta Centauri. Pero Agena era más que un cohete de etapa superior. Una vez en el espacio, sus motores podían reiniciarse varias veces, por lo que podía funcionar como una nave espacial maniobrable y como plataforma flexible para operaciones por satélite. Esa flexibilidad lo convirtió rápidamente en uno de los cohetes más utilizados del mundo, ya que, entre 1959 y 1987, fue protagonista de 361 lanzamientos. Un informe de Lockheed de 1989 señalaba que el motor Agena había sido activado en el espacio más de seiscientas veces con una fiabilidad superior al 99 %. Aunque la mayoría de los vuelos tenían que ver con lanzamientos de satélites relacionados con el sistema de defensa, también se utilizaron para misiones críticas de la NASA.

A principios de 1959, la nave espacial soviética Luna 1, no tripulada, consiguió la velocidad de escape necesaria para alejarse de la Tierra y caer hacia la Luna, aunque al final no alcanzó su objetivo. Luna 2, lanzada en septiembre de ese mismo año, no falló, y se convirtió en la primera nave espacial que impactaba contra la superficie de la Luna. Antes del impacto, la explosión de dos esferas metálicas distribuyó pequeños colgantes con el grabado «SSSR» (URSS) y la fecha de lanzamiento sobre la superficie de la Luna. Todavía yacen allí, intactos. Ese mismo mes, el líder ruso Nikita Khrushchev visitó por primera y única vez Estados Unidos y obsequió al presidente Eisenhower con una réplica de los colgantes Luna 2. Seguro que Khrushchev disfrutó mucho de ese momento.

El 12 de abril de 1961 llegó otro triunfo soviético. Fue un acontecimiento tan importante que trascendió las fronteras nacionales, y hoy en día todavía se celebra anualmente en todo el mundo como la «Noche de Yuri». El primer humano que viajó al espacio, Yuri Gagarin, se hizo famoso de la noche a la mañana, convirtiéndose en un tesoro nacional de tal calibre que nunca se le permitió realizar otro vuelo espacial por si algo salía mal. Menos de un mes después, el astronauta estadounidense Alan Shepard siguió los pasos de Gagarin a bordo de una nave Mercury propulsada por un cohete Júpiter desarrollado por el equipo de Von Braun en Alabama. Técnicamente, fue el primer vuelo espacial tripulado (Gagarin no tripuló manualmente su nave), pero no se celebra la «noche de Alan». Tampoco se celebra la «noche de Valentina» en homenaje a la cosmonauta soviética Valentina Tereshkova, quien, en 1963, se convirtió en la primera mujer que viajaba al espacio, y siguió siendo la única durante los siguientes diecinueve años. Corea del Sur sigue siendo el único país que eligió, en 2008, a una mujer como primera astronauta. Antes de eso, las primeras personas de Gran Bretaña e Irán que fueron al espacio también fueron mujeres, pero se trataba de misiones de financiación privada.

Tras el vuelo de Gagarin en 1961, Estados Unidos necesitaba otra victoria en la carrera espacial. Llegó al año siguiente, cuando la Ranger 4 se convirtió en la primera sonda en alcanzar la superficie de la cara oculta de la Luna. Ese mismo año, la Mariner 2 también realizó un exitoso sobrevuelo alrededor del planeta Venus y se convirtió en el primer objeto fabricado por el hombre que tuvo un encuentro cercano con otro planeta. Mary Ross debió de seguir las misiones con gran satisfacción: tanto la Ranger como la Mariner se lanzaron utilizando cohetes de etapa superior Agena de Lockheed en combinación con el más potente cohete Atlas de primera etapa, desarrollado por General Dynamics. Al sobrevolar el planeta, en diciembre de 1962, la Mariner 2 informó de que Venus era increíblemente caliente e inhabitable, confirmando lo valioso que era nuestro confortable planeta azul. Antes de perder contacto con la Tierra, también envió datos sobre el viento solar y los rayos cósmicos que llegaban a Venus.

Marte fue el siguiente campo de batalla de la carrera espacial. Los soviéticos intentaron realizar hasta cuatro vuelos de reconocimiento alrededor del planeta, además de lanzar el Sputnik 22, que debía trasladar un módulo de aterrizaje hasta la superficie del planeta. No salió bien. Pero para la NASA, la probada y comprobada combinación Atlas-Agena volvió a entrar en escena. En 1965, la Mariner 4 pasó por Marte y envió a casa su icónico álbum de fotos. Durante mi visita al Centro Espacial Kennedy, tras el lanzamiento de MAVEN, me quedé observando las imágenes de Marte que allí se exponían. Eran borrosas pero mágicas. MAVEN acabaría enviando imágenes de mucha mayor calidad, pero aquellas fotos de la vieja Mariner me pusieron la piel de gallina.

Tierra creciente

En la esquina noroeste de Nuevo México, en la reserva diné (navajo) en las Cuatro Esquinas, yace un barco encallado, no uno de verdad, sino un monadnock, una enorme formación rocosa rojiza que se eleva hasta los dos kilómetros de altura en un desierto llano y vacío. Las esculturas rocosas del cercano Monument Valley (Arizona) son más conocidas, pero Shiprock, en las Cuatro Esquinas, es mi favorita. Donde otros ven un transatlántico en la piedra, yo imagino una enorme nave espacial alienígena. Puede que los navajos de la zona estén de acuerdo conmigo. Llaman a la roca Tsé Bit'a'í, o roca con alas. Parece apropiado, dado que las mujeres navajas de Shiprock ayudaron a dar alas al programa lunar Apolo.

En 1957, mientras el mundo se asombraba con el Sputnik 1, en California se puso en marcha otra revolución con la fundación de una empresa de nueva creación llamada Fairchild Semiconductor. Al año siguiente, dos físicos (Robert Noyce, uno de los fundadores de Fairchild, y Jack Kilby, de Texas Instruments) presentaron el primer circuito integrado en un «chip» de silicio. En el año 2000, a Kilby le concedieron el Premio Nobel de Física por este invento. Noyce había fallecido en 1990, por lo que se perdió el premio, pero su empresa, Fairchild, y su circuito integrado fueron las semillas de la revolución informática moderna. Uno de los primeros clientes que llamó a la puerta de Fairchild fue la NASA. Su ambicioso programa Apolo, cuyo objetivo era llevar seres humanos a la Luna, requería una potencia de cálculo fiable en tiempo real, pero el ordenador también tenía que ser lo suficientemente ligero y resistente como para ser lanzado en dirección al satélite. Los circuitos integrados eran la respuesta.

La búsqueda de Fairchild de una forma barata y fiable de fabricar chips los llevó hasta la nación navaja en Shiprock. En la reserva no había leyes que marcaran un salario mínimo, ni tampoco existía ningún sindicato. El desempleo era alto y había exenciones fiscales y otros incentivos para aquellos que contrataran indígenas. En 1965, Fairchild construyó allí una fábrica para la que contrató casi exclusivamente a mujeres navajas, ya que las consideraba una mano de obra «modelo»: dócil, barata y básicamente cautiva. Daisy Harrison fue una de los cientos de mujeres navajas que trabajaron allí durante la década siguiente.

Los ingenieros de lo que se acabaría convirtiendo en Silicon Valley consideraban que el trabajo de alta tecnología que hacían las mujeres (a pesar de ser, según ellos, mano no cualificada) era similar al tejido de alfombras indígenas. Esa descripción no era acertada ni para el tejido de alfombras ni para la fabricación de chips. En la década de 1960 no era fácil construir un microchip de silicio. Había que colocar con precisión los diminutos componentes electrónicos en una fina placa de silicio y conectarlos siguiendo un patrón específico sin dañar el circuito. Todo ello había que hacerlo a mano y entrecerrando los ojos para mirar a través de un microscopio. El trabajo requería habilidad, concentración y conocimientos. Y lo más importante, los chips fabricados para el programa espacial tenían que ser absolutamente fiables. No había margen para el fracaso. Los trabajadores de la planta de Shiprock desarrollaron técnicas innovadoras que redujeron la tasa de fallos al 5 %, cuatro veces menor que en cualquier fábrica.

Mientras tanto, la carrera hacia la Luna se aceleraba. En enero de 1966, la nave soviética Luna 9 se convirtió en la primera nave no tripulada que alunizaba con éxito, lo que dio un empujón al proyecto lunar estadounidense. Al mes siguiente, la NASA probó en el espacio una importante maniobra que sería fundamental para los futuros vuelos tripulados a la Luna. En la mañana del 16 de marzo, Gemini 8 despegó de la plataforma de lanzamiento 19 de Cabo Cañaveral con los astronautas Neil Armstrong y David Scott a bordo. Menos de dos horas antes, el vehículo objetivo Agena despegó de la plataforma de lanzamiento 14 de Cabo Cañaveral. El equipo de Lockheed había modificado la nave espacial Agena para añadirle una estación de acoplamiento. También fue adaptada para que pudiera ser controlada de forma remota tanto desde la Tierra como desde la nave Gemini. El plan era que Gemini se reuniera y acoplara con Agena en órbita terrestre.

Ambos lanzamientos fueron sincronizados a la perfección, y Gemini fue capaz de perseguir a Agena y acoplarse como estaba previsto. Y entonces las cosas se torcieron. Las dos naves espaciales conectadas comenzaron a caer sin control. Los astronautas asumieron que los controles del Agena no respondían, así que se desacoplaron, pero resultó que el problema estaba en algún lugar de la nave Gemini, que empezó a girar aún más rápido tan pronto como se liberó. Con los astronautas a punto de perder el conocimiento, Armstrong tuvo una idea desesperada. Apagó los propulsores y utilizó los controles de reentrada para detener la caída. Y funcionó. Con solo una cuarta parte del combustible para la reentrada restante, Gemini logró aterrizar con los astronautas ilesos. En Lockheed, el equipo de Agena se sintió aliviado al saber que el problema no había sido causado por ellos, sino por un propulsor defectuoso de la nave Gemini.

El sistema Atlas-Agena se utilizó de nuevo seis meses más tarde para el lanzamiento de la Lunar Orbiter 1, la primera sonda estadounidense en orbitar nuestro satélite. Su misión era cartografiar la superficie lunar e identificar un buen lugar de aterrizaje. También envió a casa una foto que cambió para siempre la perspectiva que teníamos de nuestro planeta natal: una imagen de la Tierra creciente elevándose sobre el paisaje lleno de cráteres de otro mundo.

Hacia la Luna

El cohete Saturno V, expuesto en el Centro Espacial Kennedy, ocupa toda la extensión de una habitación más grande que un campo de fútbol. De pie, tendría más de treinta y siete pisos de altura. Fue necesario construir todo un edificio para ensamblarlo. El Saturno V fue la culminación de un proyecto gubernamental de 6.000 millones de dólares, cuyo objetivo era alcanzar la Luna. (En dólares actuales, sería la friolera de 50.000 millones). Los políticos nunca habían invertido tanto en ciencia. La verdad, por supuesto, era que la financiación tenía poco que ver con la ciencia. El dinero fluía porque, en plena guerra fría, era impensable que Estados Unidos perdiera la carrera espacial frente a la Unión Soviética.

En abril de 1966, el Luna 10 de la URSS se convirtió en el primer satélite hecho por humanos en orbitar la Luna. Luego, en 1968, otra primicia: dos «cosmonautas» soviéticos volaron alrededor de la Luna y regresaron sanos y salvos a la Tierra: se trataba de dos tortugas que otorgaban a los rusos el derecho a fanfarronear. Los estadounidenses conocían el cuento de la liebre y la tortuga. La liebre estadounidense no podía perder ni un minuto. Desde el Centro Marshall de vuelos espaciales en Alabama, Wernher von Braun supervisó el enorme esfuerzo nacional destinado a construir un cohete lunar, con el diseño del cohete Júpiter como punto de partida para determinar las características que debía tener el Saturno. Joyce Neighbors todavía estaba en el Marshall, trabajando en la guía y el control del programa Apolo. El equipo se había ampliado mucho desde los primeros días del Explorer 1; si se quería llevar a dos astronautas hasta la superficie de la Luna, iba a ser necesario que colaboraran más de trescientos mil personas de todo el país, incluidas muchas mujeres.

El cohete Saturno V fue diseñado para levantar cargas pesadas. Dada la magnitud del problema, es asombroso que funcionara. La física es clara e inmutable. Toda acción tiene una reacción igual y opuesta. Esa es la tercera ley de Newton del movimiento, y se aplica a cada cohete que fue o será lanzado. Para empujarlo hacia arriba, el gas a presión debe ser liberado en la dirección opuesta. El principal reto es que el cohete y su carga útil sean propulsados en dirección ascendente con suficiente fuerza para alcanzar la velocidad de escape.

El Saturno V era un mastodonte de tres etapas compuesto por tres millones de piezas, propulsado por tres millones de kilogramos de combustible. El queroseno, el oxígeno y el hidrógeno líquido se almacenaban en enormes tanques separados y en contenedores especiales enfriados por criogenia para asegurar que el combustible se mantuviera líquido. Y luego está la ignición.

Quince toneladas de combustible bombeado cada segundo en cinco motores de gran tamaño, creando de esa forma la fuerza de una explosión controlada. Las ventanas cercanas se romperían. El trueno de los motores podría reventar tímpanos desprotegidos. El calor era de tal magnitud que abrasaría la carne expuesta en un instante. En el despegue, se generaron unas increíbles 3.450 toneladas de empuje que inmovilizaban a los astronautas en sus asientos, los cuales tenían que aguantar cuatro veces y media la fuerza de la gravedad. En comparación, el Agena consiguió un empuje máximo de 7.250 kilogramos. Si las etapas superiores se disparaban como estaba previsto, el Saturno V podría enviar cuatro autobuses escolares de carga útil (40.000 kilogramos) a la Luna.

Ni siquiera Von Braun estaba completamente seguro de que todo funcionaría como estaba previsto y pensó que sería prudente probar cada etapa por separado antes de unirlas todas. Pero con las tortugas soviéticas acercándose cada vez más a la Luna, la única alternativa era saltarse las etapas y lanzar el cohete. Y así fue como la tripulación del Apolo 8 pasó la Nochebuena de 1968 volando alrededor de la Luna, enviando saludos a casa en un programa de televisión muy especial, desde 384.000 kilómetros de distancia. El Saturno V había funcionado a la perfección. La tripulación no llegó a aterrizar sobre la superficie lunar, pero fue la emisión televisiva más vista de la historia.

El 20 de julio de 1969, se batieron de nuevo todos los récords de audiencia cuando Neil Armstrong dio sus primeros e históricos pasos sobre la superficie de la Luna, en nombre de toda la humanidad, no solo de la masculina.* Mary Ross y Joyce Neighbors lo estaban viendo. Y lo mismo estaban haciendo las mujeres

* La autora quiere señalar con esta crítica que Armstrong podría haber utilizado la palabra *humanity* en lugar de *mankind* en la famosa frase que pronunció al pisar la Luna. En castellano, ambas se pueden traducir igual y se pierden las posibles connotaciones. (*N. del t.*).

de Shiprock y el equipo de computadoras del JPL, Katherine Johnson y el resto de las matemáticas de la NASA y, además, los cientos de mujeres de todo el país que lo hicieron posible. Entre ellas había una física cuya contribución no solo fue fundamental para el programa Apolo, sino que también cambió nuestra comprensión del sistema solar.

Analizando estrellas

En julio de 1969, el mes en el que los humanos aterrizaron en la Luna, la doctora Dilhan Eryurt recibió un premio que jamás olvidaría: el Apollo Achievement Award de la NASA, en reconocimiento a sus destacadas contribuciones a la investigación espacial y al primer alunizaje exitoso. La mención tenía un significado muy especial para ella, porque sabía lo que suponía viajar sola a tierras desconocidas. Aunque no había cruzado el océano del espacio, sí que había viajado desde su tierra natal, lejos de las costas americanas, hasta la NASA.

Eryurt nació en un país que era tan solo tres años mayor que ella. El otrora gran Imperio otomano había caído después de la primera guerra mundial. Desde las ruinas del antiguo imperio surgió la nueva República de Turquía bajo el liderazgo de Mustafa Kemal Pasha, un héroe de guerra que fue nombrado primer presidente de Turquía. Kemal soñaba con una Turquía moderna e industrializada que estuviera al nivel de sus vecinos europeos. Su amplia política nacional reformista incluía educación para todos e igualdad de derechos para las mujeres. En una década, sentó las bases de una Turquía moderna. Por sus esfuerzos, fue honrado oficialmente con el nombre de Ataturk, Padre de los Turcos.

El padre de Dilhan, Abidin Ege, trabajó para el Gobierno y ayudó a fundar una escuela de enseñanza superior que acabó convirtiéndose en una universidad. Dilhan siempre vivió siguiendo los consejos que él le daba: «Hija, lee, edúcate y haz algo por tu país».

Eryurt terminó la escuela secundaria en Ankara y recibió una mención y un premio especial de manos del ministro de Educación (una copia de un discurso de Kemal Ataturk). Igual que sucedía con Mary Ross, a Dilhan le encantaban las matemáticas y decidió matricularse en dicho campo en la Universidad de Estambul. El departamento era compartido por matemáticos y astrónomos, y fue allí donde se interesó por las estrellas.

Cuando Hitler llegó al poder en la vecina Alemania, muchos de los científicos del país huyeron a Turquía. Algunos encontraron trabajo en las universidades. Lo que perdió Alemania, lo ganó Turquía. Eryurt y sus compañeros de estudios se beneficiaron de una educación de alta calidad impartida por los mejores profesores locales y extranjeros. Turquía permaneció neutral durante la mayor parte del conflicto, pero en 1945 le declaró la guerra a Alemania. Eso facilitó que, durante aquellos tiempos turbulentos, Dilhan se centrase en sus estudios superiores. En años posteriores, Dilhan atribuyó su éxito a la excelente educación que recibió en aquellos primeros días en Estambul.

Después de su graduación, en 1946, el profesor Tevfik Oktay Kabakçıoğlu, encargado de abrir un Departamento de Astronomía en la Universidad de Ankara, la invitó a ser su ayudante. El problema era que no había fondos para personal, así que trabajó como ayudante honoraria no remunerada durante los dos años siguientes. Sin muchas posibilidades de ampliar sus conocimientos de astronomía, decidió visitar a su tío abuelo en Michigan, y pasó un año y medio cursando estudios de posgrado en astronomía en la universidad estatal. Le pidieron que se quedara allí, pero decidió regresar a Ankara para completar su doctorado. A pesar de irse, sus contactos en Michigan le echaron una mano. Hugh Aller, famoso astrónomo de la universidad, le proporcionó placas fotográficas de la estrella binaria 31 Cygni que analizó para desentrañar la composición química de las atmósferas estelares. Publicó sus estudios en 1956 y completó su doctorado bajo la supervisión del astrónomo holandés Egbert Kreiken, director del Departamento de Astronomía de Ankara. Eryurt aceptó entonces un puesto de profesora adjunta, convirtiéndose de esa forma en miembro de la universidad.

En 1959, la profesora Eryurt obtuvo una beca del Organismo Internacional de Energía Atómica para visitar los laboratorios nucleares de Chalk River, en Canadá. Fue la primera astrónoma turca en recibir ese honor (el inicio de toda una vida siendo la primera en algo). Tras una excedencia concedida por la Universidad de Ankara, Eryurt partió otra vez hacia un nuevo país: Canadá. Allí conoció a un investigador que influiría enormemente en su futuro trabajo. Alastair Cameron era un físico nuclear que había aprendido astronomía por su cuenta para poder explorar los procesos nucleares de las estrellas. En 1957 publicó un influyente artículo que describía la creación de elementos pesados en las estrellas. Era el mismo año en el que Margaret Burbidge y sus compañeros publicaron su artículo B^2FH, más influyente si cabe, también sobre la creación de elementos en las estrellas. Ambos trabajos sentaron las bases del campo de la nucleosíntesis estelar. Cuando Eryurt llegó a Chalk River, Cameron le sugirió algunos temas de investigación en astrofísica nuclear. Y le presentaron la Datatron 205.

Dilhan nunca había visto una computadora. No podía creer que esa máquina pudiera calcular en segundos lo que ella tardaría una semana en hacer a mano. Pronto aprendió a comunicarse con su nuevo conocido. La Datatron aumentó enormemente su capacidad de investigación, y en 1961 publicó un impresionante trabajo en solitario en el *Astrophysical Journal* sobre sus modelos computacionales de estrellas masivas de hidrógeno.

Cuando su estancia canadiense se estaba acabando, antes de regresar a casa Eryurt decidió pasar por la Universidad de Indiana gracias a una beca que le concedió la Federación Estadounidense de Clubes Soroptimistas. Era una oportunidad ideal para poder trabajar con Marshal Henry Wrubel, experto en interiores estelares y también líder del Centro de Computación Científica de dicha universidad. Mientras tanto, Alastair Cameron se había trasladado al Instituto Goddard de Estudios Espaciales de la NASA en Nueva York. Cuando Dilhan Eryurt recibió una beca de la Academia Nacional de Ciencias, no pudo dar la espalda a la oportunidad de unirse a él. Juntos empezaron a profundizar en la evolución de las estrellas e hicieron un descubrimiento inesperado.

El sol resplandeciente

A Dilhan, las vistas sobre el río Hudson desde el Instituto Goddard le recordaban el Bósforo y lo lejos que había viajado hasta su nuevo destino. No solo era la única mujer que trabajaba en el Goddard en aquel momento, sino que fue la primera científica turca que lo hacía para la NASA.

Eryurt se centró en la elaboración de modelos sobre el ciclo de vida del Sol y otras estrellas. Para entonces, ya dominaba el código informático y utilizaba el superordenador IBM de Goddard para resolver las complejas ecuaciones con las que estaban desentrañando cómo fueron los primeros años de la historia del Sol. En 1963 publicó junto a Cameron un artículo de veinte páginas titulado «The Early Evolution of the Sun» en la revista *Icarus*. En él presentaban modelos y cálculos detallados sobre la producción de energía en el Sol basados en su masa, radio, temperatura, presión y composición.

Eryurt y Cameron descubrieron que cuando el Sol se formó, hace unos 4.500 millones de años, era mucho más brillante y caliente, por lo que emitía mucha más energía que en la actualidad. Según las teorías anteriores, el Sol se volvía más brillante con el tiempo gracias a la fusión de su núcleo, por lo que los resultados de Eryurt y Cameron cambiaron completamente la idea que tenían los astrónomos sobre la evolución solar. Anteriormente, ya se había propuesto un modelo de un Sol que fue más brillante al principio y se fue oscureciendo con el tiempo, pero fueron los cálculos detallados de Eryurt los que lo acabaron confirmando.

Si la Tierra y el resto del sistema solar se hubieran formado cuando el Sol era mucho más caliente y luminoso, habrían estado sometidos a temperaturas extremas durante miles de años. Eso habría tenido un efecto significativo en la composición química y física de la Tierra, del resto de los planetas y de la Luna. Cualquier expedición lunar debería tenerlo en cuenta. Gracias al trabajo de Eryurt se pudieron elaborar los modelos solares y los cálculos pertinentes que se tuvieron en cuenta para establecer los parámetros de las misiones del programa Apolo. También se utilizaron para la planificación y el desarrollo de todas las misiones de la NASA en el sistema solar. La mujer que averiguó cómo fue la infancia del Sol desempeñó un papel crucial en nuestros primeros pasos hacia las estrellas.

Cameron y Eryurt publicaron una serie de artículos sobre la evolución estelar y se convirtieron en los mayores expertos en este campo. Los modelos solares no solo son importantes para la exploración espacial, sino también para el estudio de las partículas fundamentales que componen el universo. La más misteriosa de todas es el neutrino, una partícula subatómica casi imposible de detectar pero que se crea en grandes cantidades en las reacciones de fusión nuclear que se producen en el Sol. Entre los modelos solares más precisos y detallados de la época estaban los de Eryurt. Los utilizó para hacer predicciones sobre los neutrinos solares y compartió sus descubrimientos con los principales científicos especializados en esas partículas, como Ray Davis y John Bahcall. En 1965, Davis fue el primero en detectar neutrinos solares, y por su descubrimiento ganó el Premio Nobel de Física en 2002. La física de neutrinos se convirtió en una de las áreas de investigación más activas durante esa época. En 1994, la prestigiosa serie *Frontiers in Physics*, que edita volúmenes que recogen «los avances en los campos más apasionantes y activos de la física», publicó un número especial sobre neutrinos solares. El trabajo de Eryurt y Cameron sobre la evolución solar fue uno de los cuatro artículos que aparecían en la sección sobre los primeros modelos solares. Otros dos estaban firmados por autores galardonados con el Nobel, pero ninguno estaba firmado por una mujer.

Cuando finalizó su beca, Eryurt fue invitada a quedarse en Goddard como investigadora principal. Allí trabajó durante una década y continuó sus estudios sobre la evolución solar y los neutrinos. En 1968, durante una visita de un año a Turquía, organizó el primer Congreso Nacional de Astronomía de la historia en colaboración con TÜBİTAK, el Consejo de Investigación Científica y Tecnológica de Turquía. Solo participaron veinticinco personas, pero plantó la semilla de una futura red nacional de astronomía. El congreso acabó convirtiéndose en un acontecimiento bianual, creciendo cada año y atrayendo a cientos de investigadores de todo el país.

Dilhan Eryurt permaneció en Goddard hasta 1973. Ese fue el año en el que Mary Ross se jubiló de Lockheed tras una larga y distinguida carrera trabajando en el grupo Skunk Works. El interés de Ross por los viajes espaciales hizo que acabara siendo una de las principales autoras del tercer volumen del «Manual de Vuelo Planetario de la NASA para futuros viajes a Marte y Venus». También trabajó en los diseños que ayudarían a sobrevolar ambos planetas. Lockheed siguió diseñando nuevos aviones durante el tiempo que trabajó allí. Cuando se retiró, Agena, en cuyo desarrollo desempeñó un papel crucial, había lanzado más de doscientas misiones, incluido el primer satélite canadiense, Alouette, y los satélites de comunicaciones británicos Comsat.

Cuando dejó Lockheed, Ross pudo dedicar mucho más tiempo a la sucursal de Los Ángeles de la Sociedad de Mujeres Ingenieras, organización que ayudó a cofundar en 1953 y de cuya junta ejecutiva nacional formó parte durante varios años. Aunque era una persona bastante reservada, era consciente del impacto que podía tener como modelo, por lo que dio conferencias y seminarios para animar a mujeres y jóvenes indígenas estadounidenses a seguir una carrera científica. También ayudó a la Sociedad de Nativos Americanos sobre Ciencia e Ingeniería y al Consejo de Tribus sobre Recursos Energéticos a ampliar y fomentar sus programas educativos.

En 2004, pidió a su sobrina que le hiciera un vestido tradicional para una ocasión muy especial. En el National Mall de Washington D. C. se inauguraba el Museo Nacional del Indio Americano. A sus noventa y seis años, Mary iba a desfilar con 25.000 indígenas en la procesión inaugural. Solo un par de años antes vio llena de orgullo cómo un habitante de Oklahoma, John Herrington, de la nación chickasaw, se convertía en el primer indígena americano en ir al espacio. Como dijo en la inauguración del museo, había llegado el momento de contar la historia completa de los pueblos indígenas, «no solo la historia del pasado, sino la que estaba en marcha». Murió tres años después, dejando un legado para el museo de 400.000 dólares.

En 2019, la Casa de la Moneda de Estados Unidos emitió una moneda de oro conmemorativa que homenajeaba a Mary Ross y su extraordinaria vida. Su historia sigue siendo única. Del conjunto de científicos de todo el país, menos de medio punto porcentual son indígenas americanos, a pesar de ser el 2 % de la población. Los conocimientos indígenas siguen siendo ignorados, y mientras la NASA y sus socios miran al cielo, su tierra sagrada les es arrebatada una vez más para la construcción de telescopios en las altas cumbres de Hawái, que se unirán a la larga lista de grandes telescopios que se han construido en tierras indígenas. Las actitudes coloniales siguen presentes en la cultura de la exploración espacial, la cual sigue siendo un relato de «pioneros» que exploran la «última frontera». En una reunión de eruditos nativos celebrada en 1970 se comentó que deberíamos compadecernos de los indios y búfalos del espacio exterior.

En 1986, más de una década después de que Mary Ross se retirara de Lockheed, Joyce Neighbors pasó a trabajar en la empresa. Neighbors se había retirado de la NASA tras una distinguida carrera de más de cincuenta años, aunque no sin tener que superar un montón de obstáculos. Tras el histórico programa Explorer y las misiones Apolo, la NASA sufrió recortes presupuestarios y el trabajo de Neighbors se vio amenazado. ¿Por qué tenía que trabajar si su marido podía mantenerla? Pero luchó por conservar su puesto como «una fiera» y logró imponerse. Llegó a trabajar en múltiples proyectos, entre ellos el de la primera estación espacial de la NASA, Skylab, y en la sonda Gravity Probe B, que serviría para probar la relatividad general. Se pasó otra década trabajando en Lockheed antes de retirarse finalmente en 1997. Durante su carrera, e incluso una vez jubilada, fue una gran defensora de los derechos de las mujeres y trabajó para que aumentase la representación de las minorías en la ciencia. Murió en 2020, a los noventa años.

El mismo año en el que Mary Ross se jubiló, Dilhan Eryurt también dejó la NASA. Debido a su larga y distinguida trayectoria podría haber optado por quedarse permanentemente en Estados Unidos, pero su tierra natal la llamaba. Era el momento de hacer algo por su país, como le había dicho su padre. En 1973 aceptó un puesto en el Departamento de Física de la Universidad Técnica de Oriente Medio en Ankara, y allí creó una nueva sección dedicada a la astrofísica. En 1977 recibió el Premio de Ciencia TÜBİTAK, el mayor galardón científico del país. Continuó publicando docenas de artículos y formó a la siguiente generación de astrofísicos turcos.

Pero la astronomía no podía progresar más en Turquía sin un gran observatorio. En la antigüedad, había existido un gran observatorio en el país, así que ¿por qué no construir una versión moderna? Eryurt se unió a otros científicos para pedir la construcción de un observatorio nacional en el país. En 1991 se construyó el Observatorio Nacional TÜBİTAK, y Dilhan Eryurt recibió una placa conmemorativa con motivo de este acontecimiento. En 2017, el observatorio anunció el descubrimiento de un nuevo planeta que orbitaba una estrella lejana. A Eryurt le hubiera encantado celebrar ese descubrimiento, pero había fallecido de un ataque al corazón en 2012.

En su testamento, legó sus bienes a la Dirección de Educación Nacional de Turquía para apoyar la educación de las niñas.

El 20 de julio de 2020, para conmemorar el quincuagésimo primer aniversario de la llegada del hombre a la Luna, Google creó un Doodle para celebrar la vida de la profesora Dilhan Eryurt, que vivió los primeros pasos de su país, comprendió la infancia del Sol e inspiró a las jóvenes del futuro.

La científica de cometas

Claudia Joan Alexander tenía diez años cuando Dilhan Eryurt, Mary Ross, Joyce Neighbors y tantas otras mujeres ayudaron a la humanidad a alcanzar la velocidad de escape. Es poco probable que oyera alguno de esos nombres cuando todavía era niña, por lo que desconocía que esas mujeres allanaron el camino hacia el espacio que ella acabaría siguiendo. Mientras veía por televisión a hombres blancos caminar sobre la superficie de la Luna, no tenía ninguna razón para imaginar que había sitio para chicas negras como ella en la NASA. Para la ínfima minoría de los científicos negros que allí trabajaban durante la emocionante época de la carrera espacial, todo era más difícil.

En 1962, Marshall Keith entró en un restaurante de Huntsville, Alabama, con cuatro amigos afroamericanos y pidió algo de comer. Keith era un empleado blanco que trabajaba en el Centro Marshall de la NASA en Huntsville, donde Von Braun estaba muy ocupado construyendo el Saturno V. Cuando le sirvieron la comida, se la dio a su amigo Leon Felder. Todas las miradas estaban puestas en el grupo. Cuando Felder empezó a comer, el encargado se acercó y empezó a echar sal y pimienta por toda la comida. Felder siguió comiendo. Cuando el encargado tiró kétchup sobre la mesa, él siguió comiendo mientras sus amigos limpiaban todo ese desorden. Solo se detuvo cuando el encargado le agarró el plato y lo estrelló contra el suelo.

Unos días más tarde, unos hombres armados sacaron a Marshall Keith de su casa, desnudo y con los ojos vendados, y lo golpearon por compartir una comida con su amigo. Keith renunció a su trabajo en la NASA y abandonó la ciudad para proteger a su familia. En todo el país, los manifestantes afroamericanos y los simpatizantes blancos como Marshall Keith arriesgaban sus vidas para poner fin a la segregación.

Dos décadas antes, Katherine Johnson ya se había levantado contra la segregación y había hecho historia. Fue una de las tres primeras estudiantes negras que se matricularon en la Universidad de Virginia Occidental en 1940, algo que ayudó a poner fin a la segregación en aquel lugar. Pero cuando en 1952 la contrataron para trabajar en Langley, en la NASA, la destinaron a un espacio separado para «calculadoras de color» en la ahora famosa (o infame) oficina West Computing. Se esperaba que tanto ella como sus compañeras científicas negras garantizaran la seguridad de los astronautas blancos en el espacio, pero aquí, en la Tierra, no podían mezclarse con ellos ni utilizar sus baños o cafeterías. Es imposible comprender la tremenda fortaleza y determinación sin límites que mostraron las mujeres de West Computing frente a prejuicios tan profundamente arraigados. Como mujer de color en la física actual, todavía tengo que demostrar mi derecho a pertenecer al ámbito científico. No es tan difícil como lo que tuvieron que afrontar ellas, pero sigue siendo algo que te debilita y agota. No puedo imaginar lo que les debió costar a Johnson y a sus compañeras ayudar a aterrizar a los astronautas en la Luna bajo tales circunstancias.

Johnson, en particular, desempeñó un papel crucial en la realización de los cálculos que llevaron a los humanos al espacio y hasta la Luna. Pero en los años sesenta no hubo un final feliz al estilo Hollywood, lleno de reconocimiento y celebración por sus servicios o por las contribuciones realizadas por otras mujeres de la NASA. Todas siguieron siendo invisibles durante décadas. Hubo que esperar a 2014 para que se homenajeara a un grupo de hombres negros, contratados en 1961, por ser los primeros ingenieros negros de la NASA; a pesar de que Mary Jackson, que empezó su carrera en West Computing en 1958, fue realmente la primera ingeniera negra de la NASA.

El fin de la segregación no supuso el fin del racismo y el sexismo en la NASA. En 1973 la organización volvió a ser noticia, pero no por su último lanzamiento espacial: «La NASA destituye a la mujer negra de más alto rango», informaba *The New York Times*. Ruth Bates Harris, la administradora de raza negra de más alto rango de la NASA, fue despedida por escribir un informe en el que afirmaba que los esfuerzos de la agencia en materia de igualdad y diversidad eran un «fracaso casi total». Las mujeres y las minorías estaban estancadas en puestos administrativos de nivel inferior. El porcentaje de empleados de color era desalentador y apenas mejoraba. En 1966 era del 4,6 %, mientras que en 1973 era del 5,6 %. Todos los equipos de astronautas seguían estando formados por hombres blancos. El *Washington Post* acusó a la NASA de racismo y sexismo institucionalizados. Docenas de grupos de derechos civiles de todo el país se pronunciaron contra la destitución de Harris. Un grupo de científicos de la NASA decidió crear la organización MEAN: Minorities Employees at NASA (empleados de minorías de la NASA). Escribieron una carta a la dirección en la que describían la cultura de discriminación, acoso e intimidación que vivían en sus puestos de trabajo.

El revuelo que se montó a escala nacional provocó que se organizaran varias audiencias en el Congreso. La NASA se vio obligada a recontratar a Harris y, poco a poco y a regañadientes, se fueron dando pasos hacia la igualdad y la inclusión. Las tasas de contratación de mujeres y de personas de color aumentaron, aunque el racismo arraigado tardaría mucho en desaparecer. En 1983, veintidós años después de que los primeros hombres blancos abandonaran la Tierra, Guion Bluford se convirtió en el primer astronauta afroamericano en ir al espacio. Tendrían que pasar nueve años más para que Mae Jemison se convirtiera en la primera mujer afroamericana que viajaba al espacio. Un año después, en 1993, Claudia Alexander se convirtió en la primera mujer negra de Estados Unidos que obtenía un doctorado en física espacial.

Desde muy joven, Claudia se acostumbró a estar en lugares en los que nadie se parecía a ella. En 1968, dos de los fundadores de Fairchild Semiconductor, Robert Noyce y Gordon Moore, fundaron una nueva empresa en Santa Clara, California. Se llamaba Intel y era una de las muchas que nacieron gracias al éxito que tuvo la empresa madre tras el Apolo 11. Esas empresas derivadas de Fairchild acabaron siendo las que formaron el núcleo inicial de Silicon Valley, pero los trabajadores navajos de la planta de Fairchild en Shiprock nunca se beneficiaron de la riqueza generada allí. Las instalaciones se cerraron definitivamente en 1975 después de que un grupo de manifestantes armados tomara la planta durante una semana, exigiendo mejores condiciones de trabajo.

Aunque Claudia Alexander nació en Vancouver, en la Columbia Británica, en 1959, creció en el vanguardista mundo tecnológico de Silicon Valley, en Santa Clara, donde su madre llegó a trabajar para Gordon Moore. Todo era muy futurista, pero también muy muy blanco. Alexander prefería los mundos imaginarios de ciencia ficción y fantasía al mundo real, en el que era la única niña negra de su escuela. A pesar de eso, en su último año fue elegida delegada de la clase, y cuando se graduó, en 1977, recibió el honor de ser considerada por sus compañeros la alumna con más probabilidades de éxito. Tenían toda la razón.

Al llegar a la universidad se decantó por la historia y el periodismo, pero sus padres querían que estudiara algo «útil», como ingeniería civil. Lo intentó, pero no cuajó. Durante unas prácticas de verano en el centro de investigación Ames de la NASA trabajó en la división de ingeniería, pero la ciencia planetaria le pareció mucho más fascinante. Le encantaba la idea de estudiar los procesos que dieron forma a planetas enteros. Su imaginación se disparó gracias a *Cosmos*, la famosa serie documental del científico planetario Carl Sagan.

En 1983, Alexander se licenció en Geofísica en la Universidad de California en Berkeley, y en 1985 obtuvo un máster en UCLA, también en geofísica. En el trabajo final de su máster analizaba el impacto de los ciclos solares y el viento solar en la gruesa atmósfera de Venus utilizando datos recogidos por la sonda Pioneer Venus Orbiter. Al terminar su máster, encontró trabajo como científica en el Laboratorio de Propulsión a Chorro (JPL) de la NASA. Fue asignada al grupo de instrumentalización que planificaba la misión Galileo a Júpiter, cuyo despegue estaba programado para 1989. Júpiter era, sin duda, el más interesante de los planetas exteriores, un sistema solar en miniatura gracias a su tamaño y a sus múltiples lunas. Entusiasmada ante la oportunidad de trabajar en una misión tan apasionante, Alexander trabajó noventa horas semanales para diseñar instrumentos y experimentos, y para analizar el sistema joviano con telescopios terrestres.

Mientras tanto, el trabajo de final de máster de Alexander impresionó tanto al profesor Andy Nagy, de la Universidad de Michigan, que la convenció para que se doctorase en física en dicha universidad. Claudia no era la típica física que se dedicaba en exclusiva a esa materia. No había olvidado sus días de soledad en el instituto, y le gustaba socializar y participar en la vida estudiantil. Por lo visto, imitaba bastante bien el acento húngaro de su director. También trabajó con jóvenes de barrios marginales de Detroit y ayudó a mujeres de color a terminar sus estudios. En 1992, la universidad la nombró Mujer del Año en Relaciones Humanas. Al año siguiente completó su doctorado en física espacial, para el que elaboró modelos de los núcleos de los cometas. Al igual que los cometas que estudiaba, la doctora Alexander se estaba abriendo camino. En Estados Unidos, antes que ella, solo veinte mujeres negras habían obtenido un doctorado en algún área de la física o la astronomía.

El JPL quería que Alexander siguiera trabajando en la misión Galileo. Esta se había lanzado con éxito en 1989, pero todavía no había llegado a Júpiter. Tras un rápido vistazo a Venus y a un par de asteroides en el camino, completó su viaje de 900 millones de kilómetros y llegó a Júpiter en 1995, convirtiéndose en la primera nave espacial que orbitaba un planeta del sistema solar exterior, más allá del cinturón de asteroides. Galileo pasó casi ocho años explorando el planeta gigante y sus satélites. Para Alexander fue un sueño cumplido. Por fin pudo estudiar los procesos planetarios que tanto la fascinaban. Exploró la atmósfera de Júpiter, su enorme campo magnético, las lunas jovianas, los plasmas espaciales e incluso algún cometa. Tanto ella como el resto de los científicos de la misión Galileo tuvieron un asiento en primera fila cuando el cometa Shoemaker-Levy se estrelló contra Júpiter en 1994. Fue la primera vez que se pudo observar de cerca el choque de un cometa contra otro objeto del sistema solar.

Galileo realizó un total de treinta y cuatro viajes alrededor de Júpiter y treinta y cinco sobrevuelos de sus lunas principales. Descubrió veintiuna lunas nuevas, pero sus descubrimientos más emocionantes tenían que ver con los cuatro grandes satélites del planeta: Europa, Ío, Ganímedes y Calisto. Resultó que no eran solo frías bolas de hielo muertas en las profundidades del espacio, lejos del calor del Sol. En lugar de eso, Galileo encontró pruebas de que, en Europa, en Calisto y en Ganímedes, podría existir una capa de agua líquida bajo sus superficies heladas: un paraíso invernal, silencioso y prístino. Ío —la luna más interior— no estaba congelada en absoluto. En realidad está hirviendo debido a la atracción gravitatoria de Júpiter, que agita constantemente sus entrañas. Además, su superficie se va remodelando debido a la actividad volcánica, cien veces mayor que la de cualquier volcán de la Tierra.

El momento favorito de Alexander fue cuando se descubrió que Ganímedes, que hasta entonces se creía que era inactivo desde el punto de vista geológico, tenía una fina atmósfera. Fue algo completamente inesperado que la obligó a tener que modificar sus modelos. «Fue un momento muy emocionante que cambió por completo mi forma de pensar. ¡Nunca me había sentido tan feliz por haberme equivocado!», declaró.

Cuando Galileo se acercaba al final de su larga y compleja misión, Alexander fue seleccionada para ser la última directora del proyecto encargada de supervisar la misión. Como dijo más tarde: «A muy poca gente se le ofrecerá ser la directora de proyecto de una misión de la NASA». El plan era estrellar la nave espacial en Júpiter y registrar datos el mayor tiempo posible antes de que Galileo se perdiera para siempre. De esa forma, en 2003, Alexander tuvo la responsabilidad única de hacer chocar deliberadamente un satélite de la NASA, que había costado miles de millones, contra un planeta. Tras una accidentada misión de catorce años, Galileo tuvo un final espectacular.

Para entonces, Claudia Alexander ya estaba muy implicada en otra misión, Rosetta, una colaboración internacional entre la Agencia Espacial Europea (ESA, por sus siglas en inglés) y la NASA, entre otros socios. Uno de los objetivos de Rosetta era estudiar en detalle un cometa, el 67P/Churyumov-Gerasimenko, un visitante de los bordes exteriores del sistema solar que aparece cada 6,45 años. Pero el objetivo principal era desarrollar una búsqueda histórica: comprender cómo nació y evolucionó el sistema solar. Los cometas son los materiales de construcción sobrantes de la nebulosa protosolar a partir de la cual se formaron el Sol y todos los planetas. Son indicios antiguos de los orígenes del sistema solar, hace 4.600 millones de años, y una posible fuente en la que hallar los ingredientes de la vida que surgió en la Tierra. En resumen, son cápsulas del tiempo celestiales que esperan ser abiertas. El objetivo era encontrarse con el cometa y orbitarlo, seguirlo en su recorrido alrededor del Sol y enviar una sonda que se posara sobre su superficie, algo que nunca se había hecho antes.

Como socio del proyecto, la NASA necesitaba un científico o científica que dirigiese la misión, y en 1999 seleccionaron a Claudia Alexander. Era lo más lógico, pues los cometas eran su especialidad y su tesis se centró en elaborar modelos sobre sus características. Pero también le pidieron que se encargase de la gestión de todo el proyecto, reconociendo de esa manera sus dotes de liderazgo y su capacidad natural para conectar con una amplia gama de personas. Tenía cuarenta años y era una de las personas más jóvenes a las que se les había asignado una responsabilidad tan importante.

Espacio social

Rosetta se lanzó en marzo de 2004. En su camino hacia el cometa Churyumov-Gerasimenko pasó junto a Marte y se hizo un selfi. Luego pasó cerca de dos asteroides y nos envió unas fotografías impresionantes. En 2011, mientras pasaba por la órbita de Júpiter, se puso a dormir durante tres años, tal como estaba previsto. Estando en un lugar tan distante no había suficiente energía solar para mantenerla alimentada durante toda la misión. Alexander y su equipo esperaron con la respiración contenida a que despertara.

Mientras tanto, la nave Cassini de la NASA había llegado a Saturno en 2004, y Alexander fue invitada a unirse a la misión como científica adjunta del proyecto, al mismo tiempo que mantenía su papel como científica y directora del proyecto Rosetta. Cuando se le preguntó cómo se las arreglaba para hacer malabarismos con tantas responsabilidades, respondió: «No hace falta decir que mi vida es una locura. En el buen sentido». Tuvo que llevar a cabo diversos estudios para el proyecto Cassini, como exploraciones de la atmósfera de Saturno, su campo magnético y sus lunas.

Saturno, con sus maravillosos anillos helados, es el planeta supermodelo del sistema solar. Los cuatro planetas exteriores tienen anillos, pero los de Saturno son los más llamativos de todos. Las deslumbrantes fotografías de Cassini del planeta anillado dejan en evidencia todas las imágenes anteriores, y revelan un gigante gaseoso con una atmósfera tormentosa y múltiples lunas en órbita, atrapadas en una compleja danza gravitatoria con su sistema de anillos. A Alexander, Titán —la luna más grande del sistema solar— le resultaba especialmente fascinante. Cassini envió una sonda, Huygens, para que explorara la superficie de Titán. Era la primera vez que una sonda aterrizaba sobre un objeto del sistema solar exterior. Las lunas de Saturno resultaron ser tan interesantes como las de Júpiter. Titán tenía una atmósfera densa, rica en nitrógeno, muy parecida a la de la Tierra, un océano líquido y moléculas orgánicas. ¿Faltaba tan solo un paso evolutivo para que surgiera la vida? Los científicos explorarán esta cuestión durante años.

En 2014, diez años después de que Cassini orbitara Saturno, Rosetta despertó de su letargo al acercarse al cometa que buscaba. Todos los miembros del equipo dieron un enorme suspiro de alivio. ¡Imagínate que pones tu ordenador a dormir esperando que se reinicie automáticamente dentro de tres años! Para Alexander, Rosetta se convirtió en el centro de todo su trabajo. Una serie de diez maniobras realizadas a lo largo de varios meses puso finalmente la sonda en órbita alrededor del cometa, a una distancia de solo treinta kilómetros. Fue un logro asombroso, la culminación de más de dos décadas de planificación, sueños y espera. Rosetta empezó a cartografiar la superficie del cometa y a buscar moléculas orgánicas y agua. Sorprendentemente, según los primeros datos científicos recibidos, no había hielo congelado, pero se detectó la presencia de hidrógeno y oxígeno en la nube de gas alrededor del núcleo del cometa.

Cuando Rosetta se lanzó al espacio en 2004, acababa de lanzarse al ciberespacio una nueva aplicación llamada Facebook. Mientras la sonda perseguía su cometa durante la siguiente década, Facebook, Twitter e Instagram se hicieron enormemente populares. Cuando Rosetta alcanzó el cometa Churyumov-Gerasimenko, ya tenía casi medio millón de seguidores en Twitter. El módulo de aterrizaje Philae, que acompañó a Rosetta, cobró vida en el espacio profundo y en el ciberespacio. Cientos de miles de entusiastas del espacio se enamoraron del valiente Philae.

«Ok, @Philae2014, me estoy alineando con #67P. Estás preparado para saltar?». «Preparado cuando tú lo estés, @ESA_Rosetta. ¿Me das un empujoncito?». Para el deleite de sus seguidores, en noviembre de 2014, Philae tuiteó en directo su aterrizaje sobre el cometa. Todo el mundo en la Tierra contuvo la respiración cuando el propulsor de Philae falló y el módulo de aterrizaje rebotó en el cometa. Tras rebotar tres veces, por fin se posó sobre la superficie del cometa, y #CometLanding fue tendencia en todo el planeta. Recuerdo vívidamente los increíbles momentos del aterrizaje de Philae y la vertiginosa reacción de los amantes de la ciencia de todas partes. Cuando Philae se quedó sin energía y enmudeció, el mundo lloró. El módulo de aterrizaje no humano se hizo mucho más famoso que los humanos reales que supervisaban la misión. #ClaudiaAlexander no fue tendencia en Internet durante la misión.

Philae y Rosetta enviaron más de doscientos gigabytes de datos y más de cien mil imágenes que mantendrán ocupados a los científicos durante años. Una gran pregunta es si el agua de la Tierra se originó en cometas como 67P. El análisis de Rosetta indica que la respuesta parece ser que no. Hay mucho más que estudiar, pero Claudia Alexander no será una de las que desentrañen los secretos de Rosetta. Justo después del lanzamiento de la misión, en 2004, le diagnosticaron un cáncer de mama. Todos esos años trabajando en las misiones Galileo, Cassini y Rosetta le habían enseñado a ser paciente y a jugar a largo plazo. Durante la década siguiente luchó contra la enfermedad y mantuvo a Rosetta en marcha.

También reavivó su amor por los mundos imaginarios de fantasía en los que se había refugiado de niña. Esta vez decidió crear los suyos propios, convirtiéndose en escritora de ciencia ficción y *steampunk*, gracias a lo cual podía escapar de sus problemas durante un rato, como hacía de niña. Creía que el *steampunk* —un género de ciencia ficción ambientado en un mundo victoriano pero futurista impulsado por la industria del vapor y lleno de engranajes y palancas— hacía que la ciencia fuera más visceral y atractiva para los jóvenes lectores. También escribió libros infantiles, un par de ellos para la popular serie *Windows to Adventure*. Como directora de Rosetta y Galileo, se había convertido en la imagen pública de ambas misiones. Dio charlas a innumerables audiencias y escolares de todo el planeta. No quería que ninguna niña negra se volviera a sentir aislada en el mundo de la ciencia como le había pasado a ella. En una entrevista, dijo: «En los anales de la historia, los atletas y los músicos acaban difuminándose. Pero aquellas personas que logran que mejore el modo de vida de la humanidad y su comprensión del universo perduran a través de sus descubrimientos».

La misión de la doctora Claudia Alexander en la Tierra finalizó antes que la de Rosetta en el espacio profundo. El 11 de julio de 2015, menos de un año después del histórico aterrizaje de Philae, perdió su batalla contra el cáncer tras solo cincuenta y seis órbitas alrededor del Sol. Su muerte no conmocionó al mundo, como sí lo hizo la muerte de Philae, pero *The New York Times* publicó un obituario en el que se enumeraron sus muchos logros. En la NASA, uno de sus compañeros describió su muerte como una pérdida estremecedora. Su impacto en la misión Rosetta no se olvidó; una característica del cometa, similar a una entrada en la roca, recibió el nombre de C. Alexander Gate en su honor. La Sociedad Astronómica Estadounidense y la Universidad de Michigan crearon premios en su honor para continuar con su misión de apoyo a la próxima generación de científicos y científicas.

Lejos, en el espacio, Rosetta también finalizó su viaje de 6.000 millones de kilómetros, aterrizando sobre la superficie del cometa en septiembre de 2016. «Misión cumplida», tuiteó antes de despedirse.

Figura 3.1. A Mary Golda Ross le encantaban las matemáticas y la astronomía, y ayudó a poner en marcha el programa espacial de la NASA.

Figura 3.2. La sonda Mariner 4, lanzada en dirección a Marte sobre un cohete Atlas-Agena en 1964, tomó las primeras fotografías de otro planeta.

Figura 3.3. Joyce Neighbors, la primera científica contratada por el equipo de Wernher von Braun, tuvo una carrera estelar en la NASA y posteriormente en Lockheed.

Figura 3.4. Las mujeres «calculadoras» del Laboratorio de Propulsión a Chorro de Caltech realizaron los cálculos matemáticos necesarios para que los despegues espaciales y las órbitas de los vehículos espaciales tuvieran éxito.

Figura 3.5. Dilhan Eryurt, la primera científica turca que trabajó en la NASA.

Figura 3.6. Claudia Alexander, la experta en cometas que ayudó a aterrizar una sonda sobre la superficie del cometa 67P/Churyumov-Gerasimenko.

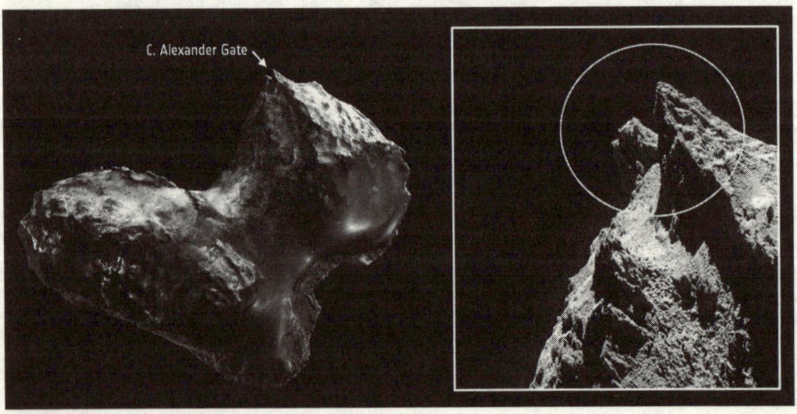

Figura 3.7. La formación geológica C. Alexander Gate en el cometa 67P/Churyumov-Gerasimenko, llamada así en memoria de Claudia Alexander.

CAPÍTULO 4

Una cuestión de elección: investigadoras de la radiactividad

Harriet Brooks y Marie Skłodowska-Curie

Enamorarse mientras se estudia física es una distracción. Hablo por experiencia. No me refiero a una pasión de carácter esotérico por las ecuaciones o una obsesión metafórica por las leyes de la naturaleza (aunque también he experimentado esos sentimientos). Hablo de un romance real, vertiginoso, maravilloso y humano. Es ese tipo de romances que hacen que (casi) quieras tirar tus libros de física y cantar canciones sobre pajaritos que pían y flores que florecen mientras caminas de la mano con la persona amada. Por suerte para mi carrera, él era un estudiante de posgrado de física, por lo que el nuestro fue un romance lleno de debates sobre física cuántica mientras nos saltábamos las clases e ignorábamos los proyectos de investigación para dar paseos en bici, hacer excursiones por la naturaleza, e ir a conciertos o al cine. El espacio-tiempo se había deformado para unirnos. En vísperas del nuevo milenio, decidimos saludar al siglo XXI convirtiéndonos en compañeros para toda la vida.

Nuestra boda fue un acontecimiento alegre y friki, celebrado por nuestras dos familias, las biológicas y la formada por los estudiantes, el personal de la universidad y los profesores de física. En las invitaciones de boda incluimos citas de físicos, y durante el banquete circularon muchos chistes malos de física. Para nuestro particular «regalo de los Reyes Magos de la Física», nuestros directores de tesis nos preguntaron qué regalo nos gustaría que nos hicieran. Yo pedí una hermosa edición encuadernada de las *Conferencias de física* de Feynman para mi prometido, sin saber que él había pedido lo mismo para mí.

A medida que nos fuimos asentando en nuestra nueva vida de casados, mi investigación doctoral en el naciente campo de la ciencia de la información cuántica avanzaba a gran velocidad. Me sentía muy afortunada por trabajar en un campo nuevo en el que cada cuestión que exploraba aportaba resultados muy interesantes (algo bastante inusual en la mayoría de los campos de la física). Disfruté especialmente estudiando el entrelazamiento cuántico, la peculiar versión de la naturaleza de la unión entre partículas microscópicas. De algún modo me sentía identificada con esa conexión entre pares entrelazados que estaba estudiando. Antes de que me diera cuenta, pasaron tres años y finalicé y defendí con éxito mi tesis. Por el camino, mientras presentaba mi trabajo en conferencias internacionales, conocí a algunos de los principales investigadores en ese campo, uno de los cuales me ofreció un puesto de investigación posdoctoral en su equipo. Era perfecto para el tipo de investigación que quería hacer en el futuro. Me sentí entusiasmada y halagada, pero había un problema. El puesto me obligaría a trasladarme a Australia, a 15.000 kilómetros de mi pareja. El espacio-tiempo se deformaba inversamente y nos separaba.

No era, ni de lejos, la primera mujer que tenía que elegir entre carrera y familia. Pero en nuestro caso había una pega más. Ambos estábamos realizando carreras académicas en el campo de la física, lo que limitaba mucho nuestras opciones. Este problema es tan común en el mundo académico que tiene su propio apodo, tomado prestado de un conocido problema de física: «el problema de los dos cuerpos». Mientras luchaba por tomar la decisión correcta, me preguntaba si podría encontrar inspiración en las vidas de otras físicas que me precedieron. Mi búsqueda me llevó a la historia de dos mujeres.

El ultimátum

Situado en el corazón de la ciudad de Nueva York, el Barnard College tiene una larga historia como centro de educación superior para mujeres. Se fundó en 1889 como respuesta a la política de la Universidad de Columbia de no admitir mujeres. La postura de Columbia no era inusual en aquella época. La mayoría de las universidades de élite de la Ivy League (Liga de la Hiedra) también consideraban que las mujeres eran indignas de ser admitidas. Lo que sí era más inusual es que Frederick Barnard, entonces presidente de Columbia, fuera partidario de que las mujeres tuviesen el mismo derecho que los hombres a la educación. Defendió la creación de programas mixtos en su universidad, pero no logró convencer al consejo de administración para que aceptara algo que ninguna otra universidad de la Ivy League había aceptado. No obstante, sí que pudo crear el Columbia's Collegiate Course for Women, un programa de estudios que permitía a las mujeres obtener un título universitario a pesar de no poder recibir clases en su propia institución.

Una de las mujeres que se matriculó en el programa, Annie Nathan Meyer, se sentía tan frustrada por tener prohibido asistir a clases y trabajar en los laboratorios de Columbia que se unió a un grupo de personas que pedían que se fundara la primera universidad privada femenina de Nueva York. Meyer era la persona idónea para liderar el proyecto, ya que era consciente de que para hacer realidad su sueño, necesitaba apoyo público, una cuantiosa financiación y respaldo universitario. En un artículo publicado en el *Nation*, Meyer argumentó con astucia que una ciudad como Nueva York debía contar con una universidad para mujeres para mantener su prestigio mundial. Al mismo tiempo, invitó a neoyorquinos poderosos y ricos a unirse a un comité destinado a financiar esa universidad. Con otro movimiento inteligente, se ganó el apoyo de la junta directiva de la Universidad de Columbia al proponer el nombre de Barnard, fallecido poco antes, para bautizar el nuevo centro.

Annie Meyer vio cómo su trabajo daba sus frutos en 1889, cuando Barnard abrió por fin sus puertas muy cerca de Columbia. Aunque al principio su sede estaba en un edificio alquilado, las generosas donaciones aportadas por mujeres adineradas permitieron la construcción de un nuevo campus y el aumento de su capacidad y de la oferta de cursos. En muy poco tiempo, Barnard se ganó su sitio entre otras seis distinguidas universidades femeninas estadounidenses: Mount Holyoke fue la primera, fundada en 1837, seguida de Vassar, Wellesley, Smith, Radcliffe y Bryn Mawr. Con la incorporación de Barnard, las conocidas como Siete Hermanas, por las estrellas de las Pléyades, se convirtieron en una brillante constelación de educación y esperanza para las mujeres de todo el país.

En 1904, el Departamento de Física de Barnard —compuesto por un único miembro del profesorado de la facultad, la profesora Margaret Maltby— estaba tratando de expandirse. No era fácil encontrar profesoras cualificadas de física, pero a Barnard le tocó la lotería con la persona a la que contrataron. En 1901, Harriet Brooks había completado un posgrado en matemáticas y física en la Universidad McGill, en Canadá, bajo la supervisión del futuro premio Nobel Ernest Rutherford. Brooks llegó con la recomendación del propio Rutherford y del rector de McGill, y cumplió con creces las expectativas. Al año siguiente, Barnard le renovó el contrato con un aumento del 10 % sobre su salario de 1.000 dólares. En 1906, a Brooks le prorrogaron su contrato, pero las cosas estaban a punto de cambiar. Escribió a la decana de la universidad, Laura Gill, para comunicarle que se iba a casar en el verano de 1907 y le preguntaba si eso afectaría a su puesto de trabajo. Brooks ya había hablado con su compañera Margaret Maltby, quien no creía que el matrimonio fuera un problema. La decana Gill no opinaba lo mismo. Según ella, el matrimonio «pondría fin a su relación oficial con la universidad». Y ahí se acababa el feminismo del que presumían las Siete Hermanas.

Brooks respondió con una dura carta a la decana, argumentando que su nueva relación sería una gran ayuda para ella y no un obstáculo, y que dimitiría si en algún momento su matrimonio interfiriera con sus obligaciones. Sentía que tenía la responsabilidad de demostrar que «una mujer tiene derecho al ejercicio de su profesión, y no puede ser condenada a abandonarla por el mero hecho de casarse». Además, denunció la hipocresía de las universidades femeninas, que apoyaban la educación de las mujeres, pero no su derecho a desarrollar una carrera profesional si se casaban: «No puedo entender cómo se pueden fundar o mantener universidades femeninas, que invitan y animan a las mujeres a acceder a una profesión, pero que les niegan el derecho a casarse».

Aunque en aquella época era habitual que las mujeres abandonaran sus carreras después de casarse, Barnard era, después de todo, una institución que se fundó con el principal objetivo de defender los derechos de las mujeres. ¿Cómo podía una prestigiosa universidad femenina ser tan inflexible y esperar que su reputación no se viera afectada? De hecho, según la decana y el consejo de administración, era precisamente la reputación de la universidad lo que el inminente matrimonio ponía en peligro. En su respuesta a las objeciones de Brooks, la decana Gill señaló que los administradores (la mayoría de los cuales eran hombres) creían que el principal objetivo de una mujer es y debe ser el cuidado del hogar. Equilibrar la carga de dos profesiones que son a tiempo completo era imposible y, por tanto, no era bueno para la universidad. Gill concluyó su carta señalando que para mantener «la dignidad del lugar que ocupa la mujer en el hogar» y, al mismo tiempo, el prestigio de la universidad, Brooks debía renunciar a su puesto.

Equilibrar las exigencias del trabajo doméstico a tiempo completo con los rigores de una carrera académica en el campo de la física (o de cualquier otro campo) era un problema binario para el cual tanto la decana Gill como los administradores solo veían una única solución. Irónicamente, los líderes de una institución erigida para promover el pensamiento innovador parecían incapaces de pensar más allá de las restricciones impuestas por su época. La compañera de Brooks, la profesora Maltby, escribió a la decana Gill suplicando para que se hiciera una excepción, señalando que Brooks era una excelente física y profesora y, además, que no conocía a ninguna otra mujer lo bastante cualificada para ocupar su puesto. Sus súplicas cayeron en saco roto, a pesar de que Maltby tenía razón en lo referente a la excelencia de Brooks y la gravedad de la pérdida que sufriría Barnard. Al despedirla, Barnard estaba perdiendo a una mujer que, según Rutherford, solo era superada por la legendaria Marie Curie. Incluso antes de llegar a Barnard, Harriet Brooks ya había transformado la física.

La primera física nuclear de Canadá

Hace unos años, en un viaje a Montreal, paseé por el campus de la Universidad McGill antes de dirigirme al edificio en el que se encuentra el Departamento de Física. Lleva el nombre de Ernest Rutherford, el físico más famoso que trabajó allí. El Departamento de Física también cuenta con un impresionante museo que alberga la Colección Rutherford de equipos, cartas y documentos relacionados con el trabajo pionero gracias al cual le concedieron el Premio Nobel de 1908. El legado de este hombre está muy presente en el Departamento de Física, aunque Rutherford no era canadiense y trabajó en McGill durante menos de una década. Ganó el Premio Nobel de Química (no el de Física) cuando ya se había trasladado al Reino Unido.

En McGill casi no hay rastro de Harriet Brooks y de su legado, aunque nació y creció en Canadá y fue la primera mujer canadiense que se convirtió en física nuclear y la primera mujer en obtener, en 1901, una licenciatura en McGill, y a pesar de haber realizado experimentos cruciales gracias a los cuales se lograron dos Premios Nobel, uno de ellos el de Rutherford.

Se sabe tan poco de Harriet Brooks que incluso se han perdido en la historia las razones que la impulsaron a elegir estudiar física y matemáticas en McGill. Tuvo ocho hermanos y hermanas. Ella y su hermana Elizabeth, con su mismo nivel académico, fueron las únicas que asistieron a la universidad. Tener una hermana a la que recurrir debió de ser una gran ayuda y motivación para ella en una época en la que las mujeres apenas podían acceder a los campus universitarios. Puede que su madre también ejerciera una gran influencia sobre ella. Incluso hoy en día, las decisiones académicas de las mujeres se ven muy influidas por la opinión de sus madres, algo que sé por experiencia propia. Nadie sabe cuáles fueron los motivos por los que Harriet eligió estudiar física, a pesar de los muchos obstáculos que tenían que superar las mujeres de su época que escogían ese camino. Si tuviera que adivinarlo, diría que fue la razón por la que muchos físicos, independientemente de su género, dieron como respuesta en una encuesta llevada a cabo en 2011 sobre por qué eligieron ese campo: «porque nos encanta».

McGill aventajaba a Columbia y a las demás universidades de la Ivy League situadas al sur de la frontera por su disposición a admitir mujeres, gracias a la cuantiosa dotación aportada por el eminente empresario y filántropo escocés sir Donald A. Smith para apoyar la educación de las mujeres. Por esa razón, las mujeres que se beneficiaron de ello fueron apodadas «Donaldas». Cuando Harriet se matriculó en McGill como estudiante de primer curso, en 1894, se convirtió enseguida en una de las principales Donaldas del campus. Ser una de las pocas mujeres del campus conllevaba la carga adicional de ser considerada representante de todas las mujeres. Un paso en falso o vacilante daría munición a todos los que creían que las mujeres no podían destacar en el mundo académico, un riesgo que las mujeres académicas de hoy en día siguen corriendo. Pero Harriet no dio a nadie ninguna razón para dudar de que aquel era su lugar. A lo largo de sus años de licenciatura, sobresalió en todas las asignaturas y obtuvo premios y becas que no solo demostraron sus habilidades, sino que también ayudaron a aliviar la presión de su familia a la hora de costear sus estudios. Cuatro años más tarde fue la única estudiante que se graduó con matrícula de honor en matemáticas y filosofía natural (física), y ganó la Medalla de Oro Ann Molson de matemáticas. También tuvo la suerte de que en esa época, Ernest Rutherford acababa de llegar a McGill.

Rutherford sabía qué significaba ser forastero. Nació en 1871 en Nueva Zelanda, y creció en una comunidad agrícola lejos de la vida académica. Al igual que Harriet, sobresalió en la escuela y obtuvo una beca que le permitió estudiar matemáticas y física en el Canterbury College, en Christchurch. Tras obtener dos licenciaturas y un posgrado, en 1895 solicitó una beca para continuar con sus investigaciones en el Reino Unido. No se la concedieron, pero cuando el ganador no pudo aceptarla, a Rutherford se le ofreció el premio por ser el finalista. Esa inesperada oportunidad fue todavía más satisfactoria. Se enteró de ello cuando estaba en la granja familiar, y aceptó sin vacilar a la vez que afirmaba: «Esta es la última patata que recogeré en mi vida».

Eligió trabajar en el famoso Laboratorio Cavendish de la Universidad de Cambridge con el profesor J. J. Thomson. Rutherford fue el primer estudiante de posgrado «forastero», es decir, que no había estudiado previamente en Cambridge, y a pesar de su obvia habilidad en el trabajo experimental, un forastero no podía hacer carrera. Thomson se percató de su gran potencial, por lo que lo recomendó para un puesto docente en la lejana McGill. Y así es como, en 1898, Rutherford llegó a Montreal, justo a tiempo para invitar a Harriet Brooks a ser su primera estudiante de posgrado.

Durante el tiempo que pasó en Cambridge, Rutherford ya empezó a ser conocido por ser un experimentalista de primera. Había construido un detector de ondas de radio que era mejor que cualquier otro dispositivo de la época, y también descubrió dos tipos diferentes de radiación que emanaban del uranio. Era un gran honor para cualquier estudiante ser invitado a trabajar bajo su supervisión. El proyecto de investigación de Brooks se centraba en un problema que Rutherford ya había explorado anteriormente en Nueva Zelanda. Hacía falta diseñar experimentos muy detallados con los que poder estudiar la magnetización de una aguja de acero en presencia de corrientes eléctricas. Conseguí encontrar una copia de la tesis de Brooks en el repositorio digital de la Universidad McGill. Mientras hojeaba el manuscrito digital, las palabras de esta física (cuidadosamente escritas en letra cursiva y con tinta negra, con varias ecuaciones, cálculos y gráficos dibujados a mano en papel cuadriculado) me pusieron la piel de gallina. Su prosa es precisa y directa, a la vez que expone claramente sus conclusiones sobre el efecto de diversos parámetros como la temperatura y la presión. Aseguraba que esos estudios eran muy importantes para «la medición de la resistencia de los metales y los electrolitos en el caso de las corrientes alternas, y también para la determinación de las capacidades inductivas específicas». Se consideró que sus resultados eran lo suficientemente interesantes e importantes como para presentarlos a la Royal Society de Canadá, aunque como no era miembro, no pudo presentarlos ella misma.

Su tesis de investigación fue publicada posteriormente en las *Transactions of the Royal Society of Canada* en 1899, en la que Harriet Brooks apareció como única autora. Sin embargo, no fue hasta 1901 cuando McGill aprobó oficialmente su tesis y le concedió la Maestría en Humanidades, convirtiéndola así en la primera mujer que obtenía un título de posgrado en esa universidad. No está claro por qué se produjo ese retraso de dos años. Puede que fuera porque durante esa época Rutherford regresó a Nueva Zelanda para casarse. Durante su estancia allí, recibió oficialmente el título de doctor en Ciencias por la Universidad de Christchurch.

En Canadá, Brooks no bajó el ritmo mientras esperaba obtener su título de posgrado. En el último párrafo de su tesis, escribió: «Me gustaría expresar mi compromiso y gratitud al profesor Rutherford, por su amable ayuda en todas las fases de la investigación».

Y después de eso, Rutherford y Brooks se centraron en una línea de investigación diferente que sería verdaderamente innovadora.

La primera física nuclear de Francia

En 1893, un año antes de que Harriet Brooks comenzara su licenciatura en McGill, otra joven llamada Maria Salomea Skłodowska obtuvo un título de posgrado en física en París, Francia. Ambas mujeres investigaron simultáneamente sobre temas que se entrecruzaban. Incluso trabajaron en el mismo laboratorio de investigación durante un tiempo. Aunque sus carreras y sus trayectorias personales evolucionaron por caminos algo diferentes, la historia de Harriet no puede contarse sin la de Maria.

Nacida en 1867 en Varsovia, Polonia, por entonces perteneciente al imperio ruso, Maria Skłodowska tuvo que luchar aún más que Harriet Brooks para poder estudiar. En la escuela, la lengua y la cultura polacas estaban mal vistas por las autoridades rusas, que pretendían frenar el nacionalismo y los movimientos independentistas. Pero eso no detuvo a los Skłodowska. El padre de Maria, profesor de secundaria de matemáticas y física, fue despedido por sus opiniones a favor de los polacos, lo cual provocó que la familia pasara dificultades económicas, pero Maria pudo aprender física con su padre en casa y trabajar con los aparatos experimentales que él utilizaba en sus clases. Maria era una alumna excepcional, pero al igual que ocurría con las universidades estadounidenses, la de Varsovia no permitía que las mujeres se matriculasen en ella. Por eso, Maria y su hermana y confidente íntima, Bronya, continuaron con su educación en una universidad secreta para estudiantes polacos, apodada la Universidad Voladora o Flotante, ya que cambiaba continuamente de localización para evitar ser clausurada por las autoridades rusas.

Maria trabajó como tutora e institutriz hasta ahorrar lo suficiente para abandonar Varsovia y seguir a Bronya hasta París en 1891. Por fin pudo matricularse oficialmente en una universidad, en concreto en la mundialmente famosa Universidad de París. Ser una estudiante extranjera en una ciudad como aquella suponía a la vez un estímulo y un desafío. Maria estaba entusiasmada por poder centrarse en las matemáticas, en la física y en la química, pero sus escasos ingresos como tutora no le daban para mucho y a menudo le costaba llegar a fin de mes. Aun así, en 1893 obtuvo un máster en física y acabó siendo la mejor alumna de su clase. No se podía permitir continuar con el programa de matemáticas, pero sus profesores se percataron de su gran nivel académico y le concedieron una beca. Al año siguiente, finalizó sus estudios de matemáticas.

Maria regresó a Varsovia con la esperanza de que su historial universitario logrado en Francia le abriera puertas, pero las mujeres seguían sin ser bienvenidas en el mundo académico polaco. Entonces, París le ofreció otra oportunidad. Al final de su estancia en Francia, el amor hizo acto de presencia en su vida. Había conocido a un físico francés y empezó una relación que me gusta imaginar que fue tan romántica como la mía. Él le pidió matrimonio, pero ella soñaba con volver a Polonia. Su amado le juró que la seguiría hasta allí si tenía que hacerlo, pero al final, al no encontrar trabajo en su tierra natal, Maria aceptó su propuesta y regresó a París. Se casaron en 1895. Esa decisión cambió su vida, pero de una manera completamente diferente a lo que le ocurrió a Harriet Brooks. El marido de Maria, Pierre, se ofreció a compartir no solo su vida con ella, sino también su laboratorio, y eso lo cambió todo. Con su apoyo, Maria (Marie) Skłodowska-Curie inició una vida dedicada a la investigación que la convertiría en una leyenda.

Ese año, un nuevo descubrimiento causó conmoción en la comunidad de físicos. En Wurzburgo, Alemania, Anna Bertha Röntgen vio una imagen que, supuestamente, le hizo exclamar: «¡He visto mi muerte!». Su marido, Wilhelm Röntgen, le había mostrado una fotografía de los huesos de su mano que había tomado utilizando un nuevo tipo de radiación que había descubierto y a la que llamó rayos X. Las espectaculares demostraciones que hacía Röntgen de las fotografías de rayos X en sus conferencias generaron gran expectación y curiosidad por esos misteriosos rayos invisibles que podían ver a través de la piel. Al año siguiente, el físico francés Henri Becquerel descubrió que el uranio emitía radiaciones invisibles que eran muy penetrantes y le permitían obtener fotografías parecidas a las conseguidas con los rayos X. La mayoría de los científicos seguían enamorados de los rayos X y no prestaron mucha atención al descubrimiento de Becquerel. Pero en París, Marie Curie se interesó inmediatamente por esa extraña emisión del uranio.

Curie adaptó con bastante ingenio un electrómetro, un viejo aparato que había desarrollado su marido, para poder estudiar las emisiones del uranio. En cuanto descubrió que el aire alrededor de la muestra de uranio podía conducir corriente eléctrica debido a la radiación emitida, utilizó el electrómetro para medir la actividad de la muestra midiendo la carga eléctrica. Enseguida se dio cuenta de algo intrigante: el nivel de radiación dependía únicamente de la cantidad de uranio que estaba analizando y no de otros factores externos como el calor, la presión o las reacciones químicas. Por lo tanto, debía proceder del interior de los átomos de uranio. ¿Podría eso significar que los átomos eran divisibles? La idea de que el átomo era la unidad más fundamental de toda materia y, por tanto, *in*divisible, estaba profundamente arraigada en el pensamiento científico de la época. El nombre proviene de la palabra griega *atomos*, que significa indivisible. La investigación de Curie con el uranio y el descubrimiento del electrón por J. J. Thomson marcaron el inicio de una revolución en la física que acabó dividiendo el átomo.

Después de eso, Curie hizo un importante descubrimiento sobre el elemento torio. Al igual que el dios nórdico que le da nombre, tenía un superpoder: la capacidad de emitir de forma espontánea radiaciones invisibles. Se dio cuenta de que era el mismo superpoder que poseía el uranio. Además, los minerales de pechblenda y de bismuto, que contenían uranio, emitían más radiación de la que podía atribuirse al uranio por sí solo, por tanto, debía de haber otros elementos por descubrir que también tenían el poder de emitir radiación de forma espontánea. En 1898, los Curie descubrieron dos nuevos elementos muy potentes enterrados en los minerales: el radio, al que bautizaron con ese nombre por la palabra latina para «rayo», y el polonio, llamado así en recuerdo de la patria de Maria. A ese superpoder lo llamaron «radiactividad».

Al otro lado del Atlántico, en Canadá, Harriet Brooks acababa de terminar su licenciatura, y había conocido al recién contratado profesor de física de McGill, Ernest Rutherford, quien también estaba fascinado por la radiactividad. Mientras estaba en Cambridge observó que parte de la radiación del uranio podía ser bloqueada por una lámina de metal, mientras que otra no. Por lo tanto, llegó a la conclusión de que se emitían dos tipos de radiación, a las que llamó alfa y beta. Además, en 1900, Rutherford observó que el elemento radiactivo torio emitía otro tipo desconocido de «emanación», diferente de las radiaciones alfa o beta. Le correspondió a Harriet Brooks intentar averiguar de qué se trataba.

Podría parecer desmoralizador estudiar una emanación invisible que nadie había estudiado antes, pero Brooks era una física cuidadosa y con gran talento. Todos los miembros del equipo de Rutherford estaban acostumbrados a diseñar y construir sus propios equipos, por lo que Brooks se puso a trabajar en el desarrollo de un método que le permitiera estudiar esa emanación. En aquella época, se sabía que, en un gas, las partículas de diferentes masas se difundían de un recipiente a otro a velocidades diferentes. Brooks midió cuidadosamente la velocidad de difusión de la emanación del radio y, basándose en su comportamiento, se dio cuenta de que debía de tratarse de alguna clase nueva de gas. Fue capaz de medir que el gas emitido era más ligero que la fuente de radio. En 1901, ella y Rutherford publicaron sus descubrimientos sobre la emanación en un artículo titulado «The New Gas from Radium» en *Transactions of the Royal Society of Canada*. Aunque en ese momento no lo afirmó de forma explícita, había descubierto un nuevo elemento radiactivo (el quinto por entonces), que recibiría el nombre de radón.

La mayoría de los libros de historia (y Google) afirman que el radón fue descubierto en 1900 por el químico alemán Friedrich Dorn, que también estudió la emanación del radio. En realidad, el artículo publicado por Dorn sobre su investigación demuestra que informó acerca del efecto de la temperatura y la humedad en la emanación, pero no hacía ninguna afirmación sobre su naturaleza ni de que se trataba de un nuevo elemento. En París, los Curie también habían observado las emanaciones del torio y el radio, pero inicialmente se inclinaron por suponer que se trataba de una forma de energía y no de materia. Rutherford y Brooks fueron los primeros que señalaron, categóricamente, que la emanación era un nuevo gas. Y fue lo que acabó desvelando el secreto de la radiactividad.

Transmutación

Los científicos de la época creían que la transmutación de elementos era una quimera. Solo los chiflados que soñaban con oro creían en la alquimia. Frederick Soddy, químico de McGill, lo afirmó en un debate sobre la naturaleza de los átomos organizado en 1901 por la Sociedad de Física de McGill. La opinión contraria en el debate fue presentada por Ernest Rutherford, que se refirió al electrón para explicar que existían partículas más pequeñas que el átomo, por lo que estos no podían ser indivisibles o inmutables. La principal conclusión del debate fue que cada participante quedó bastante impresionado con el otro.

Tras el debate, Rutherford invitó a Soddy a que le ayudara a explicar qué podía estar originando el nuevo gas del radio y la emanación del torio. Los dos científicos se pusieron a estudiar con detalle las emisiones. Las enfriaron para obtener las formas líquidas y estudiaron sus propiedades químicas. Un día, mientras observaba los resultados, Soddy exclamó: «¡Rutherford, es una transmutación!». Rutherford respondió: «Por todos los santos, Soddy, no lo llames transmutación. Creerán que somos alquimistas y nos cortarán la cabeza».

Así que en lugar de «transmutación» utilizaron la palabra «transformación». Aun así, habían descubierto la alquimia de la naturaleza. Los átomos del radio y el torio eran inestables y se transmutaban en otros elementos compuestos por átomos más ligeros, emitiendo grandes cantidades de energía en el proceso. Por este trabajo, Rutherford fue galardonado con el Premio Nobel de Química en 1908. Soddy lo recibió en 1921. La desintegración radiactiva enterró definitivamente la idea del átomo indivisible y al mismo tiempo proporcionó el primer atisbo del enorme poder del átomo, sin explotar por entonces. Ninguno de los dos científicos podía imaginar hasta qué punto ese momento daría forma al futuro de la humanidad. Rutherford y Soddy publicaron su modelo de desintegración radiactiva en una serie de artículos entre 1901 y 1903. La teoría se basaba en el trabajo de Brooks, y Rutherford la mencionaba a menudo en sus presentaciones, pero ninguno de los dos la incluyó como coautora en sus artículos. El modelo llegó a asociarse con sus nombres, pero no con el de ella.

Aunque Brooks no trabajó directamente con Soddy y Rutherford, ella y Rutherford siguieron adelante con otro gran estudio que se terminó publicando en 1901 en *Philosophical Magazine*. En él comparaban los elementos radiactivos uranio, torio, radio y polonio. Demostraron, por medio de un bello experimento, que la radiación beta del uranio podía desviarse en presencia de imanes, por lo cual debía estar compuesta por partículas cargadas negativamente. Además, descubrieron que el radio emitía radiación beta que era desviada en la misma medida por los imanes, por lo que ambos elementos producían las mismas partículas con carga negativa. Esto confirmó las observaciones previas de Becquerel, que lo habían llevado a proponer que las partículas beta eran electrones. Estaba en lo cierto. Estudios posteriores sobre la radiación beta condujeron al descubrimiento de una nueva partícula, el neutrino, y, finalmente, al desarrollo del modelo estándar de la física de partículas que conocemos hoy en día. Las partículas alfa también desempeñarían un papel importante en el siguiente descubrimiento de Rutherford: el núcleo atómico y, con él, el nacimiento de la física nuclear. Pero en 1901, Harriet Brooks no sabía que estaba ayudando a crear todo un nuevo campo de la física. Ella solo quería continuar con sus estudios de posgrado. Sin embargo, McGill no ofrecía programas de doctorado. Con el apoyo de Rutherford y una brillante carta de recomendación del director de McGill, ese mismo año obtuvo una beca para asistir a una de las famosas Siete Hermanas, el Bryn Mawr College.

Bryn Mawr era un entorno muy diferente al que Harriet estaba acostumbrada en McGill. Por aquella época ya contaba con el cuarto programa femenino de posgrado para mujeres más extenso de todo Estados Unidos. Y al ser una universidad de mujeres estaba centrada en la igualdad de acceso a la educación. Por primera vez, Brooks no tuvo que llevar sobre sus hombros el peso de su género. Continuó destacando, a pesar de estar lejos de casa y de su mentor académico, Rutherford. Su experiencia aportando ideas y experimentos de vanguardia en física la había preparado bien para el programa de Bryn Mawr. Allí se sintió muy cómoda construyendo su equipo y diseñando los experimentos necesarios para sus investigaciones. Siguió manteniendo correspondencia con Rutherford, que seguía apoyando su trabajo y sus planes.

La excelencia de Brooks no pasó desapercibida; fue una de los tres estudiantes nominados ese año para recibir la prestigiosa beca europea de Bryn Mawr que permitía a los elegidos visitar la Universidad de Cambridge. A pesar de ser exageradamente discreta y humilde, Brooks estaba encantada de poder tener la oportunidad de seguir los pasos de Rutherford. Bryn Mawr ofrecía una educación de alta calidad, pero su investigación era ya tan puntera que necesitaba trabajar con un grupo de investigación cuyos miembros, como ella decía, «supieran mucho». Así que Rutherford se encargó de que su antigua alumna se uniera al equipo de investigación de su antiguo mentor, J. J. Thomson, que por entonces dirigía el Laboratorio Cavendish de Cambridge.

En cuanto a investigación en física, el Laboratorio Cavendish era uno de los centros más importantes del momento. Después de todo, Thomson fue el hombre que en 1897 había descubierto la primera partícula subatómica, el electrón. Esto, combinado con los estudios de Becquerel y Curie sobre la radiactividad, habían sacudido los cimientos de la física. Cavendish era el lugar idóneo en el que se podía reconsiderar cuál era la naturaleza del átomo, un lugar donde las ideas eran debatidas intensamente y la investigación se cuestionaba con dureza. También era un lugar donde las mujeres no eran recibidas con los brazos abiertos como iguales. En el mejor de los casos, algunas eran toleradas con condescendencia o relegadas al papel de asistentes. Una vez más, se sintió como una intrusa. Escribió a Rutherford confesándole que era una «chapucera», que en sus investigaciones progresaba «lenta y torpemente» y que sentía que sus contribuciones no eran importantes porque otros podían hacer el mismo trabajo que ella, pero mejor y a mayor velocidad.

Dado el aislamiento en que vivía, era normal que le surgieran esas dudas, pero la verdad es que su trabajo distaba mucho de ser insignificante. El mismo Thomson había comentado a Rutherford que los estudios de la señorita Brooks sobre el torio eran muy interesantes. Fue ella quien descubrió que el nivel de radiactividad de la emanación de torio cae a la mitad de su valor original en aproximadamente un minuto. Esta fue, de hecho, la primera medición que se hizo de la vida media del gas emitido, el radón. Además, Brooks inició un estudio del radio que conduciría a otro importante descubrimiento. Mientras tanto, cuando su beca terminó, en 1903, se le ofreció un puesto de profesora en el Royal Victoria College para mujeres, perteneciente a la Universidad McGill. El sueldo y la perspectiva de volver a casa, a Canadá, y seguir investigando con Rutherford la convencieron para no regresar a Bryn Mawr.

Retroceso atómico

En París, los Curie continuaron con sus investigaciones sobre la radiactividad a un ritmo vertiginoso. Se pusieron manos a la obra para aislar formas puras de radio y polonio a partir de minerales de pechblenda y bismuto. La tarea resultó ser mucho más difícil de lo que esperaban porque en el mineral solo había cantidades ínfimas de elementos radiactivos. Pero Marie no era de las que se rinden fácilmente. La pareja pasó años separando el resto de las sustancias presentes en el mineral, desarrollando nuevas técnicas en el proceso y publicando docenas de artículos sobre su trabajo. Finalmente, tras procesar toneladas de mineral, fueron capaces de producir una décima de gramo de sal de cloruro de radio. En 1903, Maria Skłodowska-Curie obtuvo el título de doctora por la Universidad de París por su monumental trabajo sobre la radiactividad, el descubrimiento de nuevos elementos y la producción de cloruro de radio. Bronya estuvo a su lado para celebrar que su hermana era la primera mujer en obtener un título de doctorado en Francia. Entre los muchos científicos que también acudieron para conmemorar la trascendental ocasión estaba Ernest Rutherford.

Puede que el éxito de Marie hiciese que Rutherford deseara que Harriet Brooks también hubiera completado su doctorado en Bryn Mawr, pero Brooks volvió al entorno familiar de McGill en 1903. Allí se sumergió en sus estudios sobre el radio y los demás elementos radiactivos. En aquella época, *Nature* era una de las revistas elegidas para publicar avances científicos importantes (y todavía lo es en la actualidad). Como se describe en el sitio web de *Nature*, la publicación se fundó en la década de 1860 y sus colaboradores eran «por lo general, eminentes hombres de ciencia, a menudo procedentes de las altas esferas de la sociedad victoriana». El equipo editorial también estaba formado únicamente por hombres. (De hecho, habría que esperar a 2018 para que *Nature* contratara a su primera mujer redactora jefe para dirigir la revista). A pesar de ello, en 1904, Harriet Brooks logró la asombrosa hazaña de publicar un artículo en *Nature* como única autora. Puede que ese fuera el primer artículo de física de dicha publicación firmado únicamente por una mujer, pero es imposible confirmarlo porque en aquel tiempo las revistas no recogían información sobre el género de los autores.

El artículo de Brooks, titulado «A Volatile Product from Radium», se basaba en una investigación que comenzó en Cambridge y completó en McGill. En él, describió los productos radiactivos del radio basándose en sus últimas investigaciones. Cuando la emanación del radio cubre una placa de cobre, y esta se coloca en un recipiente, las paredes se acaban volviendo radiactivas. La conclusión de Brooks era que parte del material radiactivo presente en la placa de cobre era volátil y escapaba de la superficie, recubriendo finalmente las paredes del recipiente. Pero, a pesar del prestigio de la revista *Nature*, nadie prestó mucha atención a su artículo.

Cuatro años más tarde, los físicos alemanes Otto Hahn y Lise Meitner redescubrieron el mismo fenómeno. Explicaron el efecto señalando que los productos radiactivos son expulsados debido a la fuerza de retroceso que experimentan cuando las partículas alfa son emitidas por las sustancias radiactivas. Cuando Hahn presentó sus hallazgos, Rutherford inmediatamente le escribió porque él mismo ya conocía el efecto de retroceso gracias a las observaciones de Brooks. Pero Hahn no estaba dispuesto a reconocer que Brooks fue la primera que descubrió este importante efecto. Tanto él como otros físicos utilizaron posteriormente el fenómeno del retroceso con gran éxito para identificar nuevos productos radiactivos, razón por la cual Hahn recibió el Premio Nobel en Física en 1944 por el descubrimiento de la fisión nuclear, cimentando de esa forma su lugar en la élite de la física. Así que no es de extrañar que el descubrimiento del retroceso radiactivo también se asociara a su nombre en lugar de al de Harriet Brooks. Hahn tardó otros cincuenta años en reconocer en su autobiografía, publicada en 1966, que «es posible que Brooks fuera la primera persona que observó el fenómeno del retroceso radiactivo». Aun así, los libros de historia y la mayoría de los libros de texto de física siguen atribuyéndole a él el descubrimiento.

A pesar de la escasa atención prestada a su obra, Harriet Brooks era imparable en el laboratorio. En 1904 escribió otro artículo firmado solo por ella, publicado esta vez en *Philosophical Magazine*, sobre un trabajo que acabó siendo tan importante como sus contribuciones anteriores y puede que incluso más esclarecedor. En él informó de sus estudios detallados sobre el radio, el torio y el actinio, señalando que los productos de estos elementos radiactivos también son radiactivos y que, a su vez, originan más productos radiactivos adicionales. Esa fue la base sobre la que Rutherford construyó su modelo de la desintegración radiactiva como un complejo proceso multietapa en el que los elementos más pesados se descomponen formando otros elementos cada vez más ligeros. Pero a pesar de este periodo tan maravillosamente productivo, ese mismo año Brooks aceptó la nefasta oferta de trabajo del Barnard College. ¿Qué la pudo convencer una vez más para que dejara su país de origen y su entorno de investigación favorito? No lo podemos saber con seguridad, pero la razón más probable fue un físico llamado Bergen Davis, a quien había conocido en el Laboratorio Cavendish. Davis era profesor de física en la Universidad de Columbia, cerca de Barnard, y el hombre que le propuso matrimonio en 1906.

Otra transformación

En un lapso de seis años, entre 1898 y 1904, Harriet Brooks descubrió el elemento radón, midió su vida media, puso en marcha la comprensión de la transmutación radiactiva de los elementos y descubrió el efecto de retroceso radiactivo y la existencia de las múltiples etapas de la desintegración radiactiva. Por el camino se había convertido en la primera mujer en obtener un posgrado en la Universidad McGill y la primera mujer en trabajar con dos futuros premios Nobel. Había demostrado sus habilidades en tres instituciones académicas de renombre y publicó un artículo, firmado solo por ella, en *Nature*.

Con un currículum que habría sido impresionante para cualquiera, y no digamos si era el de una mujer de esa época, me pregunto si Brooks podría haber imaginado que el Barnard College reaccionaría a su compromiso matrimonial como lo hizo. Trato de imaginarla leyendo la carta de la decana Laura Gill, en la que le pedía que eligiera entre su matrimonio y su carrera. A ningún hombre se le ha pedido jamás que elija, pero las mujeres se enfrentan a menudo a estas elecciones. Por ejemplo, está Rose Paget, una estudiante universitaria de Cambridge que había cursado la asignatura dada por J. J. Thomson. Rose dejó la física en 1890, cuando se casó con el propio Thomson. En los dieciséis años transcurridos desde entonces, las cosas no habían cambiado mucho. Cuando Rutherford fue contratado y llegó a Montreal, pudo permitirse el lujo de volver a Nueva Zelanda en 1900 para casarse y llevar a su mujer consigo a Canadá. Nadie le pidió que dimitiera a causa de sus nupcias.

Pero no hubo ningún final feliz para Harriet Brooks en Barnard. Decidió cancelar su compromiso con Bergen Davis. Quiero dejar bien claro que no estaba capitulando a las demandas de Barnard. Había decidido que Davis no era el hombre adecuado para ella. Consideró la posibilidad de continuar en Barnard, pero finalmente decidió dimitir de su cargo. Nunca se retractó de su postura sobre la injusta política de Barnard. La decana aceptó su dimisión, probablemente sin darse cuenta de que perdía a una de las fundadoras de la física nuclear. Para Brooks, dejar Barnard fue el principio del fin de su carrera de física.

En 1906, cansada por el estrés provocado por haber puesto fin a su relación y por dimitir de su puesto, decidió viajar a Europa. A través de amigos comunes había conocido a Máximo Gorki, escritor y socialista ruso, y decidió unirse a él y a su grupo en su viaje de Nueva York a Nápoles. Su llegada a Europa causó sensación. Estar en el séquito de Gorki significaba ser el centro de atención. Todos sus actos aparecían en los periódicos. Para Brooks, aquello estaba muy lejos de la oscuridad que suponía trabajar en un laboratorio de física, pero no estaba dispuesta a renunciar por completo a su investigación.

En ese momento había un laboratorio en Europa dirigido por una científica tal vez incluso más famosa que Máximo Gorki: Marie Curie. En 1903, el Comité del Premio Nobel había decidido conceder el premio de física a Henri Becquerel y Pierre Curie por sus estudios sobre la radiactividad, omitiendo expresamente a Marie. Pierre escribió a dicho comité para exponer todas las contribuciones de Marie y su importancia para la física; finalmente, este acabó aceptándolo y, por su parte, Marie Curie continuó con su hábito de romper techos de cristal al convertirse en la primera mujer galardonada con el Premio Nobel. Esa noticia la convirtió en una gran celebridad en Francia y en todo el mundo.

El Premio Nobel conllevó reconocimiento y financiación para los Curie. A Pierre le ofrecieron la cátedra de física de la Universidad de París, y a Marie también se le ofreció un puesto en el mismo lugar, pero no como miembro de la facultad, sino como directora del laboratorio de radiactividad. Los años siguientes pasaron volando mientras se centraba en su trabajo en el laboratorio, en criar a sus dos hijas, en trabajar con la creciente industria del radio y en hablar con los medios de comunicación a medida que su fama aumentaba. Mientras tanto, la salud de Pierre empeoraba, probablemente por la exposición a la radiación. En aquella época se desconocían sus efectos nocivos. Pero no fue la radiación lo que le mató. El 19 de abril de 1906 resbaló mientras cruzaba una calle muy transitada bajo la lluvia y murió cuando un carro tirado por un caballo le pasó por encima.

Marie perdió a su compañero de vida, su colaborador científico y su mejor amigo. Todo de una vez. Sin embargo, en un cruel giro del destino, sus opciones profesionales mejoraron. En la universidad le ofrecieron el puesto que ocupaba Pierre, una forma horrible para ella de iniciar su carrera como catedrática. Pero en su dolor no podía olvidar que Pierre hubiera querido que ella continuara su trabajo sin él. Aceptó el puesto, y de ese modo se convirtió en la primera catedrática de la Universidad de París. Cuando, en 1906, Harriet Brooks llegó a Europa acompañando a Maxim, la catedrática Curie acababa de tomar posesión de su nuevo cargo e invitó a Brooks a unirse a su equipo.

Así, durante unos meses —entre 1906 y 1907— algo extraordinario e histórico ocurrió en la Sorbona. Marie Curie y Harriet Brooks, las dos mujeres que posiblemente tuvieron el mayor impacto en el desarrollo inicial de la investigación de la radiactividad, trabajaron codo con codo en el mismo laboratorio. No existen muchos casos de dos mujeres legendarias de la física y de este calibre trabajando juntas. Curie, todavía de luto por su marido, a menudo parecía triste, pero encontraba consuelo en su trabajo, y su rostro de vez en cuando se transformaba gracias a su sonrisa encantadora. Brooks, que también estaba intentando superar la debacle de Barnard y su compromiso roto, debió de sentirse bastante cómoda trabajando con su propio equipamiento en las pequeñas salas del laboratorio junto a los otros cuatro o cinco miembros del equipo. Brooks no publicó ningún artículo como única autora durante esa época, pero varios artículos de Curie publicados durante ese tiempo se basaban en su trabajo y citaban sus resultados anteriores. Sin embargo, en ese momento, las carreras de las dos mujeres se bifurcaron y tomaron direcciones completamente distintas. Curie continuó con su investigación y su reputación siguió aumentando. Ganó un segundo Premio Nobel en 1911. La carrera de Brooks, por su parte, dio un giro inesperado.

En 1907, Ernest Rutherford se preparaba para trasladarse a la Universidad de Manchester, donde ocuparía un puesto, y recomendó a Brooks para la prestigiosa beca Harling. Su carta de recomendación estaba llena de elogios: «La señorita Brooks tiene un excelente conocimiento de física teórica y experimental, y está extraordinariamente cualificada para la investigación. Su trabajo sobre la radiactividad ha sido de gran importancia en el análisis de las transformaciones radiactivas, y junto a madame Curie es la física más destacada en este campo». Al principio, Brooks sintió un gran entusiasmo, y en el verano de 1907 se trasladó a Londres por invitación de la esposa de Rutherford, Mary. Comunicó a Marie Curie que no continuaría trabajando en su laboratorio y prometió compartir con ella los resultados de su investigación para publicarlos en breve. Pero mientras esperaba que le llegara la propuesta oficial de la beca, aceptó una propuesta de matrimonio de un hombre llamado Frank Pitcher y dejó la investigación.

Ernest Rutherford se mostró sorprendido y decepcionado por la repentina salida de su antigua alumna del mundo de la física. Yo tampoco puedo evitar sentir cierta decepción ante el hecho de que la física perdiera a una científica tan pionera. ¿Y si Brooks hubiera decidido aceptar la beca Harling? ¿Qué otra importante contribución habría hecho a la física? ¿Habría cosechado tantos elogios como Curie?

Al año siguiente, Ernest Rutherford ganó el Premio Nobel de Química por el trabajo realizado en McGill, cimentado sobre las observaciones esenciales de Brooks. Cinco años antes, cuando Henri Becquerel y Pierre Curie recibieron el Premio Nobel de Física en 1903, Pierre se había negado a aceptarlo a menos que también Marie Curie recibiera conjuntamente el premio como reconocimiento a sus importantes contribuciones. ¿Y si Rutherford hubiera hecho lo mismo por su alumna? ¿Se habría fijado por fin el mundo en Harriet Brooks?

Desde mi posición ventajosa, creo que su decisión de abandonar me habría sorprendido menos que a Rutherford. En aquel momento, ya llevaba una década dedicada a la física. Había experimentado en primera persona lo aislante y desafiante que era el mundo académico para las mujeres. Incluso los hombres que la apoyaban, como Rutherford o Thomson, no eran inmunes a albergar ideas condescendientes sobre las capacidades limitadas de las mujeres. La experiencia de Barnard también debió dejarle cicatrices. Lo más seguro es que, de haber seguido en la física, habría tenido que acabar aceptando un puesto en una universidad para mujeres. Era eso o continuar indefinidamente como ayudante de Rutherford, o convertirse en una profesora mal pagada. Para una mujer, obtener una cátedra universitaria en física era algo inaudito. Incluso a Marie Curie le ofrecieron la suya para suplir a Pierre. Y si Brooks lograba encontrar un puesto académico, siempre podía repetirse lo que ocurrió en Barnard. La elección a la que se enfrentaban las mujeres era matrimonio *o* carrera, no matrimonio *y* carrera. Además, Frank Pitcher era un hombre persistente.

Pitcher fue profesor de laboratorio en McGill cuando Harriet estudió allí, y obviamente causó una gran impresión en él. Cuando se reencontraron, en 1906, se propuso convencerla para que se casara con él. Empezaron a verse antes de que ella se fuera a Europa, y le escribió constantemente mientras ella trabajaba en París. Al principio estaba indecisa, preocupada por la pérdida de su preciada investigación. A esas alturas, Pitcher ya era el director general en la Compañía de Agua y Electricidad de Montreal, y podía ofrecerle seguridad financiera y una vida en esa ciudad, cerca de su familia y de sus viejos amigos. Le escribió explicándole que esperaba poder compensar todo lo que ella sentía que se perdía si aceptaba su propuesta. Finalmente, Harriet lo eligió a él por encima de todo, para gran satisfacción de Pitcher. Frank la visitó en Inglaterra en 1907 y en julio se casaron en Londres. Los Rutherford estuvieron allí para apoyar y celebrar su matrimonio.

Frank y Harriet Pitcher regresaron a Montreal, donde Harriet pasó a formar parte de la alta sociedad de la ciudad. Como su cuñado, Arthur Stewart Eve, era profesor de física en McGill, mantuvo una pequeña conexión personal con la física. También se mantuvo en contacto con los Rutherford, que estaban en Inglaterra, y lo más seguro es que celebrara el Premio Nobel de 1908 de su antiguo consejero con gran alegría y tal vez con una pizca de nostalgia. Rutherford la visitó cuando estuvo en Montreal y los Pitcher visitaron a los Rutherford en Europa. Pero no hay registros de más experimentos, publicaciones o discusiones sobre física llevados a cabo por Harriet Brooks Pitcher.

En 1909, Rutherford y su equipo de investigación bombardearon una fina lámina de metal con partículas alfa y descubrieron que algunas penetraban en ella mientras que otras rebotaban, como si hubieran encontrado algo denso en los átomos que formaban parte de la hoja. Lo tenían: Rutherford había descubierto el núcleo del átomo. Harriet se debió enterar del espectacular descubrimiento porque el mismo Rutherford se lo debió de contar, aunque tampoco hay constancia de ello. Sin duda leyó los titulares sobre el segundo Premio Nobel de Química concedido a Marie Curie en 1911 por el descubrimiento del radio, otro hito que sigue siendo inigualado incluso hoy en día. Puede que Harriet se mantuviera al corriente de los numerosos y apasionantes avances de la física nuclear a lo largo de las dos décadas siguientes. ¿Lo echaba de menos o se sentía aliviada de estar lejos de las exigencias de la investigación académica y del aislamiento provocado por el entorno académico? Todo lo que sabemos es que nunca eligió volver a la física.

Harriet Pitcher siguió participando en la sociedad intelectual como miembro fundador del Club de Mujeres Universitarias de Montreal y como miembro de la Sociedad de Alumnos de McGill y del Club de Mujeres Canadienses. Ella y Frank criaron a dos niños y una niña, pero, por desgracia, uno de sus hijos adolescentes murió por culpa de una meningitis en 1926. Luego, en 1929, Bárbara, su hija de diecinueve años, que había seguido los pasos de su madre y estudiaba en la Universidad McGill, desapareció. La encontraron ahogada un par de meses después. Fue devastador para Harriet. Para entonces, su propia salud estaba empezando a fallar, muy probablemente debido a su larga exposición a sustancias radiactivas. Murió en 1933 por un trastorno sanguíneo que quizá fuera leucemia. Tenía cincuenta y seis años. Una de las posesiones a las que se había aferrado hasta su muerte fue un anuncio sobre la beca Harling.

Solo un año después, en 1934, también murió Marie Curie. Después de que las dos mujeres tomaran caminos diferentes en 1907, Curie dedicó el resto de su vida a la investigación en radiactividad y sus aplicaciones en física, química y medicina. Sus inmensas contribuciones a la ciencia y la medicina están bien documentadas. Ayudó a fundar el Instituto del Radio en memoria de Pierre, una institución de primer orden tanto en física como en investigación médica. Durante la primera guerra mundial ayudó a desarrollar furgonetas médicas móviles provistas de equipos de radiología, e incluso ella misma condujo una. También propuso crear una unidad de medida normalizada para la radiactividad. Se denomina curio (Ci).

Los materiales radiactivos que moldearon su vida acabaron matándola. Curie murió de un trastorno sanguíneo que no tenía cura conocida. Fue enterrada primero en Sceaux, junto a su marido, pero más tarde ambos fueron enterrados en el Panteón de París, donde yacen los ciudadanos eminentes de Francia. También en la muerte fue única: fue la primera mujer en recibir el reconocimiento de merecer un lugar de descanso eterno como el Panteón.

Harriet Pitcher no fue enterrada con fanfarrias ni honores de Estado. Sin embargo, su pérdida fue muy sentida. Su antiguo consejero y amigo de toda la vida, Ernest Rutherford, estaba desconsolado. Escribió a la familia, diciendo: «Mi esposa y yo la teníamos en gran estima y su muerte prematura es un doloroso golpe». En el momento de su muerte, a pesar de su larga ausencia del mundo de la física, su obra no cayó del todo en el olvido. *The New York Times* publicó una necrológica con el titular «Muere la esposa de Frank Pitcher, célebre física: Harriet Brooks fue la descubridora del retroceso del átomo radiactivo».

La revista *Nature* también publicó una extensa necrológica en la que se describían numerosos descubrimientos y su impacto en el campo de la radiactividad. Fue escrita por Ernest Rutherford.

Socios

Con mucha frecuencia escucho la afirmación de que la física es una ciencia objetiva en la que no hay lugar para discusiones sobre género e identidad. Después de todo, las ecuaciones utilizadas en física son neutras en cuanto al género. En la famosa ecuación de Newton $F = ma$, la variable F significa «fuerza», no «fémina». Sin embargo, este campo supuestamente objetivo está lleno de prejuicios humanos muy subjetivos. Está claro que el género de Harriet Pitcher fue muy influyente en las elecciones a las que se tuvo que enfrentar. No había término medio para ella. Era la física o la familia. La física era la peor opción de las dos. Con el paso de los años, su decisión hizo que su nombre desapareciera de la historia. Friedrich Dorn se llevó el mérito del descubrimiento del radón. Rutherford y Soddy consiguieron la gloria por el modelo de la desintegración radiactiva, y se llegó a asociar el nombre de Otto Hahn con el efecto de retroceso radiactivo. De Curie y Brooks, la historia solo recuerda a Curie.

Harriet Pitcher no es la única mujer que la física ha perdido por culpa del género. En Alemania, en la década de 1920, Lucy Mensing llevó a cabo una investigación pionera en el campo emergente de la mecánica cuántica. Publicó trabajos con el premio Nobel Wolfgang Pauli y amplió las investigaciones del legendario Werner Heisenberg. Su carrera de física terminó en 1930, tras el nacimiento de su primer hijo. En Australia, Ruby Payne Scott fue una pionera de la radioastronomía. Publicó trabajos en *Nature*, en los que por primera vez se muestra la existencia de una conexión entre las manchas solares y un aumento en las emisiones de radio solares. Hizo muchas otras contribuciones a la astronomía, desarrollando técnicas que aún se utilizan hoy en día. En 1951 decidió formar una familia y, sin ninguna opción de baja por maternidad, renunció a su carrera profesional. En Inglaterra, Muriel Barker se graduó en Cambridge en 1915 (aunque, por el hecho de ser mujer, no recibió el correspondiente título oficial). Posteriormente trabajó en el Royal Aircraft Establishment (RAE, por sus siglas en inglés) como investigadora sobre aerodinámica y continuó sus estudios de posgrado en aeronáutica en Cambridge. En 1922 publicó información novedosa sobre la velocidad del viento que fluye a través de un tubo estrecho, pero ese mismo año se topó con el *marriage bar*, una práctica discriminatoria aplicada en muchas empresas del Reino Unido que impedía a las mujeres casadas seguir trabajando. Quién sabe cuántas mujeres más desaparecieron del universo de la física. En todo el mundo, esa prohibición acabó con la carrera de muchas mujeres científicas y eliminó cualquier rastro de ellas de los registros. Marie Curie resultó ser la excepción, mientras que Harriet Pitcher confirmó la regla.

En cuanto a mi propia elección entre la física o la familia, yo no era una excepción como Curie. Elegir seguir mis sueños de investigación hasta Australia significaba anteponer la física a la familia, y yo era incapaz de hacerlo. Por otra parte, me negué a ceder al *marriage bar*. Aunque sí que tenía algo muy importante en común con Curie: una pareja que me apoyaba. Los dos hicimos un pacto, nuestra solución personal al problema de los dos cuerpos. Nos enfrentaríamos al *marriage bar* por igual. Nunca pondríamos nuestras carreras por delante de nuestras vidas personales conjuntas. Así que Australia quedó descartada. Unos pocos años más tarde surgió una oportunidad de investigación igual de atractiva para mi pareja en Europa. También la rechazó. Sabíamos, por supuesto, que nuestra solución al problema de los dos cuerpos no podría funcionar para siempre. La verdadera solución sería que las instituciones académicas tuvieran políticas que apoyaran el matrimonio en lugar de prohibirlo, y así podrían dar acomodo a las parejas de investigadores. Pero incluso hoy en día sigue sin existir una política de ese tipo.

Finalmente, nuestras trayectorias profesionales serpenteantes y nuestros valientes esfuerzos por equilibrar la familia y los estudios llegaron a un punto crítico. Nunca encontramos una solución dual al problema de los dos cuerpos, así que nos vimos obligados a enfrentarnos al *marriage bar*. Yo emprendí una carrera académica como profesora de física recién licenciada. Mi pareja optó por dejar la física.

A menudo me pregunto qué le diría a Harriet Brooks Pitcher si tuviera el privilegio de conocerla. Tendría mil preguntas para ella, pero ¿qué le diría de mí? Seguramente me gustaría mucho hablarle de mi investigación, pero también querría que conociera al hombre que curvó el espacio-tiempo para mí. Encontró un nuevo nicho en una nueva y brillante carrera, y halló la manera de que ambos encajáramos dentro de ella. Y nunca miró atrás. Seguro que él y Harriet tendrían mucho de lo que hablar.

Figura 4.1. Harriet Brooks descubrió el elemento radón y ayudó a poner en marcha el campo de la física nuclear.

270 *NATURE* [JULY 21, 1904

trated extract. There is a capsule of chemical statics, of dynamics, of physical mixtures, of thermochemistry, of electrochemistry, &c. The same concentrated form of diet is continued throughout the volume unrelieved by any historical references or illustrations of apparatus.

There are numerous little inaccuracies, both of author and printer, which it would be well to correct in a future edition. J. B. C.

LETTERS TO THE EDITOR.

[The Editor does not hold himself responsible for opinions expressed by his correspondents. Neither can he undertake to return, or to correspond with the writers of, rejected manuscripts intended for this or any other part of NATURE. *No notice is taken of anonymous communications.]*

Residual Affinity.

SIR OLIVER LODGE and Prof. Frankland have indicated (pp. 176, 222) the way in which the electronic theory may afford an explanation of various chemical phenomena; notably so in the case of solutions: the apparent dissociation of the ions of the solute being a consequence of partial withdrawal of the bonds or electric charges uniting them, these bonds becoming occupied in connecting the ions with the molecules of the solvent, and dissociation into ions being thus a consequence of the chemical affinity of the dissolved substance for the solvent, instead of being a proof that no such thing as chemical combination exists in a solution.

I should like to point out that this view was developed by the writer nearly thirteen years ago in a paper entitled "The Theory of Residual Affinity as an Explanation of the Physical Nature of Solutions," which appeared in the *Berichte*, 1891 (pp. 3629–3447), and of which some account will be found in the last edition of Watts's "Dictionary of Chemistry" under the head of "Solutions," p. 495. The only difference in the explanation there given from that given by Sir Oliver and Prof. Frankland is that the atomic charges were spoken of as fluid charges surrounding the atoms instead of as Faraday bundles.

The view that the charge uniting atoms in a molecule is a variable quantity was developed by the writer at a still earlier date in a paper on atomic valency, read before the Chemical Society, December 3, 1885, but printed privately only; a further view was propounded in that communication that the bonds or charges of atoms of a different nature were not exactly equivalent to each other, and were not necessarily expressible by whole numbers. Such a view gives a somewhat striking explanation of many chemical facts which are otherwise difficult of explanation, but it is independent of the explanation of the nature of solutions given subsequently, and now put forward by Prof. Frankland, the basis of which is the mobility and divisibility of the atomic charges. SPENCER PICKERING.

Harpenden, July 10.

A Volatile Product from Radium.

IN the course of some recent experiments on the excited radio-activity from the radium emanation, some evidence has been obtained which points to the conclusion that the emanation X of radium at one stage of the changes which it undergoes after being deposited on a solid body is slightly volatile even at ordinary temperatures. The effect which gives rise to this conclusion was first noticed in some observations on the rate of decay of the part of the excited activity deposited on a plate of copper immersed for a short time in dilute hydrochloric acid, in which the activity from a platinum wire exposed for a time to the radium emanation had been dissolved. When the copper plate with its active deposit had been placed inside a testing vessel and removed after a few minutes, it was noticed that a temporary activity, in some cases equal in amount to one or two per cent. of the activity of the plate, was excited on the walls of the vessel. This activity increased to about three times its original value in the course of thirty minutes after the removal of the active copper, and then decayed regularly to zero.

The amount of this radio-active deposit that can be obtained from a given amount of the direct radium excited seems to be increased by the solution and re-deposit of the emanation X, but it can also be observed from a wire just removed from the radium emanation. If the active wire is placed at once in the testing vessel without having had its temperature raised in any way and removed in a few minutes, an activity about 1/1000 of the whole activity shows itself on the walls of the vessel. The decay of the activity of this deposit is the same as that of the deposit obtained from the active copper. The following table gives the rate of change of the radiation from the walls of a vessel in which an active wire had been left for three minutes after its removal from the emanation:—

Time after removal in minutes ...	1	5	10	20	25	30	35	40	50	60
Activity	40	61	75	96	99	100	98	95	88	78

The active wire retains this power of exciting secondary activity for only a short time after removal from the emanation; after ten minutes the amount it excites is almost inappreciable. Merely washing the wire in a stream of running water and drying it over a gas flame, as is frequently done to prevent any trace of radium emanation clinging to the wire, increases the amount of the secondary activity to about 1/200 of the whole.

It is evident, then, that some sort of volatile product is given off from the active wire for a time which can excite an activity the rate of decay of which would indicate two changes in the active matter deposited, one producing rays and the other not giving rise to any radiation (E. Rutherford, "Radio-activity," p. 269). It is found that this volatile substance responds to none of the three tests for an emanation, it is not itself radio-active, it cannot pass without sensible loss through material substances such as paper and cotton-wool, and the activity due to it is not concentrated on the negative electrode in an electric field, but distributes itself evenly over all surfaces exposed to it.

The decay of the excited activity from the radium emanation has been explained by Prof. Rutherford on the assumption that there are three changes in the emanation X after its deposit on a solid body. In these three stages one-half the matter is changed in 3 minutes, 21 minutes, and 28 minutes respectively. In the first and third stages the change is accompanied by ionising rays, but the second is a rayless change. Now if it be supposed that after the first change has taken place the matter becomes slightly volatile, and some of it is concentrated on surrounding objects, a deposit would be obtained which would present the two remaining changes. From the equations for the radio-activity of such a deposit ("Radio-activity," p. 271), it is found that the radiation would increase for about 34 minutes, pass through a maximum, and then decay at the ordinary rate. This is very similar to the behaviour of the deposit obtained in the above experiments.

Curie and Danne (*Comptes rendus*, March 21) have obtained deposits showing similar characteristics by heating a radio-active wire within a cylinder and measuring the rate of decay of the activity of the cylinder.

HARRIET BROOKS.

McGill University, Montreal, June 28.

The Traction of Carriages.

IT is a matter of general belief amongst drivers, owners, and builders of carriages that if the distance between the fore and hind wheels be increased so will the "draught" be heavier. I have put the following case before a builder: given two carriages weighing exactly the same, with the fore and hind wheels of each of the same height, but the body of one carriage much longer than that of the other, then the horse will have as much to do in the one case as in the other. The answer has been in more than one instance, the longer bodied carriage will be the heaviest to move. No reason has been given, nor can any explanation of the existence of this belief be offered. Can any of the readers of NATURE make any suggestion?

Ross, July 17. E. WILLIAMS.

NO. 1812, VOL. 70]

Figura 4.2. Es muy posible que el artículo de Harriet Brooks de 1904 sobre el retroceso atómico fuera el primero firmado únicamente por una mujer que se publicó en *Nature*, aunque no podemos confirmarlo debido a la falta de un registro de todos los autores.

Figura 4.3. Marie Skłodowska-Curie y su marido Pierre Curie en el laboratorio en el que descubrieron el radio y el polonio, y en el que realizaron otros estudios innovadores sobre radiactividad.

CAPÍTULO 5

Energía de enlace: cómo se separan los átomos

Lise Meitner

Lancemos una pelota de tenis hacia arriba todo lo alto que podamos. ¿Hasta qué altura llegará? Eso es exactamente lo que hace la NASA cuando pone cohetes en órbita, salvo que, en nuestro caso, por muy alto que lancemos la pelota de tenis, la gravedad acabará ganando. Eso es porque estamos luchando contra una ley fundamental de la naturaleza: la ley de conservación de la energía.

El universo es el reciclador de energía por excelencia. Podemos transformar la energía de una forma a otra, pero la suma total sigue siendo siempre la misma. Cuando lanzamos la pelota, le transmitimos parte de la energía química almacenada en nuestro cuerpo gracias a la cual la ponemos en movimiento. La conservación de la energía significa que nuestra pelota solo puede elevarse con la energía finita que le hemos traspasado. Para volar sin retorno, necesitaría energía suficiente para superar la gravedad terrestre, algo que no podemos crear con nuestro depósito limitado de energía química. Todas las pelotas, de cualquier forma y tamaño, lanzadas por una mano humana han acabado cayendo. La ley de la conservación de la energía es una ley tan fundamental de la física que, si una sola pelota lanzada al aire no cayera, se tambalearían los cimientos de nuestra comprensión del universo. En física, las excepciones no confirman la regla.

A principios del siglo XX, una excepción imposible amenazó con derribar las leyes de la física. Se creyó que se había violado la conservación de la energía. La sospechosa no fue una pelota de tenis flotante, sino la radiación invisible emitida por los núcleos de los átomos radiactivos. En el centro de la polémica se encontraba una mujer austriaca que trabajaba en un sótano de Berlín sin recibir salario alguno.

Una estudiante excepcional

Philip Meitner era un abogado de éxito y un miembro respetado de la comunidad judía de Viena a finales del siglo XIX. Él y su esposa Hedwig criaron una familia excepcional de ocho hijos: cinco niñas y tres niños. Todos cursarían estudios superiores. Elise, a la que llamaban Lise y era la tercera hija, nunca olvidó su infancia llena de libros, música y conversaciones interesantes. En una familia como esa, su interés por las matemáticas y las ciencias no era excepcional.

Pero la visión progresista de sus padres se adelantó a su tiempo. En 1892, cuando Lise terminó el bachillerato, el sistema educativo austriaco aún no permitía el acceso de las mujeres a la universidad. Se formó como profesora, pero cuando en 1897 se abrieron por fin las puertas de la enseñanza superior a las mujeres, decidió volver a la ciencia. Dos años más tarde, tras obtener el título de magisterio, Meitner se unió a un grupo de mujeres para estudiar en privado el examen de acceso a la universidad. En 1901, catorce mujeres se presentaron al examen, pero solo cuatro aprobaron, y una de ellas fue Lise. En octubre, nueve años después de terminar el bachillerato, la joven de veintitrés años ingresó en la Universidad de Viena para iniciar un programa de doctorado en física.

Todos recordamos a nuestros profesores favoritos, aquellos que hicieron volar nuestra imaginación y que lograron que creyéramos que nuestros sueños estaban a nuestro alcance. Para Lise Meitner, ese profesor fue Ludwig Boltzmann, físico austriaco famoso por desarrollar la mecánica estadística, una teoría que describía el comportamiento colectivo de los átomos. Boltzmann también era famoso por sus clases amenas y claras y por su pasión por la verdad científica. Además, no le molestaba que hubiera mujeres en su clase. Inspirada por su profesor, la reservada joven empezó a realizar trabajos experimentales y a desarrollar su propio proyecto de investigación doctoral. Realizó experimentos novedosos en los que determinó que las famosas ecuaciones de Maxwell que describían la conducción de la electricidad en un sólido también eran válidas para la conducción del calor. Era un tema difícil que requería una gran habilidad experimental, como señaló su supervisor, Franz Exner. Cuatro años más tarde se doctoró en física, convirtiéndose en la segunda mujer que lo hacía en la universidad. Un año después, Ludwig Boltzmann, que siempre había luchado contra problemas de salud mental, probablemente causados por un trastorno bipolar, se quitó la vida. Meitner perdió a su modelo por culpa de esa tragedia, pero estaba decidida a seguir sus pasos profesionales y convertirse en física.

Ser una de las pocas mujeres de Austria con un título superior resultó ser más una maldición que una bendición. Desconocía cuál era el camino que conducía hasta los puestos de profesorado académico porque ninguna mujer había recorrido antes esa senda. Irónicamente, el título de magisterio que acababa de obtener la doctora Meitner le resultó más útil a la hora de encontrar un empleo remunerado, mientras seguía trabajando en la universidad en proyectos de investigación en física sin recibir salario alguno. Uno de sus compañeros, Paul Ehrenfest, le recomendó los artículos sobre óptica de lord Rayleigh, el científico británico galardonado con el Premio Nobel que aportó tanto a la física y que había explicado por qué el cielo es azul. Meitner estudió un problema no resuelto sobre las propiedades de reflexión de la luz que lord Rayleigh había explorado con anterioridad. Encontró una solución al problema e ideó experimentos independientes para probar y verificar su explicación.

Mientras tanto, Stefan Meyer, otro alumno de Boltzmann, la introdujo en el mundo de la radiactividad. Su primera incursión en este campo se centró en las partículas alfa de carga positiva emitidas por elementos radiactivos como el uranio. Meitner diseñó ingeniosos experimentos gracias a los cuales descubrió que cuando un haz de partículas alfa chocaba contra una lámina metálica, los átomos de la lámina podían desviarlas o «dispersarlas» en diferentes ángulos. Cuanto mayor era la masa del átomo, mayor era el efecto de dispersión. Publicó sus descubrimientos en 1907, pero no explicó la razón de la dispersión. Pocos años después, Ernest Rutherford pidió a su equipo de investigación que estudiara también la dispersión alfa y descubrió que algunas partículas alfa rebotaban al chocar con la fina lámina metálica. Fue, como él lo describió, como si se hubieran disparado balas a una hoja de papel y hubieran rebotado. Este descubrimiento del núcleo del átomo forma parte de la historia de la física. Los primeros experimentos de Lise Meitner habían sentado las bases para ello, pero su trabajo no había hecho más que empezar.

¿Qué podía hacer una mujer con un doctorado en física y tres publicaciones científicas en la Viena de 1907? La respuesta seguía siendo la docencia, pero no en una universidad ni, desde luego, con perspectivas de acabar dedicándose a la investigación.

Pero eso no era suficiente para la doctora Lise Meitner. Le había cogido gusto a la investigación, aunque de forma independiente y, lo que es más importante, esa experiencia le dio la confianza y la seguridad de que podía hacerlo. Si Viena no podía ofrecerle mejores oportunidades, el mundo era muy grande. En algún lugar tenía que haber un sitio para ella. Y lo había: en un taller clandestino de Berlín, Alemania.

Meitner había oído hablar a su profesor favorito, Ludwig Boltzmann, de la física de vanguardia que se exploraba en Berlín. Y conoció al físico alemán Max Planck cuando este visitó Viena. Al ser austriaca, en Berlín no tendría problemas con el idioma, aunque su acento la marcaría como extranjera. Eso sí, al no conocer bien el sistema universitario alemán tendría que buscarse la vida. No era tarea fácil: Alemania no era mucho mejor que Austria en materia de empleo para las mujeres científicas. Así que sus padres se ofrecieron a financiarla mientras se establecía en Berlín. No estaban dispuestos a que viese sus sueños truncados en ese momento, cuando ya había llegado tan lejos.

Cuando Meitner llegó a la Universidad Friedrich-Wilhelm de Berlín, armada con su doctorado y su probada experiencia en investigación de vanguardia, descubrió con consternación que sus puertas estaban cerradas a las mujeres, por muy competentes que fueran. Por suerte tenía un plan alternativo. Antes de llegar a Berlín, envió a Max Planck una copia del artículo que había publicado sobre óptica, con la esperanza de que sirviera para validar su trabajo. Y funcionó. Cuando se dirigió a él para pedirle permiso para asistir a sus cursos en la universidad, accedió, a pesar de que en una entrevista había dicho que la naturaleza había asignado a las mujeres el papel de madres y amas de casa, y que sería un error que siguieran carreras académicas. El trabajo de Lise la convertía sin duda en una excepción.

La capacidad de Meitner no decepcionó a Planck. Por otro lado, al principio, Planck sí que decepcionó a Meitner. Sus conferencias distaban mucho de los inspiradores sermones de Boltzmann. Sin embargo, Meitner llegó a apreciar su claridad de ideas y ambos forjaron poco a poco una amistad duradera que desempeñaría un papel importante en el futuro de Meitner.

Como las clases de Planck no le ocupaban todo su tiempo, podía centrarse en su verdadero objetivo: hacer carrera como investigadora. Planck no era el único científico al que Meitner había enviado su artículo sobre óptica. También se lo envió a Heinrich Rubens, director del Instituto de Física de la universidad. Rubens, al igual que Planck, quedó impresionado y la invitó a trabajar en su laboratorio, pero a Meitner le falló la confianza en sí misma. Como investigadora principiante sabía que necesitaría mucha ayuda para poner en marcha sus propios experimentos, y temblaba ante la perspectiva de tener que pedir ayuda constantemente al director del instituto. Todos los estudiantes e investigadores principiantes, incluso yo, podemos identificarnos con el temor que sentía. Pero ¿cómo podía rechazar una oportunidad así? Mientras buscaba una salida diplomática se le presentó (literalmente) la solución a su problema en uno de los seminarios semanales de física, cuando conoció a un químico llamado Otto Hahn. Cuando Rubens le dijo que Hahn estaba interesado en colaborar con ella, Meitner aprovechó la oportunidad.

Puede que, a los ojos de Meitner, lo mejor de Hahn, al menos al principio, fuera que no era el jefe del departamento. De hecho, tenía su misma edad y era mucho menos intimidante que Rubens. Hahn se había licenciado en Química en Alemania antes de ir a Londres en 1904 para trabajar con el químico ganador del Nobel, sir William Ramsay, descubridor del gas argón. Ramsay lo introdujo en el nuevo y candente campo de la radiactividad, y Hahn quedó prendado. Ese año descubrió una nueva sustancia radiactiva llamada radiotorio. Al año siguiente, Hahn visitó el laboratorio de Ernest Rutherford en Canadá para participar en la investigación puntera sobre radiactividad, y descubrió dos nuevas sustancias, el radiactinio y otro isótopo del torio. Mientras tanto, en la Universidad Friedrich-Wilhelm de Berlín, Emil Fischer, ganador del Nobel y director del Instituto de Química, se fijó en la joven estrella y le ofreció un puesto. Hahn aceptó y regresó a Alemania en 1906. Pronto descubrió otra nueva sustancia radiactiva, el mesotorio.

A pesar del éxito de sus investigaciones, Hahn estaba relativamente aislado en Berlín. Nadie más en el Instituto de Química trabajaba en el novedoso campo de la radiactividad y su trabajo no era apreciado por todos. Algunos de sus compañeros de profesión pensaban que sus viajes al extranjero lo habían «anglicanizado». Cuando conoció a Meitner, le pareció la persona ideal para colaborar en su investigación. Meitner, por su parte, se sintió atraída por los modales desenfadados del químico. Era una persona con la que podía trabajar. Pero el instituto de química no estaba de acuerdo.

Emil Fischer se negaba rotundamente a que una mujer pusiera un pie en el edificio de química, alegando que temía por su seguridad. Por ejemplo, le preocupaba que su pelo pudiera incendiarse en un mechero Bunsen, aunque su propia barba nunca le causó ninguna preocupación. Una vez más, Meitner se vio obligada a pedir una excepción. Fischer finalmente cedió, pero solo para permitirle trabajar en un taller de carpintería abandonado en el sótano que tenía su propia entrada independiente. En ningún caso se le permitía acceder a ninguna otra parte del edificio. De todos modos, subía a hurtadillas y se escondía debajo de un banco para escuchar las clases de Hahn. Pero no podía ir al baño. No había aseos de mujeres en el edificio. La única opción era caminar hasta un restaurante cercano. Al año siguiente, cuando las universidades alemanas aceptaron por fin estudiantes femeninas, Fischer permitió magnánimamente a Meitner acceder al edificio e instaló un baño para mujeres. Sin embargo, su laboratorio permaneció en el sótano. Las leyes alemanas habían cambiado, pero no la actitud de todos los científicos. Meitner pasaría los cinco años siguientes trabajando sin cobrar en esa antigua carpintería del sótano. Allí, ella y Hahn iniciaron una colaboración que duró treinta y un años y cambió el mundo.

Líneas nítidas y líneas borrosas

Ernest Rutherford había descubierto que los elementos radiactivos como el uranio o el torio emitían dos tipos de radiación, que él había denominado alfa y beta. Meitner y Hahn decidieron centrarse en esta última, y estudiaron atentamente las características relacionadas con la emisión y absorción de todas las sustancias conocidas que emitían partículas beta. En el proceso descubrieron varias sustancias nuevas que también emitían ese tipo de radiación. En los dos años siguientes, publicaron conjuntamente una docena de trabajos de investigación, muchos más de los que habrían podido realizar por separado.

Al principio, Meitner consideraba que, al ser más veterano, Hahn era el investigador principal, pero pronto se convirtieron en compañeros en igualdad de condiciones. Meitner aportaba importantes ideas e identificaba patrones generales, mientras que Hahn se centraba en realizar observaciones minuciosas e identificar nuevos elementos. Entablaron una cómoda relación de trabajo y pasaban muchas horas juntos en el laboratorio en las que solo paraban para comer o charlar con otros investigadores que se acercaban. Aquellos primeros días de investigación sobre la radiactividad estuvieron impregnados de la emoción del descubrimiento. Cada mes había nuevas observaciones y nuevas preguntas que responder. Cuando las cosas iban bien, incluso cantaban a dúo.

Los dos primeros años lo hicieron muchas veces. Una de sus observaciones más interesantes fue el efecto de retroceso radiactivo. Cuando un átomo radiactivo inestable se desintegra en átomos más ligeros y emite partículas alfa en el proceso, los átomos resultantes sufren un retroceso debido a la expulsión de las partículas alfa. El retroceso los ayuda a superar sus enlaces químicos y a escapar en forma de gas que puede recogerse en un recipiente separado. Cuando Hahn observó por primera vez el efecto, Meitner se dio cuenta inmediatamente de que lo podrían utilizar para detectar y recoger materiales radiactivos expulsados de esta forma. Aplicaron la técnica para preparar diversas sustancias, como radio-B, actinio-C y torio-C. El método se generalizó y ha tenido importantes consecuencias en la física nuclear a lo largo de los años.

La primera persona que observó ese efecto fue Harriet Brooks. Pero cuando Ernest Rutherford informó a Hahn de que su alumna se le había adelantado en el descubrimiento, Hahn no estaba dispuesto a renunciar a su reivindicación, argumentando que sus experimentos demostraban el efecto de forma concluyente. Rutherford no insistió en el asunto, pero quizá debería haberlo hecho. Y si lo hubiera hecho, tal vez Hahn habría sido más cuidadoso a la hora de compartir el mérito de los descubrimientos mucho más importantes que estaban por venir.

Hahn y Meitner volvieron a centrar su atención en la radiación beta y pusieron en marcha los estudios que acabarían provocando la controversia existente en torno a la conservación de la energía. Aunque ya se sabía que las partículas beta eran electrones, no se sabía a qué velocidad eran emitidos por los elementos radiactivos. Al igual que la pelota de tenis, cuanta más energía tiene un electrón, mayor es su velocidad. Meitner y Hahn midieron las velocidades (y, por tanto, las energías) de las partículas beta observando cuánto las desviaba un imán antes de golpear una placa fotográfica. Cuanto más rápido se movían los electrones, menor era la desviación. Observaron líneas nítidas en la placa fotográfica, lo que significaba que todas las partículas beta se desviaban en la misma medida y golpeaban la placa en el mismo lugar. Eso significaría que todas tenían la misma energía cuando eran emitidas por el elemento radiactivo.

Según la ley de la conservación de la energía, era de esperar que aparecieran líneas nítidas. Cuando un elemento radiactivo inestable se transmuta en otra sustancia, se libera una cantidad fija de energía. Esa energía se transferiría a las partículas beta, que también tendrían esa misma cantidad fija de energía, lo que explicaría que la desviación fuera constante y que apareciera una línea nítida en la placa fotográfica. Todo iba bien. Pero también aparecía otra cosa en la placa fotográfica: una imagen de fondo borrosa. Algunas de las partículas beta se desviaban en cantidades diferentes y causaban esa «borrosidad». Pero si había diferentes cantidades de desviación, significaba que las partículas beta tenían diferentes velocidades y, por tanto, diferentes energías, aunque la energía total liberada por la sustancia radiactiva tuviera un valor fijo. ¿Cómo podría no cuadrar el balance energético?

En 1909, William Wilson —que trabajaba en el laboratorio de Rutherford— descubrió que la emisión beta no parecía ser homogénea en energía. Meitner y Hahn, como la mayoría de los físicos, dudaron de los resultados de Wilson y se propusieron demostrar que estaba equivocado realizando ellos mismos las mediciones. Pero la borrosidad de sus propias placas fotográficas parecía dar la razón a Wilson. Aunque repitieron los experimentos con imanes más potentes y diferentes posiciones de las placas, las líneas múltiples se negaban a desaparecer. A Meitner y Hahn no les quedó más remedio que aceptar que la radiación beta no era homogénea. En 1914, James Chadwick, con la ayuda de un contador Geiger, demostró de forma concluyente que efectivamente se emitían partículas beta con diversas energías. El misterio se hizo, pues, más profundo.

Un trabajo de verdad

La colaboración Hahn-Meitner prosperó durante sus primeros cinco años, y tanto el químico como la física se hicieron un nombre por separado en el campo de la radiactividad. En 1909, cuando Meitner presentó su trabajo en una conferencia que dio en Salzburgo, otra presentación la impresionó. Nunca olvidó el momento en que oyó hablar de la relación entre masa y energía descrita en la teoría de la relatividad especial por su inventor, Albert Einstein. Entonces no sabía hasta qué punto Einstein y su teoría marcarían su vida.

Mientras la energía de la radiación beta seguía siendo un problema pendiente, Meitner se enfrentaba a otro más inmediato. Tras la muerte de su padre, en 1910, su madre no pudo seguir ayudándola económicamente. Necesitaba un trabajo de verdad. En 1912 ya había publicado más de veinte artículos científicos, descubierto nuevas sustancias con Hahn e identificado el famoso efecto de retroceso, pero no había conseguido un puesto remunerado en el mundo académico. Consiguió algunos ingresos extraordinarios traduciendo artículos científicos del inglés al alemán, pero incluso eso supuso un reto, porque cuando un editor descubrió que el traductor L. Meitner era mujer, decidió romper toda relación con ella.

La carrera de Hahn, en cambio, iba en ascenso. Cuando en 1912 se creó en Berlín el nuevo Instituto de Química Káiser Guillermo (KWI, por sus siglas en alemán), fue invitado a dirigir el Departamento de Radiactividad. Aceptó el encargo, que iba acompañado de un buen sueldo, lo que le vino muy bien para su otro compromiso igualmente importante: su boda con Edith Junghans para ese mismo año. Meitner se hizo muy amiga de Edith, que más tarde fue la madrina de su hijo. En el terreno profesional, la exitosa colaboración de Meitner con Hahn había llamado la atención de los directores del KWI, pero no de la forma que ella esperaba. La invitaron a unirse a Hahn en el instituto como invitada no remunerada.

Al carecer de otras ofertas interesantes, Meitner aceptó seguir a Hahn al KWI. Al menos así salió del sótano y entró en laboratorios científicos reales y libres de contaminación, donde pudo dedicarse a la física nuclear mientras Hahn se ocupaba de la química. Su mentor y amigo Max Planck acudió en su ayuda ofreciéndole una plaza de ayudante de cátedra en su universidad, lo que probablemente la convirtió en la única mujer ayudante de cátedra de física en Alemania en aquella época. Era mejor que nada, así que lo aceptó. Un año más tarde, el KWI la nombró asistente científica, pero con un salario muy inferior al de Hahn.

Al final, su reputación científica le proporcionó el reconocimiento que merecía y los ingresos que necesitaba. En 1914, la Universidad de Praga le ofreció un puesto académico permanente que provocó la reacción del Instituto Káiser Guillermo. Le duplicaron el salario y el Departamento de Radiactividad se convirtió en el Laboratorio Hahn-Meitner. El salario de Meitner seguía siendo inferior al de Hahn, pero de todos modos aceptó el nuevo puesto que tanto le costó conseguir. En 1917 ya dirigía su propio laboratorio, separado del de Hahn, aunque seguían colaborando estrechamente.

El año 1914 supuso una mejora en la carrera investigadora de Meitner, pero también trajo la guerra. Como tantos otros hombres en Alemania, Otto Hahn fue reclutado. Meitner también abandonó Berlín y se alistó voluntaria en el ejército austriaco como enfermera, incorporándose al Departamento de Radiología. En 1916 regresó al instituto, aunque Hahn seguía fuera. Intentó resolver un problema que ella y Hahn habían explorado antes de la guerra. De todos los elementos radiactivos, el actinio era el menos conocido en aquella época. Se encontraba en minerales que contenían uranio, y la cantidad de actinio era siempre proporcional a la cantidad de uranio presente. Parecía ser un producto de la desintegración del uranio. Sin embargo, el uranio puro nunca se descomponía directamente en actinio. Tenía que haber un elemento intermedio aún por descubrir que se descompusiera para producir actinio.

Meitner empezó a buscar ese elemento misterioso. Tardó dos años en encontrarlo, trabajando casi por su cuenta y escribiendo detalladas cartas a Hahn para mantenerlo al corriente. Hahn regresó de la guerra con una Cruz Roja (de segunda clase) por los servicios prestados a su país en la primera batalla de Ypres. En 1918 se publicó en *Physikalische Zeitschrift* un nuevo artículo de Hahn-Meitner titulado «Die Muttersubstanz des Actiniums, Ein Neues Radioaktives Element von Langer Lebensdauer». Habían encontrado el elemento 91, el que faltaba entre el uranio y el torio en la tabla periódica. Ambos llamaron al nuevo elemento protactinio. El descubrimiento les proporcionó aún más fama de la que ya tenían en la comunidad científica.

En 1922 Meitner logró otro hito. Por fin se permitía a las mujeres ser profesoras universitarias en Alemania. Para ello debía superar un proceso conocido como «habilitación», que implicaba presentar otra tesis de investigación. Meitner, con más de cuarenta trabajos publicados, ni siquiera tuvo que presentar una tesis para obtenerla. Lo que sí hizo fue dar una conferencia para celebrar la ocasión, ya que era una de las pocas mujeres en Alemania que recibió la habilitación en aquella época. Su conferencia versó sobre la radiactividad y la física cósmica, pero la prensa rebautizó su tesis con un título más glamuroso: «Problemas de la física cosmética» (*kosmetische* en lugar de *kosmische*). A pesar de que las actitudes hacia las mujeres no cambiaban, Meitner siguió adelante y se convirtió en la primera mujer en ser nombrada catedrática de física en Alemania en 1926. No había cosméticos de por medio.

La pizza energética

Aunque la carrera de Meitner subía como la espuma, no se olvidó de la problemática cuestión de las partículas beta excesivamente energéticas. En la década posterior a sus primeros experimentos, los científicos se dieron cuenta de que parte de la radiación beta era radiación «primaria» emitida directamente por el núcleo, mientras que otra parte de la radiación era secundaria, producida cuando las partículas beta del núcleo liberaban otros electrones orbitales del átomo. James Chadwick afirmaba que la radiación primaria era la causante de la gama continua de energías, mientras que los electrones secundarios provocaban las líneas fijas en las placas fotográficas. Meitner se centró en intentar comprender el proceso de emisión de los electrones secundarios. Utilizando una técnica experimental mejorada, descubrió que, a veces, un electrón que orbita alrededor del núcleo de un átomo puede transferir su energía a otro electrón, que también orbita alrededor de él y que posteriormente escapa del átomo. Este efecto de los dos electrones fue redescubierto más tarde por Peter Auger y pasó a denominarse *efecto Auger* en lugar de *efecto Meitner*. Fue la primera vez, pero no la última, que se ignoró una importante contribución científica de Lise Meitner.

Mientras tanto, el misterio del espectro continuo de energías de radiación beta seguía sin resolverse. En 1927, dos físicos británicos —Charles Ellis y William Wooster— habían medido la energía liberada en la desintegración beta primaria del bismuto y demostraron que se emitía casi en su totalidad como un espectro continuo de energías. Meitner se propuso confirmarlo por sí misma y demostró que los resultados eran correctos. Ya no cabía ninguna duda de que la radiación beta primaria del núcleo se emitía con una gama de energías diferentes y no con una energía fija. Los cuidadosos y precisos experimentos de Meitner confirmaron, de una vez por todas, que parecía violarse la conservación de la energía.

Esos resultados exigían que se afrontara el problema de otra forma, con ideas radicales que reforzaran el tambaleante pilar energético de la física. Quien las propuso fue Wolfgang Pauli, compatriota austriaco de Meitner, en una conferencia celebrada en 1930 en Tubinga. Pauli explicó que había «dado con un remedio desesperado» para salvar la ley de conservación de la energía. Una forma sencilla de entender la idea de Pauli es imaginar que en tu pizzería favorita te sirven porciones de tres pizzas idénticas. Cada porción tiene un tamaño diferente. Si te sirven un cuarto de porción de la primera pizza, sabrás que el resto de esa pizza tiene un tamaño de tres cuartos, aunque el camarero no te muestre el resto. Si te sirven media porción de la segunda pizza, entonces el resto de esa pizza, aunque no lo veas, también debe tener la mitad del tamaño total de la pizza. Por lo tanto, si te dan tres porciones de tamaños diferentes, para ti tiene todo el sentido que el tamaño total de cada pizza sea el mismo. Pero lo único que ves en cada ocasión es una parte distinta de la pizza.

Pauli se dio cuenta de que las diferentes energías de la radiación beta podían explicarse de forma similar. ¿Y si cuando observamos la radiación beta solo vemos una parte de toda la pizza energética? ¿Y si el núcleo emitiera otra partícula no detectada cada vez que se emite una partícula beta que vendría a ser la otra parte de la pizza de energía? Esta otra partícula podría tener una carga eléctrica nula y una masa casi nula, lo que la haría casi invisible para los detectores de partículas existentes. La energía de esta partícula sería tal que la suma de su energía y la energía de la partícula beta sería siempre una constante, por lo que se mantendría la conservación de la energía. La energía total emitida por el núcleo sería siempre fija, igual que el tamaño total de la pizza, pero la división de la energía entre cada par de partículas emitidas podría variar, igual que las diferentes porciones de pizza. Esto explicaría por qué la radiación beta observada tenía un continuo de energías. Era lo mismo que obtener una gama de diferentes tamaños de porciones de pizza. Cualquiera que fuese la energía de la partícula beta, la correspondiente partícula no detectada emitida al mismo tiempo llevaría la energía restante y la suma total de energía en cada par emitido siempre se conservaría.

Enrico Fermi tomó la idea de Pauli y la desarrolló creando una teoría de la desintegración beta que incluía la nueva partícula invisible, a la que llamó «neutrino». ¿Pero se trataba de una partícula real o de un ingenioso truco de magia producto de la fértil imaginación de Pauli? Pauli se sometió durante un tiempo a terapia con Carl Jung, pero no se equivocó sobre el neutrino. (Se tardaría otro cuarto de siglo en confirmar la existencia de la fantasmal partícula compañera de Pauli. Pero esa es una historia para otro capítulo protagonizado por otras dos mujeres anónimas). Por el momento diremos que la conservación de la energía se había puesto a prueba, y al menos en teoría se había salvado. En el proceso se teorizó sobre la existencia de una nueva partícula de la naturaleza.

Las cuidadosas mediciones de Meitner habían desempeñado un papel central en esta historia. Su siguiente gran aportación sobre la energía iba a ser incluso más importante.

EL REENCUENTRO

Mientras los cimientos de la física se mantenían firmes, los pilares de la democracia alemana se desmoronaban. La carrera de Meitner se detuvo cuando Adolf Hitler (nacido en su querida Austria) ascendió al poder en 1933. Como todos los demás científicos de ascendencia judía, fue apartada inmediatamente del cuerpo docente universitario, a pesar de que había optado por bautizarse como luterana en 1908. Sin embargo, su puesto de investigadora en el Instituto Káiser Guillermo siguió siendo seguro. Técnicamente no era ciudadana alemana, y el instituto gozaba de cierta autonomía gracias a sus fuentes de financiación no gubernamentales. Meitner se convirtió de nuevo en una excepción, una de las pocas científicas judías a las que se permitía seguir adelante.

La mayoría de las revistas alemanas empezaron a negarse a publicar investigaciones de científicos judíos. Una de las excepciones fue *Naturwissenschaften*, cuyo fundador y editor, Arnold Berliner, también era judío. Durante los dos años siguientes, Meitner siguió publicando sus trabajos en dicha revista. Su colega austriaco, el premio Nobel Erwin Schrödinger, también siguió publicando en la misma revista. En 1935, Schrödinger escribió un artículo en el que utilizaba un ejemplo, ahora famoso, de un gato que está vivo y muerto a la vez para destacar las peculiaridades de la mecánica cuántica. Tras presentar el artículo, se enteró de que Arnold Berliner había perdido su puesto de trabajo por ser judío. Schrödinger se ofreció a retirar su artículo en señal de protesta, pero Berliner lo disuadió y se publicó. En el artículo, Schrödinger describía cómo su icónico gato podía morir o no por la liberación de un gas venenoso desencadenada por el proceso de desintegración cuántica de un átomo. El gas venenoso que mencionó en su ejemplo teórico resultó ser cianuro de hidrógeno, también conocido como Zyklon-B. Era el mismo gas que esperaba a judíos como Arnold Berliner en los campos de concentración nazis. Berliner prefirió acabar con su propia vida en 1942 antes que ser deportado para enfrentarse a las cámaras de gas. Schrödinger, por su parte, huyó de Austria en 1938 y se instaló en Irlanda. (Allí disfrutó de una distinguida carrera científica que también lo mantuvo protegido de posibles repercusiones por sus conocidos enamoramientos y relaciones con chicas adolescentes).

En tiempos tan difíciles como aquellos, la física se convirtió en el refugio de Meitner. El físico italiano Enrico Fermi había bombardeado núcleos de uranio con neutrones y afirmaba que así se creaban nuevos elementos «transuránicos» más pesados que el uranio. Meitner, intrigada, propuso a Hahn trabajar en equipo para realizar experimentos similares, a sabiendas de que se necesitaría un químico cualificado para examinar los productos del bombardeo de neutrones. En ese momento, el dúo Hahn-Meitner había permanecido en silencio durante más de una década, ya que habían seguido caminos separados en la investigación. ¿Supondría su reencuentro la consecución de más éxitos? Meitner sugirió la incorporación de un tercer investigador: Fritz Strassman, un hombre de principios que se negaba a asociarse con organizaciones que le exigieran ser miembro del partido nazi. Su postura le había costado un buen puesto de trabajo y cualquier perspectiva futura de obtener su habilitación. Por recomendación de Meitner, Hahn lo contrató como ayudante de investigación, y el dúo se convirtió en trío.

Durante los cuatro años siguientes, los tres científicos dispararon neutrones sobre uranio e intentaron averiguar cuáles eran los productos resultantes. Descubrieron que el proceso era sorprendentemente complejo y producía una serie de elementos inestables diferentes, pero lo que observaban no seguía ningún patrón evidente. En 1934, la química alemana (y codescubridora del elemento renio) Ida Noddack había sugerido que tal vez la hipótesis planteada por Fermi sobre la creación de elementos transuránicos era errónea. Se preguntó si era posible que se produjeran elementos más ligeros que el uranio y sugirió descartar todos los elementos de ese tipo antes de concluir que los productos eran transuránicos. Nadie le hizo mucho caso. En aquella época, el modelo existente del núcleo no permitía tal posibilidad de desintegración al ser golpeado por neutrones de baja energía. Además, los mejores científicos nucleares del mundo (Fermi en Italia; Meitner y Hahn en Alemania; y la hija mayor de Marie Curie, Irene Joliot-Curie, y su marido, Frédéric Joliot-Curie, en Francia) estaban a la caza de elementos transuránicos. De hecho, en 1938, Enrico Fermi recibió el Premio Nobel de Física por sus trabajos sobre el bombardeo de neutrones y el descubrimiento de los elementos transuránicos.

Ese fue el año en que el mundo de Meitner se hizo pedazos.

La huida

El 12 de julio de 1938, Lise Meitner fue a trabajar al KWI como de costumbre, y se quedó allí hasta las ocho de la tarde. Esa noche se alojó en casa de Otto Hahn, pero probablemente le costó dormir por lo que le esperaba al día siguiente. Por la mañana se despidió de Hahn y de su esposa y fue a la estación de tren con Paul Rosbaud, asesor de física de la revista *Naturwissenschaften*. A medida que se acercaban a la estación, a Meitner le asaltaban dudas sobre el riesgo que estaba a punto de correr, pero siguieron adelante. En la estación se encontró con un viejo amigo, el físico holandés Dirk Coster, y ambos fingieron que se trataba de un encuentro casual. Tomaron un tren a Nieuweschans, una ciudad fronteriza con Holanda. Meitner pretendía escapar de la Alemania nazi para no volver jamás. En su bolso llevaba diez marcos alemanes y un anillo de diamantes que Hahn le había dado para vender en caso de emergencia. Pero su pasaporte no era válido.

Cuatro meses antes de su huida, en marzo de 1938, Alemania se había anexionado Austria, por lo que todos los austriacos perdieron la nacionalidad. En el instituto se cuestionó inmediatamente su estatus. «La judía pone en peligro el Instituto», se murmuraba. Otto Hahn estaba preocupado y habló con los patrocinadores del instituto sobre el futuro de Meitner. «Debía dimitir para proteger el Instituto», dijeron. Para sorpresa de Meitner, al principio Hahn estuvo de acuerdo, aunque más tarde se arrepintió de haberlo hecho. Incluso una amistad tan estrecha como la suya vaciló ante el odio y el miedo.

Mientras tanto, físicos de otros países le tendieron la mano. Niels Bohr, en Copenhague, y Paul Scherrer, en Zurich, enviaron a Meitner invitaciones oficiales para dar conferencias con la esperanza de que le permitieran salir de Alemania. En mayo decidió aceptar la oferta de Bohr, pero la embajada danesa se negó a expedirle un visado porque su pasaporte austriaco no era válido. En Holanda, Dirk Coster movió cielo y tierra para intentar recaudar fondos con los que ofrecer a Meitner un puesto de investigación, pero a medida que llegaban más y más refugiados, los fondos se agotaban. Entonces, en junio, la Academia Sueca de las Ciencias se ofreció a ayudar a Meitner durante un año para que trabajase con Manne Siegbahn en un nuevo instituto de investigación nuclear situado en Estocolmo. Meitner aceptó la oferta sueca, pero su solicitud de pasaporte alemán fue denegada. El propio Heinrich Himmler —jefe de las SS— consideró que, aunque debía dimitir del instituto, tenía que quedarse en Alemania. No le quedó más remedio que huir.

A principios de julio llegó la noticia de que pronto se cerrarían las fronteras alemanas a todos los científicos que quisieran salir de Alemania. Inmediatamente se envió un mensaje codificado a Dirk Coster invitándolo a «visitar» el instituto lo antes posible. Coster consiguió un permiso de las autoridades holandesas para que Meitner entrara en los Países Bajos y partió inmediatamente hacia Berlín. Los agentes fronterizos holandeses habían sido alertados de la llegada de Meitner y se les había comunicado que disponía de la documentación necesaria.

Coster y Meitner cogieron el tren hacia la frontera con el corazón en un puño. Más adelante, Otto escribiría en sus memorias que, en Berlín, Otto y Edith Hahn esperaban, «temblando de miedo», preguntándose si Meitner conseguiría pasar. Sabían que las SS patrullaban los trenes. Por fin, recibieron un telegrama desde Holanda diciéndoles que la «pequeña» había llegado. Meitner había cruzado la frontera sana y salva.

Por una vez, es posible que su género la ayudara. Los guardias no se dieron cuenta de que la mujer que viajaba con el científico holandés era una de las físicas nucleares más famosas de Alemania. La audaz huida de Meitner causó conmoción en la comunidad de físicos, y Coster recibió muchos elogios por sus esfuerzos. Wolfgang Pauli le envió una nota en la que le decía: «¡Te has hecho tan famoso por el secuestro de Lise Meitner como por (descubrir) el hafnio!».

Desintegración

Tras una carrera única y estelar, a los cincuenta y nueve años Lise Meitner no tenía nacionalidad, ni casa, ni laboratorio, ni sueldo. Aun así, sabía que era una de las afortunadas. Una comunidad de amigos bien relacionados se había movilizado para ayudarla. Dirk Coster probablemente le salvó la vida, aunque aún no conocía los horrores del Holocausto que se avecinaban. Meitner estaba profundamente agradecida, pero también traumatizada por la culpa del superviviente. «No te atreves a mirar atrás, y no puedes mirar adelante», escribió. Pero poco a poco fue avanzando hasta llegar a Estocolmo para trabajar con Manne Siegbahn en su instituto.

No se parecía en nada a lo que Meitner estaba acostumbrada en Berlín. Tenía un lugar donde trabajar, pero poco más. No tenía un estatus real ni derechos, y cobraba un salario equivalente al de una ayudante principiante. Informó al KWI en Berlín de que se jubilaba oficialmente, pero no podía acceder a su pensión desde el extranjero. En lugar de eso, dispuso que se la enviaran a su familia en Austria. Su hermana Auguste y su marido utilizaron el dinero para huir a Suecia en 1939. Mientras tanto, Meitner seguía investigando y mantenía correspondencia regular con Hahn. «No soy feliz», le confesó en relación con su situación laboral. Los pocos momentos brillantes eran las visitas de colegas y amigos. En noviembre de 1938, Niels Bohr la invitó a pasar una semana en Copenhague. Hahn también estaba invitado. Los dos se pusieron al día con entusiasmo y discutieron los últimos experimentos de bombardeo de neutrones de Hahn basados en los resultados recientes de los Joliot-Curie en París. Hahn pensaba que el producto de desintegración de sus experimentos era radio, pero Meitner se mostraba escéptica. Esbozó más experimentos de control para comprobar si había radio. Hahn regresó a Berlín y, junto con Strassman, los puso en marcha.

En diciembre, Meitner recibió una carta de Hahn en la que le explicaba la «conclusión aterradora» a la que había llegado. No se trataba de radio, sino de bario. Meitner estaba perpleja. Parecía imposible que los neutrones de movimiento lento que golpeaban los núcleos de uranio pudieran provocar la ruptura de la fuerza nuclear fuerte y producir bario. Durante aquellas Navidades reflexionó sobre el problema con su sobrino favorito, Otto Frisch, que estaba de visita en Suecia. Otto —físico y químico— había sido despedido junto con otros no arios de su puesto en la Universidad de Hamburgo y se había trasladado a Birmingham, Inglaterra. Al principio, Frisch pensó que los resultados del bario eran erróneos. Los dos fueron a dar un paseo por el bosque cercano para discutir sobre el tema.

El problema era que un núcleo de bario solo pesaba la mitad que un núcleo de uranio. Se sabía que las partículas más pesadas emitidas por el núcleo en la desintegración radiactiva eran partículas alfa (núcleos de helio). Los neutrones entrantes no tenían la energía necesaria para expulsar suficientes partículas alfa como para reducir la masa del núcleo de uranio hasta convertirlo en bario. Tenía que haber algún proceso distinto a la desintegración por partículas alfa que explicase cómo se formaba el bario. ¿Podría el propio núcleo de uranio dividirse en núcleos más ligeros? Si era así, ¿de dónde procedía la energía necesaria para romper el núcleo? Una vez más, la conservación de la energía asomaba la cabeza.

Si alguna vez necesitas inspiración para resolver un problema en el que te has atascado, acuérdate de Meitner y Frisch, y sal a dar un paseo. Su paseo por el bosque les sirvió de mucho. Ambos conocían un modelo del núcleo propuesto originalmente por el físico ucraniano George Gamow y perfeccionado posteriormente por Niels Bohr. Gamow, que siempre había sido un pensador innovador, sugirió que el núcleo se comportaba como una gota líquida. Al igual que la tensión superficial mantiene unida una gota de agua, un núcleo similar a una gota líquida tiene una fuerza de unión que puede imaginarse como similar a la tensión superficial y que es lo que lo mantiene unido. En un núcleo de uranio, el gran número de protones cargados positivamente dentro del núcleo se repelen entre sí, reduciendo así la tensión superficial, o fuerza de unión, y haciendo que el núcleo sea inestable, como una gota de agua muy grande y tambaleante. Por tanto, incluso un neutrón que se moviera lentamente al chocar con un núcleo de este tipo podría provocar una deformación de la gota líquida, haciendo que se estirara y formara una cintura que acabara estrangulándose, lo que provocaría que finalmente se dividiera en dos gotas.

Allí, en medio del bosque, sobrino y tía elaboraron los cálculos básicos para confirmar su premisa. Frisch calculó que la tensión superficial de un núcleo con unos cien protones sería apenas estable y se deformaría fácilmente por el bombardeo de neutrones. El uranio tenía noventa y dos protones, por lo que era coherente con su hipótesis. Meitner se centró en la cuestión de la conservación de la energía. Si el núcleo de uranio se rompía en dos núcleos más ligeros de masa aproximadamente igual, cada núcleo hijo tendría carga positiva y repelería al otro. Los dos núcleos se separarían a gran velocidad. ¿De dónde procedería la energía necesaria? La respuesta estaba en la famosa ecuación masa-energía de Einstein, $E = mc^2$, que tanto había fascinado a Meitner cuando la oyó por primera vez. Cuando el núcleo de uranio se dividía, ¡parte de su masa se convertía en energía! Meitner utilizó la ecuación de Einstein para calcular rápidamente el valor de esta energía. Los cálculos coincidían con las energías esperadas de los núcleos hijos. Todo encajaba.

Meitner telefoneó inmediatamente a Hahn para comunicarle su descubrimiento. Hahn estaba asombrado. Le pareció un regalo del cielo. Inspirándose en el maravilloso mecanismo de división celular de la biología, Frisch bautizó el proceso de división atómica, maravillosamente fluido, con el nombre de «fisión nuclear». Después de Navidad viajó a Copenhague, donde le contó su idea a Niels Bohr. Bohr se entusiasmó tanto que, al mes siguiente, en enero de 1939, en una reunión de la Sociedad Estadounidense de Física, explicó a la comunidad de físicos todo lo que sabía sobre la fisión nuclear. La noticia corrió como la pólvora antes de que Meitner y Frisch pudieran publicar oficialmente su trabajo. Redactaron una carta para publicarla en *Nature*, pero Frisch esperó a enviarla mientras realizaba algunos experimentos para confirmar su teoría. No fue una buena decisión. Antes de que Meitner y Frisch pudieran publicar su trabajo, Hahn y Strassman publicaron un artículo en *Nature* en el que informaban de sus observaciones sobre el bario y aseguraban que se debía a la división del núcleo de uranio, olvidando mencionar las contribuciones de Meitner y Frisch. La colaboración y la coautoría con los no arios estaba descartada. A Meitner se le adelantó su amigo más íntimo y colaborador más antiguo.

Una teoría explosiva

La fisión nuclear provocó una reacción en cadena de entusiasmo e interés en la comunidad de físicos. La enorme energía almacenada en el núcleo de uranio puso en acción a los mejores científicos del mundo. En tiempos de guerra, era inevitable hablar de la posibilidad de una bomba. Niels Bohr, John Wheeler, Eugene Wigner y otros destacados físicos estadounidenses llegaron inicialmente a la conclusión de que fabricar una bomba no sería factible debido a la enorme cantidad de recursos necesarios. En el Reino Unido, el premio Nobel G. P. Thomson también fracasó en sus experimentos para crear una reacción en cadena, necesaria para activar una bomba. Pero Otto Frisch tenía otras ideas. ¿Y si se pudiera utilizar uranio puro? ¿Cuánto se necesitaría para crear una explosión? En colaboración con Rudolf Peierls, un físico judío que también había emigrado desde Alemania, elaboró en 1940 un informe para el Gobierno británico en el que se detallaba la viabilidad de crear una «superbomba».

El memorando de Frisch-Peierls lo explicaba todo. En él incluían los cálculos matemáticos que demostraban que la fisión nuclear podía aprovecharse para crear una bomba utilizando unos pocos kilogramos de uranio. La explosión resultante equivaldría a mil toneladas de dinamita. El impacto de la explosión podría arrasar una pequeña ciudad. A raíz del informe, el Gobierno británico se puso en marcha y creó el proyecto Tube Alloys en Canadá, el programa secreto británico de la bomba atómica. Tube Alloys fue el precursor del Proyecto Manhattan estadounidense que construyó las bombas que finalmente destruyeron Hiroshima y Nagasaki, tal y como habían predicho Frisch y Peierls.

Por supuesto, no fueron los únicos físicos que participaron en el programa de la bomba atómica. El Proyecto Manhattan, dirigido por el físico nuclear Robert Oppenheimer, llegó a emplear a 130.000 personas, entre ellas los ganadores del Nobel Enrico Fermi, Richard Feynman, Ernest Lawrence, Hans Bethe, Glenn Seaborg y cientos más. Einstein nunca obtuvo la autorización de seguridad necesaria, pero desempeñó un papel importante, pues escribió una carta al presidente Roosevelt que ayudó a poner en marcha todo el proyecto. Pero, como siempre, Lise Meitner siguió siendo una excepción. Ampliamente reconocida como una de las mejores físicas nucleares del mundo, Meitner fue invitada a unirse al Proyecto Manhattan, pero se negó. No quería tener nada que ver con una bomba.

Meitner permaneció en Estocolmo durante toda la guerra. Su salario seguía siendo escaso, no tenía voz ni voto en el instituto y la vida de refugiada no era fácil. Si se hubiera incorporado al Proyecto Manhattan, habría recibido el respeto de sus colegas científicos y habría disfrutado de la satisfacción de trabajar con los mejores y más brillantes físicos del momento. El apoyo financiero sin duda habría ayudado. Por experiencia propia y por lo que le contaron otras personas, conocía el trato que los nazis daban a los judíos. Nadie la habría culpado por contribuir a cualquier esfuerzo por detenerlos. A pesar de todo, se mantuvo firme en su pacifismo. Esperaba que la fuente de energía recién descubierta solo se utilizara con fines pacíficos y seguía «lamentando que se tuviera que inventar una nueva bomba».

Mientras tanto, en Alemania, en 1939, Hahn y el KWI fueron reclutados para trabajar en el Club del Uranio, el programa alemán de armamento nuclear. Su equipo pasó la guerra trabajando en la identificación de productos de fisión nuclear y métodos para purificar el uranio. Obligaron a trabajadores judíos del campo de concentración de Sachsenhausen, situado a las afueras de Berlín, a extraer el mineral de uranio. En 1944, el instituto fue bombardeado por las fuerzas aliadas que pretendían desbaratar el programa nuclear alemán. La oficina de Hahn fue destruida y el instituto se trasladó al sur de Alemania. Hahn fue detenido por las tropas británicas en 1945 y encarcelado junto con otros científicos alemanes en un lugar secreto, Farm Hall, cerca de Cambridge (Inglaterra). En agosto de ese año llegaron las noticias de los bombardeos de Hiroshima y Nagasaki. La conmoción se debió en parte a que los científicos no tenían ni idea de lo avanzado que estaba realmente el programa de bombas estadounidense.

En noviembre de 1945, un titular del *Daily Telegraph* trajo buenas noticias para Otto Hahn. La Academia Sueca de las Ciencias había anunciado que Hahn había sido galardonado con el Premio Nobel de Química de 1944, pero que este había sido aplazado un año. El Comité del Nobel desconocía su paradero secreto y no pudo ponerse en contacto con él antes de hacer el anuncio. Así que se enteró como todo el mundo, leyendo el periódico. Hahn fue el único ganador del premio «por su descubrimiento de la fisión de núcleos atómicos pesados». No hubo reconocimiento alguno para Meitner o Frisch, ni siquiera para el coautor de Hahn, Strassman.

La Real Academia Sueca de las Ciencias era consciente de la larga lista de contribuciones científicas de Lise Meitner y del respeto que inspiraba en la comunidad. Fue la primera mujer nominada al Premio Nobel de Física después de Marie Curie, y había sido nominada trece veces incluso antes de su descubrimiento de la fisión nuclear. La Academia Sueca incluso financió su puesto en el Instituto de Estocolmo después de que Manne Siegbahn dijera que no tenía fondos para mantenerla, pero el Nobel seguía fuera de su alcance. Parte de la razón, al menos ese año, fue Manne Siegbahn. Meitner nunca se llevó bien con él. Sus intereses de investigación no coincidían. Además, formaba parte del Comité del Premio Nobel de Química, que se centró en los experimentos químicos de Hahn y restó importancia a las contribuciones físicas de Meitner y Frisch. Técnicamente, la publicación de Hahn y Strassman sobre los productos de fisión del bario fue anterior a la publicación del artículo de Frisch y Meitner, por lo que el comité justificó que se le diera más importancia. Pero también ignoraron a Strassman como miembro secundario del trabajo galardonado. El estatus de refugiada de Meitner tampoco ayudó. Irónicamente, es posible que la Academia Sueca la hubiera tenido más en cuenta si hubiera residido en un país que no fuera Suecia.

Y luego estaba la cuestión obvia de su género. En los cuarenta y cuatro años transcurridos desde la concesión del primer Premio

Nobel, ninguna física, salvo Marie Curie, lo había recibido. Incluso hoy en día, las contribuciones de las mujeres siguen siendo infravaloradas, pasadas por alto o atribuidas a los hombres. El Comité del Premio Nobel afirma haber hecho esfuerzos para mejorar la situación. En 2021, el número total de ganadores de los Premios Nobel de Física y Química ascendía a 405: 395 hombres y 10 mujeres.

¿Cuántos elementos llevan el nombre de su descubridora? Dos. El elemento 96 se llama curio, en honor a Marie y Pierre Curie. El elemento 109 se llama meitnerio.

Rehabilitación

Otto Hahn no pudo ir a Suecia en 1944, pero recogió su medalla tras ser liberado al año siguiente. Meitner asistió al banquete del Nobel y a las celebraciones, y se vio obligada a ver cómo Hahn hablaba de la fisión sin mencionar en ningún momento el trabajo conjunto que habían llevado a cabo durante décadas. Para colmo de males, en la prensa se la mencionaba erróneamente como ayudante o alumna de Hahn. El premio hizo a Hahn aún más famoso de lo que ya era: un héroe para el pueblo alemán tras la guerra. Se presentó como un científico bienintencionado que nunca apoyó a los nazis y que se sintió aliviado de que el programa alemán de armas nucleares no hubiera tenido éxito. Fuera cierto o no, no cabe duda de que fue la estrategia adecuada en aquel momento, ya que proporcionó a los científicos alemanes una vía para rehabilitarse tras la guerra.

En cuanto a su colaboración con Meitner, Hahn siempre aseguró que no tuvo más remedio que excluir su nombre de las investigaciones publicadas durante la guerra. Sin embargo, incluso después del conflicto, casi nunca la mencionó cuando hablaba de la fisión nuclear. Para Hahn, el descubrimiento fue el resultado de una investigación química, en la que la física tenía muy poco que ver. En su discurso de aceptación del Premio Nobel no mencionó en ningún momento a su amiga Meitner.

Fritz Strassman, el hombre de los principios, seguía manteniendo que Lise Meitner era la verdadera líder de la investigación sobre la fisión nuclear. Cuando Hahn le ofreció 10.000 coronas de las 150.000 del Premio Nobel, él las rechazó. Meitner, reservada como siempre, nunca comentó públicamente el comportamiento de Hahn ni nada sobre el premio, pero en privado señaló que Hahn estaba «eliminando el pasado». En una carta a un amigo escribió: «Sin duda, Hahn merecía plenamente el Premio Nobel de Química. Realmente no hay duda de ello. Pero creo que Frisch y yo aportamos algo nada insignificante al esclarecimiento del proceso de fisión del uranio: cómo se origina y qué es lo que produce tanta energía, y eso era algo muy remoto para Hahn».

Para consternación de Hahn, el Instituto Káiser Guillermo se disolvió tras la guerra. Aunque se iba a crear un nuevo instituto, Hahn quería conservar el nombre como símbolo de la excelencia científica alemana. Meitner le escribió para convencerle de que abandonara esa idea: «La buena gente inglesa y estadounidense desea que la buena gente alemana comprenda que hay que romper definitivamente con esta tradición, que ha traído la mayor desgracia al mundo entero y a la propia Alemania. Y como una pequeña señal de comprensión por parte de los alemanes, debería cambiarse el nombre de la Sociedad [Káiser Guillermo]».

Le gustara o no a Hahn, el nombre KWI murió y en su lugar nació la Sociedad Max Planck. Hahn fue su presidente fundador y todos los institutos KW del país pasaron a formar parte de la Sociedad Max Planck. El objetivo de Hahn era devolver a la ciencia alemana su gloria anterior, y utilizó su fama para conseguirlo. Bajo su liderazgo, muchos científicos asociados con el partido nazi vieron cómo sus historiales quedaban limpios. Tal vez en un esfuerzo por expiar su papel en la fabricación de la bomba atómica, Hahn se hizo eco de los peligros de las armas nucleares y pasó el resto de su carrera defendiendo el uso responsable de la ciencia. Bajo la dirección de Hahn, los Institutos Max Planck crecieron hasta convertirse en centros de investigación de excelencia y hoy siguen siendo los institutos de investigación más importantes de Alemania.

Aunque no recibió ningún Nobel, Meitner también alcanzó una fama inesperada después de la guerra. A pesar de su negativa a trabajar en armas nucleares, a los ojos del público era la mujer judía agraviada que escapó de los nazis y que, en última instancia, contribuyó a su caída. Eleanor Roosevelt la entrevistó en la radio pública. Llegó a ser apodada la «madre de la bomba», algo por lo que se tuvo que sentir tremendamente avergonzada. En 1946, Meitner viajó a Estados Unidos como profesora invitada. Dio conferencias en Harvard, Columbia, Princeton y Smith, entre otras universidades, ganándose admiradores e inspirando a mujeres jóvenes allá donde iba. Habló de física con Einstein y Fermi antes de viajar a Inglaterra para reunirse con Schrödinger, Pauli y otras celebridades de la física.

En 1947, tras casi una década trabajando como ayudante de investigación, Meitner se trasladó al Real Instituto de Tecnología de Estocolmo, donde por fin ocupó un puesto asalariado equivalente al de catedrática. Allí colaboró en el diseño y la construcción del primer reactor nuclear de Suecia y se enorgulleció de que su país de adopción alcanzara ese hito. En 1949 adquirió la nacionalidad sueca, aunque nunca renunció a la austriaca. Meitner nunca volvió a vivir en Alemania ni en Austria, y admitía que, desde un punto de vista moral, debería haber abandonado Alemania incluso antes de lo que lo hizo. Fue muy crítica con Hahn, Heisenberg y los demás científicos alemanes que se quedaron. «Todos ustedes trabajaron para la Alemania nazi», escribió acusadoramente a Hahn, pero este nunca recibió la carta.

La profesora Lise Meitner permaneció en Suecia hasta su jubilación en 1960, tras lo cual se trasladó al Reino Unido para estar cerca de sus familiares. Nunca se casó. A pesar de que existen numerosos artículos escritos sobre sus logros, no hay constancia de ninguna relación romántica. Era una persona muy reservada y nunca escribió una autobiografía ni autorizó que alguien escribiera su biografía. Los libros sobre ella no mencionan nada de su vida personal. Incluso hoy en día, las mujeres científicas no pueden permitirse el lujo de abrazar y celebrar todos los aspectos de su propia identidad; se las percibe como mujeres o como científicas, pero no como ambas cosas. Meitner conoció a una mujer llamada Elise Schumann en Berlín cuando era joven, y se hicieron muy amigas. No está claro si la relación fue algo más que una amistad.

Tímida pero afectuosa a lo largo de toda su carrera, Meitner mantuvo una estrecha amistad con muchos científicos. Una relación siempre fue más importante que las demás. A pesar de todo lo ocurrido, Meitner y Hahn consiguieron mantener viva su amistad durante el resto de sus vidas. La guerra había destrozado sus vidas y nunca volvieron a ser aquellas personas que cantaban canciones a dúo en el sótano del laboratorio de Berlín. Pero Meitner pasó por alto la falta de reconocimiento de su trabajo por parte de Hahn, atribuyéndolo generosamente a que él no pensaba demasiado en esas cuestiones. Visitaba a Hahn en Alemania y celebraban juntos ocasiones especiales y cumpleaños. La Alemania de posguerra seguía estando llena de recuerdos agridulces para ella. Los dos amigos recibieron la Medalla Max Planck de la Sociedad Alemana de Física en 1949, y en 1957, el máximo reconocimiento alemán para los científicos: Pour le Mérite. Y cuando la Sociedad Alemana de Química creó el nuevo premio Otto Hahn en 1954, no hubo duda de que la ganadora inaugural tenía que ser Lise Meitner.

Otto Hahn también propuso a Meitner para el Premio Nobel en 1948, sin éxito. A lo largo de su vida, Meitner fue nominada sin éxito nada menos que cuarenta y ocho veces, el mayor número de nominaciones para una mujer científica que jamás haya recibido la Academia Sueca. La firme negativa de la Academia a reconocerla sigue siendo un misterio. En un intento a medias de enmendar su error, la Academia la admitió como miembro en 1951 y la invitó a la reunión anual de Premios Nobel en Lindau en 1962. Ella aceptó amablemente.

A lo largo de su carrera, Meitner recibió numerosos reconocimientos y algunos títulos honoríficos, y fue aceptada como miembro de la Royal Society. En 1966 se convirtió en la primera mujer en ganar el prestigioso premio Enrico Fermi otorgado por la Comisión de Energía Atómica de Estados Unidos, junto con Hahn y Strassman. Para entonces, estaba demasiado enferma para viajar a Estados Unidos y recibir el premio personalmente. Su sobrino, Otto Frisch, lo aceptó en su nombre. El reconocimiento iba acompañado de una dotación en metálico de cien mil dólares. Sus padres, que la habían apoyado durante tantos años, se habrían sentido reconfortados si hubieran estado vivos para verlo. Solo dos años después, en octubre de 1968, Lise Meitner murió plácidamente mientras dormía a la edad de ochenta y nueve años. Desconsolado, su sobrino Otto escribió la inscripción de su lápida: «Lise Meitner: una física que nunca perdió su humanidad».

Nunca se enteró de que su viejo amigo Otto Hahn había muerto tres meses antes.

Encajar

Cuando estaba en segundo curso de primaria cambié de colegio. No me di cuenta en ese momento, pero en realidad fue un acontecimiento histórico. Dejaba mi antigua escuela para unirme a la primera cohorte de chicas admitidas en una de las mejores escuelas masculinas de la India. Lo que más me intimidaba era ser una de las cinco chicas de una clase de treinta o más chicos. De niña sufría una timidez atroz. Para mi alivio, mi hermano mayor solía hablar por mí la mayor parte del tiempo. Pero en esta nueva escuela estaba sola. Me aterraba tener que hablar por mí misma, sobre todo ante un grupo de chicos que me daban miedo. Me refugiaba en mis libros, con la esperanza de que mi confianza aumentara si conseguía seguir el ritmo de las clases.

Para mi sorpresa, era tan buena como los chicos y mejor que la mayoría. Al final del curso incluso gané un premio, lo que hizo maravillas por mi confianza. Cuando recogí orgullosa mi diploma de reconocimiento de manos del profesor, me di cuenta de que era la única chica que había ganado un premio. El diploma estaba impreso en un tipo de letra muy florido, normalmente reservado para títulos académicos como doctorados y diplomas de medicina. Decía: «El maestro Shohini Ghose recibe este Diploma de Honor en reconocimiento a las Distinciones obtenidas en los Exámenes Escolares». Alguien había tachado apresuradamente la palabra «Maestro», pero se había olvidado de sustituir la palabra «el».

Mi madre ni se inmutó. Su hija era tan lista como los chicos. Atesoraba el diploma como si fuera un doctorado y lo guardaba junto con otros papeles valiosos. Aún lo conserva, e incluso lo ha preservado para la posteridad en formato digital. En lo que a mí respecta, el premio no me molestó. Estaba muy orgullosa de ser una excepción. Era algo tan poco corriente que ni siquiera tenían un diploma adecuado para mí.

Mirando hacia atrás, tengo una perspectiva diferente de las excepciones. Lise Meitner era excepcional, pero nunca debería haber necesitado ser una excepción. En física, las excepciones nunca prueban la regla. Demuestran que la regla es falsa. Obligan a cambiarla. Y entonces se convierten en la norma.

Figura 5.1. Otto Hahn y Lise Meitner: amigos íntimos y compañeros de laboratorio en Berlín antes de que Meitner huyera de Alemania.

Figura 5.2. Lise Meitner (sentada, la tercera comenzando por la derecha) en Berlín, rodeada de otros científicos, entre ellos, Albert Einstein.

Figura 5.3. Lise Meitner visitó Estados Unidos en 1946, conoció al presidente del país, Harry Truman, y fue nombrada Mujer del Año por el Women's National Press Club.

Figura 5.4. Otto Hahn y Lise Meitner: viejos amigos en el Berlín de la posguerra.

CAPÍTULO 6

Fuerzas de la naturaleza: fotógrafas del mundo subatómico

Marietta Blau, Hertha Wambacher, Bibha Chowdhuri y Elisa Frota-Pessôa

En el invierno de 1834, lord Thomas Babington Macaulay zarpó hacia la India desde Inglaterra. Poco antes de su partida, el Parlamento británico había aprobado la trascendental Acta de Gobierno de la India (más adelante llamada Acta de Santa Helena), por la que se establecía que el representante del rey pasaba a ser gobernador general de la India, asistido por un Consejo Supremo compuesto por cuatro miembros. En virtud de esa ley, lord William Bentinck se convirtió en el primer gobernador general encargado de los territorios indios de su majestad. Lord Macaulay, abogado de formación y político experimentado, se dirigía a la India para unirse a Bentinck como miembro jurídico del Consejo de la India.

Mucho antes de que dicha ley formalizara la creación del Gobierno de la India, la Compañía Británica de las Indias Orientales había establecido un control financiero y político sobre las riquezas de Oriente. Durante el siglo anterior, las especias, el té, los textiles, el opio y la riqueza de la India se convirtieron en el motor económico del Imperio británico. Lord Macaulay y el resto del Consejo tenían la tarea de conseguir que la joya de la corona imperial británica siguiera brillando intensamente.

Cuatro largos meses en el mar dieron a Macaulay mucho tiempo para satisfacer su voraz apetito de lectura. Devoró varios volúmenes de Voltaire en francés, así como la *Ilíada*, la *Odisea* y otras obras en latín, español, italiano e inglés. Pero a pesar de su clara afición por los idiomas, no estaba familiarizado con el sánscrito, la lengua en la que están escritos muchos textos antiguos de la India. Ni durante el viaje ni en los cuatro años que pasó en la India intentó aprender nada de esta lengua ni leyó ninguna obra escrita por un autor indio. Para qué molestarse, si como dejó claro su famoso discurso sobre educación titulado *Macaulay Minute*, publicado en 1835, «He conversado tanto aquí como en casa con hombres distinguidos por su dominio de las lenguas orientales [...] Nunca he encontrado a nadie entre ellos que pudiera negar que un solo estante de una buena biblioteca europea valía por toda la literatura nativa de la India y Arabia [...] cuando pasamos de las obras creativas a las obras en las que se registran hechos y se investigan principios generales, la superioridad de los europeos se vuelve absolutamente incalculable».

¿Cuál fue el consejo que dio Macaulay al gobernador general Bentinck? Educar a los indios para ser ingleses. Su visión era crear una clase de indios educados en inglés, que podrían actuar como enlace entre los señores británicos y sus súbditos, lo que sería de gran ayuda para mantener el imperio funcionando de forma eficiente. La posterior Ley de Educación de 1835 estuvo muy influida por los consejos de Macaulay. Como resultado, el apoyo financiero a las lenguas y ciencias indias disminuyó en favor de la educación occidental basada en el inglés, y al pensamiento occidental se le dio más importancia que al conocimiento y la cultura locales. De hecho, el inglés se convirtió en una de las principales lenguas de la India, aunque sobre todo entre la élite rica. Incluso hoy, el inglés crea una barrera invisible que separa a la sociedad india.

Pero este capítulo trata de un resquicio de esperanza. A una joven llamada Bibha Chowdhuri, nacida en la India británica, concretamente en la actual Calcuta, su educación en inglés le permitió iniciar un viaje que la llevaría a los pasillos sagrados del

Imperial College y al descubrimiento de los componentes esenciales de la naturaleza.

Una estudiante bengalí en la India británica

Cuando era estudiante, nunca oí hablar de Bibha Chowdhuri, aunque soy bengalí como ella y también fui a la escuela en Calcuta. A pesar de sus importantes contribuciones a la física, fue olvidada tanto por la comunidad física como por la comunidad bengalí. De hecho, aunque se graduó en el Bethune College de Calcuta, la universidad no la incluye en su lista de exalumnas notables. Nacida en 1913, Chowdhuri fue a la escuela en Calcuta unos sesenta años antes que yo. No parece tanto, pero entre su época y la mía todo cambió. Yo crecí en una India libre, pero ella no.

Sin embargo, tenemos algunas cosas en común. Bethune era una escuela de niñas, al igual que la escuela secundaria a la que asistí en Calcuta. Mirando atrás, me doy cuenta de lo importante que eso fue para mí. Las aulas de ciencias eran espacios seguros. No tenía que sentirme como una extraña en un aula llena de chicos, como me había sentido años antes en mi escuela primaria mixta. Lo mismo le ocurrió a Chowdhuri, y quizá eso también la benefició. Nuestra común herencia bengalí también significaba que nuestras familias valoraban mucho la educación. Lo que no era tan común en la época de Chowdhuri era que las niñas estudiaran, sobre todo ciencias. Este era uno de los pocos temas en los que los hombres ingleses e indios coincidían en gran medida: ninguno daba mucha importancia a la escolarización de las niñas. Después de todo, una mujer criada para formar un buen matrimonio no tendría mucha necesidad de una educación formal, ya fuera en la India o en Inglaterra. Pero la madre de Bibha, Urmila Devi, esperaba más de su hija.

Urmila era hija de un misionero del Brahmo Samaj, un movimiento reformista del hinduismo que nació en 1828. En el centro de los ideales del brahmoísmo estaban la emancipación y la educación de las mujeres. Cuando Urmila conoció a Banku Bihari Chowdhuri, médico de una rica familia zamindar (terrateniente), ella y su familia insistieron en que él debía hacerse miembro del Brahmo Samaj para poder contraer matrimonio. Él aceptó, y así se casaron y tuvieron un hijo y cuatro hijas, incluida Bibha, que fue la tercera. Los cinco hijos recibieron una buena educación conforme a las doctrinas Brahmo. Uno de los problemas de la educación de las niñas en aquella época era la falta de maestras, pero fue un problema que los samaj afrontaron; muchas mujeres brahmo decidieron agradecer su educación convirtiéndose luego en maestras. Roma, la hermana de Bibha, llegó a ser maestra en la Brahmo Balika Shikshalaya (escuela brahmo de niñas), fundada en 1890 en Calcuta y que actualmente sigue en activo. Bibha tenía ambiciones aún mayores.

En el instituto, yo indudablemente prefería mis clases de física a otras ciencias como la biología, sobre todo porque me gustaba más resolver los problemas utilizando las matemáticas en lugar de memorizar nombres impronunciables de flora y fauna. Así que cuando estaba en secundaria ya sabía que quería estudiar física y matemáticas. Chowdhuri también decidió estudiar física después del bachillerato y acabó sus estudios en el Scottish Church College en 1934 con una especialización en física. Ese título le permitió matricularse, ese mismo año, en un máster en física en el prestigioso Rajabazar Science College de la Universidad de Calcuta.

Cuatro años antes de la admisión de Chowdhuri, el Rajabazar College había hecho historia. El profesor C. V. Raman y su estudiante K. S. Krishnan descubrieron que cuando la luz interactúa con un material transparente puede cambiar tanto su energía como su dirección, un fenómeno que ahora se denomina *efecto Raman*. Raman pensó que el descubrimiento era tan importante que le valdría el Premio Nobel, e incluso reservó un viaje a Inglaterra en previsión de ello. Y tenía razón. El efecto Raman fue reconocido con el Premio Nobel de Física de 1930, lo que convirtió a su descubridor en el primer asiático galardonado con el Nobel en una disciplina científica. Y lo más importante de todo, el logro fue realmente de cosecha propia. En aquella época, la universidad recibía muy pocos fondos de las arcas del imperio por temor a que estos se utilizaran para promover el activismo contra el dominio británico. Además, los británicos no estaban muy comprometidos con la educación superior de los indios más allá del nivel necesario para gestionar eficazmente el país.

A pesar de la falta de apoyo del Gobierno colonial, Rajabazar consiguió sobrevivir gracias a las grandes donaciones de indios eminentes, dependiendo totalmente de sus académicos y profesores. Raman ocupó la cátedra Palit, financiada por un abogado llamado Taraknath Palit. La maravillosa historia de éxito de C. V. Raman y el alto nivel del Departamento de Física proporcionaron a Bibha Chowdhuri el estímulo necesario para iniciar su propio camino. En 1936 finalizó su máster en física. Fue la única mujer de su promoción —compuesta por veinticuatro alumnos— en obtener un título de posgrado en la universidad, y la tercera de toda la historia.

Los brillantes Bose

Si subes a la montaña más alta de las islas Británicas, Ben Nevis, en Escocia, podrás contemplar unas vistas gloriosas y despejadas a lo largo de cientos de kilómetros en todas direcciones. Cada año, unos 150.000 escaladores ascienden este pico de 1.300 metros de altura. En la cima se encuentran las ruinas de un observatorio que estuvo operativo entre 1883 y 1904, años en los que recogió datos sobre el inconstante clima escocés. Pero el verdadero impacto del observatorio se debió a la idea que se le ocurrió a Charles Thomson Rees Wilson en 1894, cuando trabajaba allí. Wilson estaba fascinado por las nubes y los hermosos halos de arcoíris (llamados *glorias*) que a veces se veían alrededor de las sombras de objetos en la niebla, y quería recrearlos y estudiarlos en un laboratorio.

En el Laboratorio Cavendish de Cambridge empezó a experimentar con aire húmedo caliente en un recipiente de vidrio sellado: una cámara de niebla. Cuando disparó rayos X a través de la cámara, se dio cuenta de que dejaban cintas de diminutas gotas de agua en el interior de esta, muy parecidas a las estelas que dejan los aviones en el cielo. Se percató de que el vapor de agua se condensaba en gotas alrededor de partículas cargadas dentro del contenedor. En 1911 fue capaz de fotografiar en su «detector de partículas» las huellas de gotas de agua dejadas por electrones cargados negativamente, así como las de las partículas alfa cargadas positivamente (núcleos de helio). Las imágenes causaron un gran revuelo. Los científicos empezaron a construir sus propias cámaras de niebla para poder captar las huellas de las partículas.

En 1932, Debendra Mohan Bose sucedió a Raman como titular de la cátedra Palit de física en la Universidad de Calcuta. Bose también nació y creció en una familia brahmo, rodeado de algunos de los más grandes (y ricos) intelectuales bengalíes de la época. El hermano de su padre, Ananda Mohan Bose, estudió en la Universidad de Cambridge y en 1876 fundó la Asociación Nacional India (INA, por sus siglas en inglés), la primera organización nacionalista del país. La INA desempeñaría un papel fundamental en el futuro movimiento independentista indio. Pero el tío materno de Debendra, Jagadish Chandra Bose, fue quien más influyó en él. Jagadish Bose obtuvo una licenciatura en Cambridge y un doctorado en el University College de Londres en 1896. Después, regresó a la India para ocupar un puesto de profesor de física en la Universidad de Calcuta.

Hoy en día, el Bose más conocido en todo el mundo es probablemente el hombre que hay detrás de la multimillonaria empresa de audio que lleva su nombre, o quizá el físico Satyen Bose, cuyo nombre se hizo famoso al formar parte del bosón de Higgs. Pero Jagadish Bose fue sin duda el más grande de todos los Bose, la primera persona que demostró, en 1897, que las ondas de radio se podían utilizar para la comunicación. Dado que era profundamente idealista, se negó a patentar su trabajo y a beneficiarse personalmente de él. Un par de años más tarde, Guglielmo Marconi utilizó el invento de Bose para hacer una demostración del funcionamiento de su radio. Recibió el Premio Nobel en 1901 y una lucrativa patente por su invento. Nunca reconoció la contribución de Bose.

Sin embargo, a Jagadish Bose no le preocupaba atribuirse el mérito. También fue un verdadero polímata que hizo importantes contribuciones en óptica, botánica, biología e incluso en ciencia ficción. Los laboratorios de la India no se parecían en nada a los occidentales, los cuales contaban con una importante financiación, pero puede que, en el fondo, eso fuera positivo. Bose ideó y construyó su propio equipo, que podía ajustar y mejorar para diversos fines. Por ejemplo, inventó un crescógrafo, con el que podía monitorizar la minúscula respuesta de diversos organismos a los estímulos. Gracias a su nuevo aparato, pudo establecer paralelismos entre los tejidos animales y vegetales. En una espectacular presentación ante un auditorio repleto en la Royal Society de Londres, en 1901, utilizó su dispositivo para seguir en tiempo real la agonía de una planta expuesta a una solución venenosa. El público quedó cautivado.

Jagadish Bose fue también el primero que descubrió y estudió las microondas milimétricas y el primero que utilizó semiconductores para construir detectores de ondas de radio, medio siglo antes del desarrollo de la industria de semiconductores en Estados Unidos. Sorprendentemente, muchos de los componentes de microondas que construyó siguen funcionando hoy en día, y sus diseños se utilizan en los radiotelescopios modernos.

Aunque sus investigaciones fueron prolíficas, Bose consideraba que la educación científica era su principal vocación. Por esa razón, fundó el Instituto Bose en Calcuta, del que fue director durante veinte años. Cuando su cuñado falleció repentinamente,

Jagadish Bose se encargó de supervisar la educación de su sobrino Debendra Mohan. Debendra se benefició enormemente de la tutoría de su tío. Se licenció en Física en la Universidad de Calcuta en 1906 y trabajó un tiempo en investigación biofísica con su tío antes de marcharse al extranjero en 1907 para ampliar sus horizontes.

Lógicamente, Debendra fue a la Universidad de Cambridge. A esas alturas, es posible que en Cambridge pensaran que todos los Bose eran excepcionales, y Debendra no defraudó. También trabajó en el famoso Laboratorio Cavendish, donde conoció a C. T. R. Wilson, el inventor de la famosa cámara de niebla para detectar partículas. El trabajo de Wilson influiría enormemente en la futura carrera investigadora de Bose. Tras licenciarse en Física en el Royal College de Londres, en 1912, Bose regresó a la India y pronto le ofrecieron un puesto en la Universidad de Calcuta. Una beca para viajar le permitió regresar a Europa en 1914 y visitar Berlín durante dos años, pero debido al estallido de la guerra mundial, se vio obligado a quedarse allí cinco años. Gracias a ese tiempo extra pudo mejorar el diseño de la cámara de niebla de Wilson. Con su nuevo detector, tomó las primeras fotografías de las huellas de protones producidas por la radiación alfa en la cámara. Al final de la guerra, el británico de origen indio había obtenido irónicamente un doctorado alemán, bajo la supervisión conjunta de Heinrich Rubens y del veterano estadista de la física alemana, el premio Nobel Max Planck.

D. M. Bose regresó a la Universidad de Calcuta en 1919 para retomar su puesto de profesor de física. Con la ayuda de sus estudiantes utilizó su cámara de niebla para hallar nuevas e importantes partículas. También exploró las propiedades magnéticas de los compuestos y descubrió un nuevo efecto magnético que lleva su nombre. Al igual que su tío Jagadish, publicó sus trabajos en las mejores revistas del mundo, incluidos doce artículos en *Nature*. Cuatro de ellos los escribió en coautoría con Bibha Chowdhuri, prima de su esposa, que por entonces era su colaboradora.

Chowdhuri había solicitado entrar en el equipo de investigación de Bose después de completar su licenciatura en 1936. Al principio, Bose dudó. No era inmune a las actitudes sexistas imperantes sobre las capacidades de las mujeres. Pero Chowdhuri persistió, y probablemente su relación familiar la ayudó. Bose cedió y acabó aceptándola como parte de su equipo de la Universidad de Calcuta. Se centraron en la física de partículas. Dos años más tarde, en 1938, murió Jagadish, el querido tío de Bose. ¿Quién mejor que su sobrino y discípulo para sustituirle como director del Instituto Bose? Así que Debendra Bose dejó la Universidad de Calcuta para convertirse en director del Instituto Bose y continuar la gran obra de su tío: educar a la juventud india en un instituto de investigación de primer orden. Su equipo de investigación, del que formaba parte Bibha Chowdhuri, lo siguió hasta allí. Junto con Bose, Chowdhuri se propuso detectar la presencia de partículas de alta energía en la atmósfera. El problema era que la cámara de niebla que había diseñado Bose no era lo suficientemente buena para dicha tarea. Tenían que adoptar un nuevo enfoque.

El rastreador de partículas

Las cámaras de niebla eran apasionantes porque iluminaban milagrosamente el mundo subatómico. Pero también planteaban importantes retos. Para captar una imagen era necesario que la cámara se colocara como es debido y, además, debía enfocarse correctamente. Había que tomar muchas fotografías con la esperanza de captar las huellas de las partículas en el momento justo. La resolución de las huellas se limitaba a unos pocos milímetros. Y, en su conjunto, el sistema no era muy móvil, por lo que era tremendamente difícil detectar partículas en lugares distintos. Pero, en Austria, una mujer llamada Marietta Blau había desarrollado una técnica muy prometedora.

Nacida en 1894, Blau creció en Viena, a mundos de distancia de Bibha Chowdhuri. Sin embargo, sus vidas y carreras se verían notablemente influidas por fuerzas que estaban fuera de su control, y sus exploraciones en el campo de la física se cruzarían de una forma que jamás habrían podido predecir. La joven Marietta, conocida como Etta, creció en una familia judía acomodada rodeada por el arte, la cultura y la música de Viena. Su padre era un abogado aficionado a las artes y el hermano de su madre dirigía una importante editorial musical que ofrecía partituras de compositores como Gustav Mahler. Marietta fue una gran amante de la música clásica durante toda su vida.

Al igual que Bibha Chowdhuri (y que yo), Marietta fue a un instituto femenino y aprobó, de forma brillante, los exámenes de fin de estudios en 1914. El estallido de la guerra ese mismo año ofreció a las mujeres la oportunidad de estudiar en la universidad mientras los hombres estaban en la guerra. Marietta se matriculó en física en la Universidad de Viena. En aquella época, el cercano Instituto para la Investigación del Radio, centro líder en la investigación de la radiactividad, tenía el mayor almacén de radio del mundo. Su primer contacto con la investigación fue en los cursos de laboratorio que daba la institución. Posteriormente, inició un doctorado con el que pretendía estudiar los rayos gamma. Descubrió un proceso que emitía radiación de alta energía que ayudó a explicar algunas anomalías detectadas en observaciones previas de la absorción de rayos gamma. Los resultados se publicaron en las actas de la Academia Imperial de Ciencias y gracias a ese trabajo obtuvo el doctorado en 1919.

Al igual que Lise Meitner, Blau no tardó en darse cuenta de que, en Austria, las puertas del mundo académico estaban cerradas a las mujeres. Así que no le quedó otra alternativa que seguir los pasos de Meitner y marcharse a Berlín en 1921 en busca de mejores oportunidades. Mientras que Meitner había aceptado puestos no remunerados en el mundo académico, Blau optó por la industria. Encontró trabajo en Furstenau, Eppens & Co., fabricante de tubos de rayos X. El trabajo era agradable y le permitía pagar las facturas, pero las largas jornadas de trabajo eran agotadoras. Dimitió en 1922 y empezó a trabajar como profesora adjunta en el Instituto de Física Médica de la Universidad de Fráncfort. El hecho de que contrataran a una mujer para desempeñar ese puesto era una clara demostración de la gran experiencia técnica que Blau había adquirido en el creciente campo de la física de las radiaciones. Ayudó a formar a médicos y doctorandos en el uso de rayos X y publicó artículos científicos sobre sus estudios de las propiedades y efectos de la radiación.

La profesora Blau iba por buen camino en su carrera académica, pero echaba de menos a su familia y su tierra natal. En 1923 regresó a Viena para cuidar de su madre enferma. La ciudad a la que regresó no era la misma que había dejado. El antisemitismo iba en aumento y el mundo académico no era inmune al odio y al miedo. La Unión de Estudiantes Católicos pidió que las universidades austriacas fueran centros de cultura cristiana: «Tenemos que protegernos a nosotros mismos y prohibir la presencia de todos esos parásitos que nos están invadiendo». Esa declaración fue obra de Engelbert Dollfuss, el futuro canciller de Austria.

En ese ambiente, no era de extrañar que, como mujer judía, Blau no tuviera perspectivas de obtener un puesto académico a pesar de su experiencia laboral y su probada capacidad investigadora. Pero el Instituto para la Investigación del Radio estaba dirigido por Stefan Meyer, una persona muy apreciada por su amabilidad y su apoyo a todos los investigadores, independientemente de su procedencia. Varias mujeres trabajaban como voluntarias en el instituto, y Blau se unió a ellas como investigadora no remunerada. De ese modo, al menos podía seguir con su investigación, muy en la línea de lo que se estaba haciendo en el instituto. Al igual que ocurrió con Meitner, fue su familia quien la apoyó económicamente durante ese tiempo. Uno de los investigadores del instituto, Hans Pettersson, estaba buscando un método eficiente para detectar los protones cargados positivamente que eran emitidos en las reacciones nucleares. Le sugirió a Blau que explorara el uso de emulsiones fotográficas para detectar esas partículas.

Es fácil olvidar lo laboriosa que era la fotografía antes de la aparición de las cámaras digitales. Para tomar una fotografía en blanco y negro a principios del siglo XX, había que hacer unas cuantas cosas. Primero había que cubrir una placa de cristal (más tarde, sería ya una película de plástico) con una emulsión especial de ciertas sustancias. En la época en la que Blau comenzó sus experimentos, la emulsión consistía en cristales de bromuro de plata suspendidos en gelatina. Cuando la luz incidía en la placa de cristal, descomponía los cristales y dejaba una huella de la cantidad de luz que incidía en cada parte de la placa de vidrio. Esta imagen invisible se podía revelar utilizando otros compuestos químicos para fijar la plata descompuesta y eliminar los cristales no expuestos. El resultado era la formación de una imagen en la placa que era más oscura en las regiones que contenían más plata (donde había incidido más luz) y más clara en las demás. Se trataba de un «negativo», ya que las regiones más iluminadas eran más oscuras y viceversa. Luego se podía obtener una fotografía proyectando luz a través del negativo sobre papel fotosensible.

La fotografía se inventó para registrar el mundo visible que nos rodea, pero resultó ser igualmente útil para captar el mundo que nuestros ojos no pueden ver. En 1895, Wilhelm Röntgen descubrió que los rayos X podían oscurecer las emulsiones fotográficas y, al año siguiente, Henri Becquerel fue capaz de detectar la radiación invisible del uranio con la misma técnica. El equipo de Ernest Rutherford comenzó a utilizar el método para detectar la energía emitida durante la desintegración nuclear, recurriendo a las placas fotográficas disponibles en la época. Wilhelm Michl, del Instituto para la Investigación del Radio de Viena, también trabajó en la detección de partículas alfa con el método de la emulsión, pero fue uno de los muchos que nunca regresaron de la guerra. El proyecto permaneció inactivo durante la década siguiente hasta que Marietta Blau llegó al instituto.

La sensibilidad de las emulsiones para detectar diferentes tipos de partículas dependía de muchos factores, como el tamaño de los cristales, la cantidad de gelatina, el uso de productos químicos adicionales y las propiedades de las partículas que detectar. Blau se propuso explorar el efecto que tenían las distintas partículas sobre las distintas emulsiones. Entre 1924 y 1931 publicó una docena de artículos sobre sus descubrimientos. Algunos de esos artículos estaban firmados solo por ella y otros los escribió con otras mujeres del instituto. Había oído que Debendra Bose había detectado protones con una cámara de niebla y se preguntó si podría utilizar emulsiones para rastrear ese tipo de partículas. Descubrió que las huellas dejadas por las partículas alfa en los átomos de plata de la emulsión estaban más espaciadas que las dejadas por los protones. Gracias a esa característica, pudo distinguir los dos tipos diferentes de partículas.

ESTRELLAS DE DESINTEGRACIÓN

Al igual que ocurre con las partículas alfa y los protones, Marietta Blau y su alumna Hertha Wambacher eran parecidas pero diferentes. Ambas se habían graduado en la misma escuela femenina de Viena, pero Blau era pequeña y de pelo oscuro, mientras que Wambacher era rubia y alta. Formaban una extraña pareja. Pero eso no influyó en absoluto en el trabajo que hicieron juntas, al menos al principio.

Wambacher comenzó su doctorado bajo la supervisión de Blau en 1928. Juntas estudiaron cómo mejorar la detección de partículas alfa y de protones añadiendo sustancias químicas a la emulsión para reducir su sensibilidad a otros tipos de radiación. Gracias a ese trabajo se convirtieron en las primeras personas (de cualquier sexo) capaces de detectar neutrones utilizando emulsiones fotográficas. Wambacher terminó su doctorado en 1932 y continuó trabajando con su mentora durante los seis años siguientes.

Las investigaciones del dúo llamaron la atención tanto de la comunidad científica como de la fotográfica, razón por la cual la Sociedad Fotográfica de Viena les concedió a ambas una medalla por su trabajo. En 1932, cuando Blau recibió una beca de la Asociación Austriaca de Mujeres Universitarias, la utilizó para visitar la Universidad de Gotinga, en Alemania. En el camino, se detuvo en la sede de Agfa, en Leipzig, después de que la empresa de películas y cámaras le cursara una invitación. Había sido invitada por la empresa para visitar sus instalaciones y quedó muy impresionada por sus métodos de producción y ensayo. En la Universidad de Gotinga pasó unos meses estudiando la física de los cristales antes de visitar París para trabajar con Marie Curie, su hija y su yerno, Irene y Frédéric Joliot-Curie.

Blau planeaba regresar a Alemania en el verano de 1933, pero Hitler llegó al poder en enero de ese mismo año. Prudentemente, canceló sus planes y se dirigió a Viena, donde al menos el partido nazi seguía estando prohibido. Blau y Wambacher reanudaron su productivo programa de investigación y publicaron una docena más de artículos sobre el método de emulsión durante los cinco años siguientes. En 1937, la Academia de Ciencias de Viena les concedió conjuntamente el Premio Lieben por todo su trabajo. La versión austriaca del Premio Nobel, creada en 1865, era incluso más antigua que este, y hasta ese momento solo otra mujer había ganado el prestigioso galardón. Esa mujer era Lise Meitner. Ningún equipo de mujeres había ganado el premio antes que Blau y Wambacher, ni lo ha ganado desde entonces. Y su mejor trabajo aún estaba por llegar.

Inspirándose en una montaña de Escocia, Charles Wilson desarrolló su famosa cámara de niebla. Otra montaña en Austria llevó a Marietta Blau y Hertha Wambacher al mayor descubrimiento de sus vidas. Para lograrlo contaron con la ayuda de Victor Hess, de la Universidad de Innsbruck. Entre 1911 y 1920, Hess había trabajado en el instituto con Stefan Meyer. Allí desarrolló un equipo capaz de medir la radiación presente en la atmósfera.

Luego se subió a un globo con su dispositivo, arriesgando su vida, para hacer mediciones de la radiación atmosférica hasta llegar a una altura de unos cinco kilómetros sobre el nivel del mar. Tanta dedicación dio sus frutos. Descubrió que la cantidad de radiación disminuía con la altitud, pero que a partir de un kilómetro aumentaba considerablemente. Dado que también detectó radiación durante un eclipse solar, sabía que no toda procedía del Sol. Su conclusión fue que esa radiación adicional debía estar llegando a la atmósfera de la Tierra desde el espacio exterior. El físico estadounidense Robert Millikan la llamó radiación de «rayos cósmicos». Victor Hess ganó el Premio Lieben en 1919 y el Premio Nobel de Física en 1936 por su descubrimiento.

Marietta Blau quería utilizar sus emulsiones fotográficas con el fin de detectar los rayos cósmicos. En 1937 pidió permiso a Hess para colocar placas fotográficas en su observatorio de rayos cósmicos del monte Hafelekar, en Austria. Hess accedió, y Blau y Wambacher expusieron placas en el observatorio durante los meses siguientes. Lo que descubrieron las impresionó. En un artículo que publicaron inmediatamente en *Nature*, informaron de la observación de huellas muy largas en la emulsión causadas por protones de alta energía. Pero el descubrimiento más emocionante fue la observación de una imagen completamente nueva: múltiples huellas de diferentes longitudes que emanaban de un único punto, una diminuta «estrella» de rastros de partículas con brazos en diferentes direcciones. Tenían una explicación: «Creemos que el proceso en cuestión es la desintegración de un átomo [...] provocada por un rayo cósmico».

Por primera vez, Blau y Wambacher habían observado núcleos de átomos descomponiéndose y dando lugar a otras partículas al ser impactados por un rayo cósmico. La expresión «estrellas de desintegración» se extendió rápidamente entre la comunidad de físicos. Los científicos llevaban mucho tiempo intentando sondear la estructura de los núcleos pesados con partículas de alta energía, pero las energías extremas necesarias para romper los núcleos no estaban disponibles en el laboratorio. Los rayos cósmicos de alta energía eran la mejor apuesta para llevar a cabo tales estudios. Y el método de Blau y Wambacher proporcionaba una forma factible de registrar y analizar estos procesos nucleares de alta energía incluso fuera del laboratorio. El campo de la física de partículas nació en la atmósfera superior de la Tierra.

Las dos descubridoras de las estrellas de desintegración se convirtieron en superestrellas de la física. Todo el mundo estaba interesado en explorar el potencial de la nueva técnica. Nunca antes un equipo compuesto por dos físicas había sido tan conocido. Los físicos más destacados —incluidos Wolfgang Pauli, Hans Bethe y Albert Einstein— debatieron sobre el descubrimiento. Cuando visitó Europa, C. V. Raman quedó tan fascinado por las imágenes que se llevó algunas placas de emulsión a la India para poner en marcha su propio programa de investigación. Animada por el sorprendente éxito de su método, Blau hizo grandes planes para seguir investigando los procesos nucleares que tienen lugar en la atmósfera. En otoño de 1937 escribió a Friedrich Paneth, químico del Imperial College de Londres, para pedirle un favor. Quería enviarle placas fotográficas para que las llevara en sus vuelos en globo, a lo que él accedió. Mientras tanto, en Alemania, Werner Heisenberg había aplicado la teoría cuántica al problema de las colisiones de rayos cósmicos con átomos atmosféricos y predijo que, en el proceso, se emitirían numerosas partículas. Su idea se podía probar con el método de la emulsión. Pero Alemania se hallaba en una peligrosa senda política y el mundo nuclear de Marietta Blau estaba a punto de desintegrarse.

Ser mujer en el instituto ya suponía un reto. Ser judía hacía que la situación fuera mucho más difícil. El antisemitismo, en Austria y en el instituto, estaba creciendo a gran velocidad. Muchos científicos del instituto eran abiertamente parciales. Y la colaboradora más cercana de Blau, Hertha Wambacher, fue miembro del partido NSDAP (nazi) en sus inicios. Todos los años que pasó investigando exitosamente con Blau no fueron suficientes para derribar los prejuicios de Wambacher contra los judíos. Así, en 1938 su relación laboral se había vuelto insostenible.

Blau, reservada por naturaleza excepto cuando se trataba de discusiones científicas, nunca se quejó. Sabía que lo mejor era no dar a la facción pronazi del instituto ninguna excusa para que la pudieran atacar, tanto a ella como al resto de los científicos judíos. Sin embargo, la doctora Ellen Gleditsch, una científica de Oslo que estaba de visita, se dio cuenta de lo precaria que era la posición de Blau y la invitó a que la visitara en Noruega como pretexto para sacarla del país. Blau aceptó la invitación, pero pospuso su viaje varias veces por diversos motivos. Por fin, el 12 de marzo de 1938, abandonó Viena. Fue muy oportuna. Era el día de la Anschluss, la anexión alemana de Austria, que propagó por todo el país el miedo y la violencia contra los judíos. Mientras se iba, Marietta Blau vio a las tropas alemanas marchando hacia la ciudad y fue consciente de que nunca podría regresar.

Sola en Noruega, y todavía impactada por lo sucedido, Blau reflexionó sobre cuáles debían ser sus próximos pasos. La situación era preocupante porque su madre seguía en Viena y su salud era delicada. ¿Y entonces, qué? La invitación a Oslo era solo para una visita, aunque Blau pudo prorrogar su permiso de estancia en Noruega y obtener un pasaporte alemán, pues el austriaco ya no era válido. Pero ¿dónde iba a trabajar? En Alemania destituyeron aproximadamente a uno de cada siete científicos en virtud de la política alemana de contratar solo trabajadores arios.

La ayuda se la proporcionó finalmente otro físico judío. En 1938, Albert Einstein había sido invitado a dar una conferencia en México, pero declinó la invitación por razones personales. En su lugar, sugirió utilizar los fondos para contratar a Marietta Blau. Escribió a un colega explicándole la situación de Blau y preguntándole si había un puesto disponible para «una física de extraordinario talento [...], una persona realmente valiosa, capaz de impulsar la empresa científica en cualquier lugar y con recursos modestos». ¿Quién podría decir que no a alguien a quien Einstein tenía en tan alta consideración? Pronto le ofrecieron un puesto de profesora en la Universidad Técnica de México. Y para su alivio, a su madre le concedieron un permiso de salida de Austria.

En octubre de 1938, Marietta Blau voló en zepelín a Londres para reunirse con su madre. En el camino, el dirigible alemán hizo una parada en Hamburgo, pero los pasajeros internacionales que habían embarcado fuera de Alemania estaban a salvo de ser detenidos. Años más tarde, reveló a un amigo íntimo que en aquel momento registraron sus pertenencias y confiscaron toda su investigación, pero al menos le permitieron seguir hasta Londres. Aquello supuso que los materiales de su investigación llegaran a manos de Hertha Wambacher, en su antiguo instituto de Austria. Wambacher y su colega Georg Stetter continuaron trabajando en el método fotográfico y pronto publicaron un trabajo que tenía mucho que ver con la investigación que Blau había planeado, aunque prácticamente sin mencionarla. Ahora tenían toda la libertad del mundo para restar importancia al papel de Blau en todo el desarrollo del método fotográfico y en el nacimiento de la investigación en física de partículas, afirmando que fueron ellos quienes pusieron en marcha ese campo científico.

En 1939, Hertha Wambacher obtuvo su certificado de habilitación que la cualificaba para ocupar un puesto en la facultad. Sus compañeros del instituto, Georg Stetter, Gerhard Kirsch y Gustav Ortner, que habían apoyado a los nazis, también lo consiguieron después de 1938. Georg Stetter fue nombrado director de un nuevo instituto de investigación de neutrones donde se realizaron las primeras mediciones precisas de la energía emitida por la fisión del uranio. Kirsch pasó a dirigir el Primer Instituto de Física y Ortner asumió la dirección del Instituto para la Investigación del Radio tras el despido fulminante de Stefan Meyer. La física austriaca nunca volvería a ser la misma.

Después de que Marietta Blau se reuniera con su madre en Londres, juntas cruzaron el Atlántico hacia una nueva vida en México. Ese mismo año, en la sede de Ginebra de la Sociedad de Naciones, el Gobierno mexicano protestó oficialmente contra la invasión alemana de Austria y su posterior anexión. Ningún otro país se unió a México en la redacción de la protesta formal. Cuando los submarinos alemanes hundieron petroleros mexicanos en 1942, México declaró la guerra a las potencias del Eje.

Un descubrimiento inesperado

Mientras Blau y su madre navegaban hacia Norteamérica, la noticia de la nueva técnica para observar partículas atmosféricas había llegado a la India. De hecho, un grupo de científicos de Bombay llevaba exponiendo emulsiones fotográficas a los rayos cósmicos desde 1935, gracias a lo cual habían observado rastros en forma de estrella causados por la desintegración nuclear. Al ver el revuelo causado por el artículo de Blau y Wambacher, publicaron rápidamente sus propios resultados en *Nature* en 1938, explicando su descubrimiento anterior, pero para entonces el artículo de Blau y Wambacher ya había sido ampliamente leído y su afirmación de ser los primeros en observar las estrellas fue ignorada. El hecho de estar en la India y no en el corazón de Europa tampoco ayudó.

Al otro lado del país, en Calcuta, Debendra Bose y Bibha Chowdhuri decidieron dejar de lado la cámara de niebla de Bose y en su lugar utilizar emulsiones para estudiar las partículas atmosféricas, reconociendo así las ventajas del método fotográfico. Las largas exposiciones tomadas durante muchos meses les permitirían estudiar reacciones nucleares raras que estaban fuera del alcance de la cámara de niebla. Chowdhuri optó por utilizar las mismas placas especialmente recubiertas «R2 Half Tone», de la empresa Ilford, que Blau y Wambacher habían utilizado para sus observaciones. Una vez más fue en localizaciones de montaña donde se realizaron sorprendentes descubrimientos de la física de partículas. En esta ocasión fue en Sandakhpu y Darjeeling, los lugares de veraneo favoritos de los británicos en la India.

Entre 1940 y 1942, Bose y Chowdhuri publicaron cuatro artículos en *Nature*, un número asombroso, dado el prestigio de la revista y su historial de rechazos de propuestas de alta calidad de los mejores investigadores. En este caso, no había duda de la calidad e importancia del trabajo. En esos artículos explicaban su análisis de las huellas grabadas en las emulsiones. Cuando Chowdhuri examinó las placas, observó que algunas de las huellas grabadas eran más curvas que las relativamente rectas causadas por protones o partículas alfa. Los dos investigadores idearon un método que les permitiría utilizar el grado de curvatura para calcular la masa de las partículas que crearon el rastro. Cuanto menor era la masa de la partícula, más curvado era el rastro. Estimaron que la masa media de una partícula inductora de curvatura era menor que la de un protón, pero aproximadamente doscientas veces la masa de un electrón. Se trataba de un «mesotrón», una partícula de masa media.

A pesar de este emocionante descubrimiento de una nueva partícula, Bose y Chowdhuri tuvieron que abandonar su investigación. Otros estudios requerirían mediciones más precisas. Eso significaba disponer de mejores placas fotográficas con emulsiones personalizadas. Durante la guerra, no había manera de acceder o pagar para obtener mejores placas. Bose, como investigador principal, fue probablemente el responsable de decidir poner fin a la investigación, aunque no hay constancia de cómo se tomó la decisión. En cualquier caso, Chowdhuri no tuvo más opción que pasar a otros proyectos. Con cuatro artículos en *Nature* y otras publicaciones en su haber, estaba dispuesta a mirar más allá del limitado ámbito de la investigación india. Decidió irse a Inglaterra a hacer un doctorado.

Mientras tanto, en 1939, en la Universidad de Bristol, Inglaterra, Cecil Powell empezó a colaborar con Ilford, el fabricante de las placas utilizadas por Blau y Chowdhuri. También se había enterado del avance logrado por Blau y Wambacher y estaba interesado en utilizar emulsiones nucleares para detectar partículas atmosféricas. La guerra detuvo sus investigaciones durante algunos años, pero reanudó su trabajo a lo grande después de 1945, y para ello empleó a varias mujeres jóvenes con el fin de escanear las placas fotográficas y encontrar pistas interesantes. (Las mujeres fueron apodadas «el coro de bellezas de Cecil»). En 1947, utilizando las placas «de tono completo» mejoradas que le había proporcionado Ilford, utilizó el método ideado por Bose y Chowdhuri para identificar partículas de masa media. A diferencia de sus trabajos anteriores, sus descubrimientos tuvieron un gran impacto.

Las placas de tono completo mejoradas permitieron al equipo de Powell identificar inequívocamente dos tipos diferentes de mesones (nombre que se le da actualmente a los mesotrones). Descubrieron que un mesón primario, al que llamaron mesón pi o pion, decaía en un mesón mu secundario (muon). El descubrimiento del pion fue muy importante. Era una partícula cuya existencia se había predicho en un artículo publicado en 1935.

Fuerzas fuertes

Una de las grandes cuestiones que la física nuclear de la época no había resuelto era la siguiente: ¿qué es lo que mantiene unido el núcleo de un átomo? Los protones cargados positivamente dentro del núcleo deberían repelerse unos a otros, así que ¿cuál era el mecanismo que unía a todos los protones y neutrones del núcleo? Los físicos más distinguidos de la época, incluidos Heisenberg y Fermi, estaban trabajando en ese problema, pero el universo reveló la solución a un desconocido científico japonés llamado Hideki Yukawa. En una nueva y audaz teoría, Yukawa propuso un nuevo tipo de fuerza que llamó fuerza nuclear «fuerte». Esta fuerza de atracción era lo suficientemente fuerte como para superar la fuerza de repulsión existente entre los protones dentro del núcleo. Sin embargo, a distancias mayores que el tamaño del núcleo, el efecto de la fuerza fuerte era insignificante y podía ignorarse. Yukawa presentó los cálculos que demostraban la existencia de las propiedades de la fuerza nuclear fuerte en un artículo de 1935 y predijo algo más: la fuerza nuclear estaba relacionada con el intercambio de un nuevo tipo de partícula entre los protones y los neutrones. Calculó que la nueva partícula (más adelante denominada *mesón*) era más pesada que un electrón, pero más ligera que un protón, y su masa sería aproximadamente doscientas veces superior a la del electrón.

Al principio, la hermosa teoría de Yukawa fue ignorada. Si los más grandes físicos del mundo no habían encontrado una solución, ¿cuáles eran las posibilidades de que este joven japonés la hubiera descifrado? Yukawa sabía que para que su teoría fuese considerada válida había que encontrar la partícula que se intercambiaba. Tuvo que esperar casi quince años para que la técnica fotográfica de Blau allanara el camino que acabaría conduciendo a la captura de su esquivo mesón. El pion de Cecil Powell tenía las propiedades predichas para el mesón de Yukawa y por fin se demostró que tenía razón. Yukawa había indagado dentro del corazón del núcleo y descubierto una fuerza de la naturaleza. Finalmente, el mundo le brindó el reconocimiento que merecía. Dos años después del anuncio del pion por Powell en 1947, Hideki Yukawa se convirtió en el primer japonés en lograr el Nobel. Ganó el Premio Nobel de Física de 1949.

Al año siguiente, el mismo premio le fue concedido a Cecil Powell. En la mención del Nobel se afirmaba que le concedían el premio «por su desarrollo del método fotográfico para el estudio de los procesos nucleares y sus descubrimientos sobre los mesones realizados con dicho método». No había mención alguna a la verdadera diseñadora del método fotográfico, Marietta Blau. Y tampoco hubo reconocimiento para Bose y Chowdhuri, que habían desarrollado la técnica que Powell utilizó para confirmar el pion y que, además, fueron los primeros en obtener pruebas de la existencia del mesón. En su discurso, Powell describió el método fotográfico con cierto detalle, pero omitió llamativamente los nombres de Blau y Wambacher (así como el del «coro de bellezas» de Powell). De hecho, Erwin Schrödinger había nominado a las dos austriacas para el Nobel en 1950, y el comité tenía la opción de nombrar hasta tres ganadores conjuntos ese año, pero prefirieron quedarse con Powell y Yukawa como únicos ganadores en años consecutivos en lugar de incluir a las otras protagonistas de la historia. Yukawa y Powell se mencionaron mutuamente en sus discursos de aceptación del Nobel, pero omitieron a sus compañeros y compañeras de Austria e India.

En cuanto a la candidatura de Blau y Wambacher al Nobel, el comité encontró muchas razones para restar importancia a sus contribuciones. Argumentaron que en realidad fue Ilford quien mejoró las placas fotográficas, que las estrellas de desintegración ya se habían visto antes y que otros habían tenido la idea de utilizar el método fotográfico antes que aquellas dos mujeres. Ninguna de estas objeciones se le echó en cara a Powell. Incluso hoy en día, si buscamos en Google en los sitios web de los Premios Nobel de 1949 y 1950, no aparecen los nombres de Marietta Blau y Hertha Wambacher. Quizá sea necesario inventar una nueva emulsión capaz de detectar a las físicas.

En cuanto a la pareja de científicos indios, nunca fueron nominados y ni siquiera aparecieron en el radar del Comité del Premio Nobel. Por supuesto, Cecil Powell conocía su trabajo. Lo citó en sus publicaciones y, una década más tarde, en 1959, reconoció su contribución en el libro titulado *The Study of Elementary Particles by the Photographic Method*:

> En 1941, Bose y Chowdhuri señalaron que es posible, en principio, distinguir entre las huellas de protones y mesones en una emulsión [...], cuanto menor es su masa, más se desvía su trayectoria de una línea recta [...] Bose y Chowdhuri expusieron placas de «medio tono» en altitudes montañosas y examinaron la dispersión de las huellas resultantes. Su conclusión fue que muchas de las partículas cargadas detenidas en sus placas eran más ligeras que los protones, siendo su

masa media de ~200m[e] [...] La base física de su método era correcta; y su trabajo fue la primera aproximación al «método de dispersión» capaz de determinar los momentos de las partículas cargadas mediante la observación de las huellas que dejaban en la emulsión.

Reconstrucción

En 1938, cuando Marietta Blau navegaba lejos de su patria en dirección a México, el descubrimiento del pion y la historia de los Nobel aún no se habían producido. Tenía frente a ella un mundo lleno de nuevas posibilidades y no quería mirar atrás. Estaba dispuesta a utilizar sus habilidades de cualquier manera posible para ayudar al país que le había ofrecido un nuevo hogar. Además, aunque las autoridades alemanas habían confiscado su investigación, ella seguía poseyendo sus conocimientos y su experiencia, y albergaba la esperanza de poder continuar con sus estudios sobre los rayos cósmicos. Se había puesto de acuerdo con Friedrich Paneth para que este revelara las placas fotográficas que transportaba en sus vuelos en globo y se las enviara directamente a ella en México para analizarlas. ¿Qué mejor manera de desairar a los que la habían obligado a huir que seguir trabajando?

Sin embargo, las cosas no salieron según lo previsto. Blau había subestimado lo diferente que era el entorno académico y de investigación en México. A pesar de que se esforzó enormemente, no le resultó fácil adaptarse a su nueva realidad. Era la única mujer entre el medio centenar de profesores de la Universidad Politécnica de Ciudad de México. No era sencillo encontrar equipos de investigación y aún era más difícil poder comprarlos; incluso un simple microscopio para escanear placas fotográficas. Además, apenas tenía tiempo para pensar en la investigación debido a su pesada carga docente, pues todas las clases las daba en español. En una carta a Einstein, le habló de una prometedora oferta de trabajo para un laboratorio de investigación física en una universidad de Morelia, en el centro de México, pero todo el equipo de laboratorio recién adquirido desapareció misteriosamente, al igual que el trabajo. El equipo acabó apareciendo en una casa de empeños, pero el trabajo no reapareció.

Al estar en una facultad de ciencias e ingeniería, Blau trató de adaptar sus habilidades a una investigación más aplicada. Estudió cómo afectaba a la salud de los mexicanos la exposición a la radiación solar. También analizó el nivel de radiactividad de ríos y minas del país e incluso hizo alguna incursión en la geofísica, estudiando la corteza terrestre. Durante los cinco años siguientes publicó sus descubrimientos en español e inglés, pero ya no en alemán. No publicó ningún trabajo sobre los rayos cósmicos ni sobre su método fotográfico. Fuera del trabajo entabló amistad con el artista mexicano Diego Rivera, o con otros inmigrantes, como el director de orquesta austriaco Ernst Romer y el comunista ruso exiliado León Trotski. Me pregunto si eran conscientes de que su tranquila amiga austriaca había iniciado el campo de la física de partículas.

Como muchas de las mujeres que aparecen en este libro, Marietta Blau nunca se casó. Tampoco existe constancia de que tuviera alguna relación especial, aunque tenía muchos amigos íntimos, tanto mujeres como hombres. Tal vez tuviera miedo de verse obligada a renunciar a su carrera si se convertía en esposa. Otra mujer vivió con ella y su madre en México durante un tiempo, pero cualquier forma de matrimonio o de relación no tradicional en público estaba fuera de su alcance. En 1943 ocurrió una desgracia. La madre de Marietta, a la que había cuidado durante los últimos veinte años, murió de cáncer de hígado. Al no tener nada que la retuviera en México, Blau emigró a Estados Unidos.

Su hermano Ludwig vivía en Nueva York, y hacia allí se dirigió. En esa ciudad pudo por fin reanudar la investigación en la física nuclear y de partículas. Primero encontró un trabajo en la Refinería Internacional de Metales Raros, y más tarde en la Corporación Canadiense de Radio y Uranio. Rápidamente se puso al día de todas las investigaciones que se había perdido durante su estancia en México. La pausa de seis años no había mermado su capacidad investigadora. Al cabo de un año publicó junto a un compañero otro artículo de referencia en el que describían un método para automatizar la detección de radiactividad utilizando un dispositivo llamado *tubo fotomultiplicador*. El método fue desarrollado y perfeccionado por otros a lo largo de los años y se utilizó ampliamente en física, medicina, química, geología y otros campos. Pero, a pesar de su gran impacto, Blau cayó en el olvido, en parte porque en aquella época trabajaba en la industria.

En 1947, la empresa de Blau la trasladó a una pequeña ciudad de Wisconsin. Ella odiaba estar allí. El trabajo no le interesaba y echaba de menos la música y la cultura de la gran ciudad. Ese año, mientras estaba atrapada de nuevo en los márgenes de la investigación científica, Cecil Powell anunció su descubrimiento del pion utilizando su método fotográfico y se convirtió en una estrella de la física de partículas. Aislada y poco apreciada, Blau juró escaparse de aquel lugar. Al año siguiente, la Universidad de Columbia la contrató como investigadora científica y se convirtió en una de las pocas mujeres del departamento.

En la década que había transcurrido desde que inició sus estudios sobre los rayos cósmicos, el campo de la física experimental de partículas había evolucionado a gran velocidad. Los rayos cósmicos eran un elemento ideal para la investigación de la física de altas energías, pero los científicos también estaban trabajando para poder crear partículas en un entorno de laboratorio controlado. A lo largo de los años, se habían construido gigantescos aceleradores de partículas que, como su nombre indica, podían acelerar las partículas y hacerlas colisionar para crear otras nuevas. Las emulsiones nucleares de Blau se podían adaptar para detectar las partículas creadas en aquellos aceleradores de alta energía. Columbia disponía de un acelerador de este tipo. Blau por fin estaba de vuelta en su elemento, trabajando con emulsiones, publicando nuevos estudios y formando a otros científicos y estudiantes. En

1950 fue contratada por la recién creada Comisión de Energía Atómica para trabajar en el Laboratorio Nacional de Brookhaven, el principal centro de investigación nuclear del país. Pero ese año tuvo que ver desde la barrera cómo Cecil Powell ganaba el Nobel. No se desanimó. Continuó haciendo importantes contribuciones, incluida la detección de los mesones secundarios que habían sido observados por primera vez por Cecil Powell.

En 1955, a los sesenta y un años, Blau se trasladó a la Universidad de Miami como profesora visitante. Allí permaneció los cinco años siguientes, colaborando con otros especialistas y formando a la siguiente generación de investigadores. Para entonces ya había publicado más de setenta y cinco artículos sobre sus investigaciones en revistas de prestigio. Pero su salud le fallaba. La mujer que encontró una manera de ver partículas invisibles necesitaba urgentemente una operación para mejorar su propia vista. Tras años de trabajo no remunerado, cuidando de su madre y mudándose de un país a otro, su economía no era buena. La operación sería más barata en Europa; así que, después de más de dos décadas, Marietta Blau regresó a Austria.

Por supuesto, las cosas habían cambiado. Hertha Wambacher y su círculo de científicos pronazis lo habían hecho muy bien durante la guerra. La «salida» de los científicos judíos había dejado muchas vacantes en el instituto que Wambacher y sus amigos estuvieron encantados de ocupar. Después de la guerra fueron expulsados. Pero Georg Stetter, el aliado más cercano de Wambacher y posiblemente su amante, afirmó más tarde no ser un nazi «de verdad», aunque, como Wambacher, había sido un miembro temprano y entusiasta del partido y había participado en el programa alemán de armas nucleares. Sus declaraciones de rechazo al nazismo funcionaron, y finalmente fue rehabilitado y nombrado director del Primer Instituto de Física de la Universidad de Viena. Otros partidarios nazis del Instituto también fueron rehabilitados más tarde. Sin embargo, no ocurrió lo mismo con Wambacher, que fue retenida en la Unión Soviética durante un tiempo antes de ser enviada a Viena, donde murió de cáncer en 1950 a la edad de cuarenta y dos años.

Marietta Blau no podía tolerar la reinserción de personas como Stetter. Pero nunca pidió ser restituida por los años de guerra cuando regresó a Austria. También rechazó las ofertas de las empresas fotográficas con las que había trabajado. Tras el éxito de su operación ocular volvió a trabajar en investigaciones no remuneradas en el Instituto para la Investigación del Radio y supervisó a un grupo de científicos que analizaba los datos del acelerador del CERN, pero rechazó ser miembro de la Academia de Ciencias de Austria. Blau también fue candidata al Premio Nobel en dos ocasiones más, pero el comité se negó en redondo a prestarle atención. En 1962 recibió el premio Erwin Schrödinger y fue homenajeada por la ciudad de Viena. Su salud siguió deteriorándose, posiblemente debido a su exposición a materiales radiactivos, pero también por su hábito de fumar. Murió de cáncer de pulmón en 1970, sola y casi olvidada. Ninguna revista científica publicó obituario de la mujer que hizo visibles por primera vez las partículas invisibles.

La brillante brasileña

En 1969, un año antes de la muerte de Marietta Blau, un investigador llamado E. Frota-Pessôa publicó un artículo sobre física de partículas en la prestigiosa revista estadounidense *Physical Review*. Lo encontré mientras revisaba viejos trabajos de investigación y artículos sobre los mesones y Marietta Blau. El artículo me llamó la atención porque trataba sobre las propiedades del pion y discrepaba con trabajos publicados anteriormente. Intrigada, busqué al autor y descubrí que la «E» era de Elisa.

A medida que profundizaba, tanto la historia de Elisa Frota-Pessôa como los muchos aspectos de su carrera que tenía en común con Blau y Chowdhuri me parecieron fascinantes. Nació como Elisa Esther Habbema de Maia en Río de Janeiro, en 1921, y desde muy pequeña se aficionó a la física. Destacaba en clase, aunque su profesor de física pensaba que los excelentes deberes que presentaba debían de haberlos hecho o su hermano o su padre. Elisa pudo convencerle de lo contrario y más tarde él le confió la tarea de que explicara lo que sabía a sus compañeros.

Elisa fue una de las dos primeras mujeres en licenciarse en Física por la Universidad de Brasil en 1942. Su padre no creía que tuviera muchas probabilidades de prosperar en lo que él consideraba que era una profesión de hombres, y prefería que se centrase en el matrimonio. De hecho, para entonces ya estaba casada con su antiguo profesor de biología, Oswaldo Frota-Pessôa. Tuvieron dos hijos, a los que llamaron Roberto y Sonia, que también llegó a ser física.

Después de graduarse, Elisa trabajó como ayudante de laboratorio no remunerada antes de que la contrataran oficialmente en 1944 para trabajar en la universidad. No fue fácil ser mujer en ese ambiente (su padre había tenido razón), pero le apasionaban tanto la investigación y la docencia que no cejó en su empeño. Con el tiempo, encontró un grupo de científicos con la misma pasión, y cinco años más tarde crearon el nuevo Centro Brasileño de Investigaciones Físicas (CBPF, por sus siglas en portugués). Al año siguiente, en 1950, la nueva institución celebró el primer artículo de investigación publicado por uno de sus miembros, firmado por Frota-Pessôa y su alumna Neusa Margem. Es el único caso que conozco en el que el primer artículo de una institución de física fuera publicado por dos mujeres. ¡Y menudo artículo! Tendría que haber cambiado las reglas del juego de la física.

El artículo de Frota-Pessôa y Margem trataba de su análisis de la desintegración de piones detectados usando emulsiones nucleares. Ambas estudiaron si el pion se desintegraba produciendo un neutrino y un positrón o si decaía en un neutrino y un muon. Descubrieron que lo más probable era lo segundo. Eso no significa mucho para las personas ajenas a la física, pero la verdad es que sus observaciones experimentales confirmaron una teoría fundamental de las interacciones nucleares débiles propuesta más tarde por los premios Nobel Richard Feynman y Murray Gell-Mann. Pero el artículo de las investigadoras brasileñas se publicó en portugués en los *Anales de la Academia Brasileña de Ciencias* y pasó desapercibido fuera del país. Ocho años después, los experimentos llevados a cabo en el CERN produjeron resultados similares y fueron considerados la primera confirmación de la teoría de Feynman y Gell-Mann. La física de partículas podría haber avanzado una década antes de haberse conocido el trabajo de las dos brasileñas.

En 2021, la revista *Brazilian Journal of Physics* publicó una traducción al inglés del artículo de Frota-Pessôa y Margem como parte de una colección de artículos clásicos, pero la comunidad de físicos sigue ignorándolo. Y así, en 1950, mientras el mundo celebraba el Nobel de Cecil Powell y olvidaba a Blau, Wambacher y Chowdhuri, otras dos mujeres se perdieron en las sombras.

Pero Elisa Frota-Pessôa no se rindió. Siguió con la investigación y la docencia, inspirando a muchos de sus estudiantes para que se convirtieran en destacados físicos, y haciendo crecer la investigación brasileña. Ella y Margem publicaron más resultados que cuestionaban las mediciones anteriores de las propiedades del pion. Fue jefa del Departamento de Emulsiones Nucleares del CBPF hasta 1964, antes de trasladarse a la Universidad de Brasilia y posteriormente a la de Sao Paulo.

Pero el golpe militar de 1964 cambió el país. En 1969 fue destituida de su cargo en virtud de un nuevo decreto de la dictadura militar. Al igual que Blau, Elisa Frota-Pessôa se vio obligada a huir de su país. Durante los años siguientes, ella y su segundo marido, el físico Jayme Tiomno, trabajaron en Europa y Estados Unidos. A pesar de todo, en 1969 publicó el artículo de *Physical Review* que llamaría mi atención y que también se convirtió en un clásico. En él se zanjaba definitivamente un largo debate sobre las propiedades magnéticas del pion.

Afortunadamente, el exilio de Elisa Frota-Pessôa no duró tanto como el de Blau. Ella y su marido podrían haber permanecido en Estados Unidos, pero en 1975, cuando se les concedió la amnistía en Brasil, decidieron volver a casa. Tras su regreso, Frota-Pessôa siguió realizando importantes contribuciones a la física nuclear y de partículas y retomó su papel de líder en la comunidad de físicos brasileños. Se reincorporó al CBPF en 1980. Se jubiló en 1991, pero permaneció activa como profesora emérita hasta 1995. Murió en 2018 a los noventa y siete años, y dejó un legado duradero para la física brasileña. En la actualidad, el CBPF es la principal institución de investigación de Brasil, con docenas de científicos que publican cientos de artículos de investigación cada año. La formación de los estudiantes sigue siendo uno de los objetivos de sus excelentes programas de posgrado, y cientos de exalumnos del CBPF trabajan en instituciones de todo el país.

Independencia

La guerra destruyó la vida y la carrera de Marietta Blau de tal forma que nunca pudo recuperarse. Mientras tanto, en la India, la guerra también cambió la trayectoria investigadora de Bibha Chowdhuri. Ella y Bose habían descubierto indicios del pion en la investigación que publicaron en una serie de artículos de *Nature* en 1941 y 1942, pero no pudieron confirmarlo por falta de mejores emulsiones. No puedo ni imaginar lo que sería tener que abandonar una línea de investigación gracias a la cual se realizaron descubrimientos tan emocionantes, y que además había sido validada en la revista más importante del mundo. Más aún haber hecho esos descubrimientos con fondos y equipos limitados en un país ocupado en medio de la guerra. Si hubieran sabido que Powell usaría su método para detectar el pion solo cinco años después, me pregunto si habrían encontrado una manera de seguir adelante con su propia investigación. Pero no lo sabían y no continuaron con el proyecto.

La guerra y el dominio británico también afectaron negativamente a Bengala. Churchill consideraba que los indios eran «un pueblo horrendo con una religión horrible» y se oponía a alimentarlos cuando la comida podía acapararse para los soldados británicos. A pesar de las advertencias de sus propios representantes del Gobierno británico en Bengala, grandes cantidades de grano fueron desviadas de la región durante la guerra y se almacenaron a pesar de que los graneros británicos estaban bien abastecidos. Como resultado, cuatro millones de bengalíes murieron de hambre en la gran hambruna de 1943, la única hambruna no causada por la sequía. Churchill culpó a los bengalíes de causar la escasez de alimentos por «reproducirse como conejos».

Continuar la investigación en Bengala en medio de esta tragedia inimaginable hubiera sido una tarea abrumadora. En lugar de ello, Chowdhuri se matriculó como estudiante de doctorado en la Universidad de Manchester, lejos del desastre. Allí empezó a trabajar en el laboratorio de rayos cósmicos de Patrick Blackett, conocido en todo el mundo.

«Una mujer física india en Manchester» suena lo suficientemente ficticio como para ser el título de una película, especialmente en 1945. De hecho, parecía increíble que una mujer de la India estuviera trabajando en el laboratorio de uno de los más destacados físicos de Inglaterra. Patrick Blackett había trabajado con Ernest Rutherford en el Laboratorio Cavendish durante diez años. En 1921 comenzó a utilizar la cámara de niebla de Wilson para detectar procesos de desintegración radiactiva. En 1925 fue el primero en fotografiar la desintegración de un núcleo de nitrógeno. También fue el coinventor de una técnica para fotografiar las huellas que dejaba en la cámara de niebla un rayo cósmico cuando entraba en ella, y fue el primero en automatizar este proceso. Su nueva técnica le permitió identificar las lluvias de partículas que se producen en la atmósfera, creadas por los rayos cósmicos. Estas lluvias se convirtieron en el tema central de la tesis doctoral de Bibha Chowdhuri.

Utilizando múltiples cámaras de niebla, Chowdhuri tomó miles de fotografías y las analizó para estudiar las propiedades de las lluvias de partículas a diferentes altitudes. Una vez más, su investigación dio lugar a un artículo que se publicó en *Nature*, así como a otro artículo publicado en una destacada revista de física del Reino Unido. Un reportero del *Manchester Herald* se fijó en la inusual física que trabajaba en el laboratorio de Blackett y publicó un artículo sobre ella bajo el titular: «Conozca a la nueva mujer científica de la India: tiene buen ojo para los rayos cósmicos». El reportero preguntó por la investigación de Chowdhuri y su opinión sobre el género, a lo que Chowdhuri respondió:

> En esta época en la que la ciencia, y especialmente la física, es más importante que nunca, las mujeres deberían estudiar energía atómica; si no entienden cómo funciona, ¿cómo pueden ayudar a decidir cómo debe utilizarse? Puedo contar las mujeres físicas que conozco, tanto en la India como en Inglaterra, con los dedos de una mano.

En cuanto a su propia elección de estudiar física, se limitó a decir: «Decidí estudiar lo que más me gustaba».

En 1947, a los dos años de iniciar su proyecto, Cecil Powell anunció su trascendental descubrimiento del pion utilizando el método que Chowdhuri había ideado con Debendra Bose. Chowdhuri debió darse cuenta en ese momento de lo que había capturado en sus viejas fotografías de los mesotrones. Pero tal vez el pion no estaba en su mente. Otros acontecimientos trascendentales ocurridos ese año hicieron que fuera inolvidable para todos los indios. Durante la segunda guerra mundial, los británicos habían prometido que otorgarían la independencia a la India una vez terminada la contienda, pero Gandhi y los líderes del movimiento independentista ya habían oído promesas vacías otras veces. Se negaron a ser apaciguados con más garantías y redoblaron sus peticiones de autogobierno. En todo el país estallaron protestas y manifestaciones. La campaña no violenta *Quit India* cobró impulso y se hizo imparable. Finalmente, a medianoche del 15 de agosto de 1947, la India obtuvo oficialmente su independencia. Esa mañana, Bibha Chowdhuri se despertó por primera vez en su vida como ciudadana de un país libre.

Sin embargo, fue un momento agridulce. Los británicos dejaron un regalo de despedida para sus antiguos súbditos. La independencia se concedió solo a costa de la partición del país. Bengala, el estado natal de Chowdhuri, se convirtió en una de las regiones divididas por la mitad. Bengala Occidental permaneció en la India y Bengala Oriental pasó a formar parte del recién creado país de Pakistán. Millones de personas se vieron desplazadas en una de las mayores migraciones de la historia, a medida que hindúes y musulmanes cruzaban las nuevas fronteras. Se destrozaron familias, se rompieron corazones y se sembraron semillas de odio. Cientos de miles de personas murieron en los disturbios y debido a la terrible violencia desatada posteriormente. Pueblos enteros ardieron mientras ambos bandos enloquecían en un frenesí de asesinatos. Las mujeres y los niños no se salvaron. Ninguno de los dos países ha superado las secuelas de aquella partición. La mujer india que estudió la desintegración de las estrellas no pudo hacer nada mientras su país y su estado natal de Bengala se desintegraban.

Regreso a casa

Al año siguiente llegaron grandes noticias para el laboratorio Blackett. Patrick Blackett fue galardonado con el Premio Nobel de Física por su método automatizado de cámara de niebla y sus descubrimientos relacionados con la física nuclear y la radiación cósmica. Bibha Chowdhuri, ya de por sí única en muchos aspectos, se convirtió en la primera mujer india en trabajar en el laboratorio de un premio Nobel. En su discurso del Nobel, Blackett habló de los estudios sobre la lluvia cósmica de Lajos Jánossy, el examinador de la tesis de Chowdhuri que tuvo el detalle de reconocer su trabajo en sus publicaciones. Así, a pesar de la agitación que vivía la India, Chowdhuri continuó con sus investigaciones y defendió con éxito su tesis doctoral en 1949. Para entonces, su trabajo era conocido y se citaba a menudo en la comunidad de investigadores de rayos cósmicos.

Mientras tanto, en la India, el Gobierno había asignado al Instituto Tata de Investigación Fundamental (TIFR, por sus siglas en inglés) la tarea de convertirse en el principal centro de investigación en física nuclear del país. El director del TIFR, Homi Bhabha, era el principal físico nuclear de la India, y comenzó a reclutar a los mejores investigadores para unirse a su instituto. Se puso en contacto con John Wilson en Manchester para pedirle su opinión sobre la capacidad científica de Bibha Chowdhuri. Wilson —que también formó parte del tribunal que evaluó la tesis de Chowdhuri— conocía bien su trabajo. Por recomendación suya, Bhabha ofreció a Chowdhuri un puesto en el TIFR. Aceptó y regresó a la India en 1950 como la primera mujer científica contratada en el Instituto Tata. La noticia del Premio Nobel de Cecil Powell ese año debió de escocerle, pero el nuevo puesto le abría nuevas oportunidades de investigación.

Era un buen momento para estar en el TIFR. Bajo la dirección de Bhabha, visitaban el instituto los más destacados investigadores internacionales y, además, había grandes proyectos en marcha. Chowdhuri y otros investigadores trabajaban en la detección de partículas mediante placas de emulsión, un campo en el que ella era experta. Se descubrieron nuevos tipos de mesones que se sumaron al creciente número de descubrimientos de partículas en todo el mundo. Chowdhuri permaneció en el TIFR los seis años siguientes, y luego pasó un año viajando por Europa y Estados Unidos. Trabajó como profesora visitante remunerada en la Universidad de Michigan, un logro impresionante en una época en que los viajes y la financiación eran difíciles de conseguir, sobre todo para las mujeres y los extranjeros. A su regreso a la India se trasladó al Laboratorio de Investigación Física de Ahmedabad (PRL, por sus siglas en inglés), otra de las principales instituciones de investigación de la India.

En el PRL, Chowdhuri siguió trabajando en experimentos de física de partículas. Uno de esos proyectos la llevó a las profundidades del subsuelo en lugar de a una montaña. Estaba buscando una de las partículas más esquivas de la naturaleza: el neutrino. Estas partículas se detectaron por primera vez en las emisiones de un reactor nuclear en 1956, pero nunca se habían detectado neutrinos en la atmósfera. La teoría de la desintegración beta predecía que los neutrinos serían partículas neutras que no interactuarían con nada, ni con campos eléctricos ni con imanes, lo que las hacía muy difíciles de detectar. De hecho, la mayoría de los neutrinos del universo pasarían a través de todo el planeta como si este no existiera. La mejor manera de vislumbrar un neutrino sería colocar un detector bajo tierra para que la propia Tierra hiciera de escudo que interceptase todas las demás partículas. Entonces, quedaba esperar y confiar en que uno de los billones de neutrinos que atraviesan la Tierra interactuara con un átomo y dejara una huella en el detector.

Bibha Chowdhuri formaba parte de una colaboración internacional que desarrolló un proyecto de este tipo en las minas de oro de Kolar, en el sur de la India, cuyo objetivo era detectar eventos infinitamente más raros que el oro. Pero milagrosamente funcionó. En 1965 se detectaron neutrinos atmosféricos en la mina. Aproximadamente al mismo tiempo, un experimento similar llevado a cabo en Sudáfrica también detectó estas tímidas partículas. Chowdhuri sigue siendo la única mujer india en participar en el descubrimiento no de una, sino de dos partículas fundamentales en la naturaleza.

Tras el éxito del proyecto de la mina de Kolar, Chowdhuri desarrolló un nuevo estudio sobre las lluvias de partículas que había explorado durante su estancia en el laboratorio Blackett.

Pero una vez más sus planes se vieron frustrados por la falta de recursos. El director del PRL, el doctor Vikram Sarabhai, que había apoyado sus planes, murió repentinamente, y el nuevo director no estaba a favor de continuar el trabajo. En 1975, Debendra Mohan Bose —su antiguo mentor y también director del Instituto Bose de Calcuta— falleció. Sasanka Bhattacharya, que pasó a ser el nuevo director, pensó que el Instituto Bose debería haber ofrecido a Chowdhuri el puesto, pero él no lo rechazó.

Finalmente, Chowdhuri se jubiló y regresó a Calcuta, donde nació y creció. Tenía lazos familiares en la ciudad, pero, como Marietta Blau, no se casó. De hecho, sus cinco hermanos tampoco se casaron, lo que podría indicar una postura familiar conjunta contraria al matrimonio. O quizá fuera difícil encontrar parejas dignas dentro de la relativamente pequeña comunidad brahmo. En cualquier caso, Chowdhuri no estaba preparada para jubilarse, una idea que no le agradaba demasiado si eso implicaba abandonar por completo la investigación física. Así que se puso en contacto con investigadores del Instituto Saha de Física Nuclear de Calcuta y siguió participando en la investigación sobre física de partículas hasta su muerte, en 1991. Durante su vida no recibió ningún premio importante por su trabajo, y su muerte pasó desapercibida para la comunidad física en general. Bibha, cuyo nombre significa «luz» en bengalí, desapareció silenciosamente entre las sombras.

En 2019, Ananyo Bhattacharya, un estudiante bengalí de veinte años de Surat, India, se presentó a un concurso organizado por la Unión Astronómica Internacional para dar nombre a un sistema exoplanetario (una estrella alrededor de la cual se ha descubierto que orbitan planetas). Pronto recibió una llamada. Entre 1.700 propuestas, la suya fue la ganadora. El nombre que había sugerido para la estrella era Bibha. La noticia del nombre fue noticia en India y en el extranjero. Por fin el trabajo de Bibha Chowdhuri recibió la atención que merecía. Si uno observa el cielo en una noche oscura y encuentra la estrella HD 86081 con un telescopio, verá brillar a Bibha, nunca más invisible.

En un viaje reciente a Calcuta pasé por delante de las puertas de la escuela femenina a la que asistí hace años. Me detuve y le dije al guardia de la entrada que era una antigua alumna que quería echar un vistazo. Amablemente, me dejó pasar.

Esperaba que me invadieran los buenos recuerdos, pero la escuela había cambiado y yo también. Sin embargo, había algo que no había cambiado. Como en los tiempos coloniales, los estudiantes todavía se clasifican en cuatro casas diferentes, como en el Hogwarts de Harry Potter. Y en la que yo había estado seguía teniendo el mismo nombre: Casa Macaulay, llamada así por lord Thomas Babington Macaulay, autor de *Macaulay Minute*. De Bibha Chowdhuri, descubridora india de dos partículas fundamentales y autora de cuatro artículos revolucionarios publicados en *Nature*, no había ni rastro. Mientras paseaba, un grupo de colegialas risueñas caminaban a mi lado vestidas con los colores dorados de la Casa Macaulay. Lo orgullosas que hubieran estado de pertenecer a la Casa Chowdhuri.

Figura 6.1. Mientras trabajaba en el Instituto para la Investigación del Radio de Viena, Marietta Blau desarrolló el método de emulsión fotográfica con el que se podían detectar rayos cósmicos.

Figura 6.2. Hertha Wambacher, estudiante de Blau, fue una de las codescubridoras de las estrellas de desintegración, la prueba que demostraba que los rayos cósmicos pueden fragmentar los núcleos.

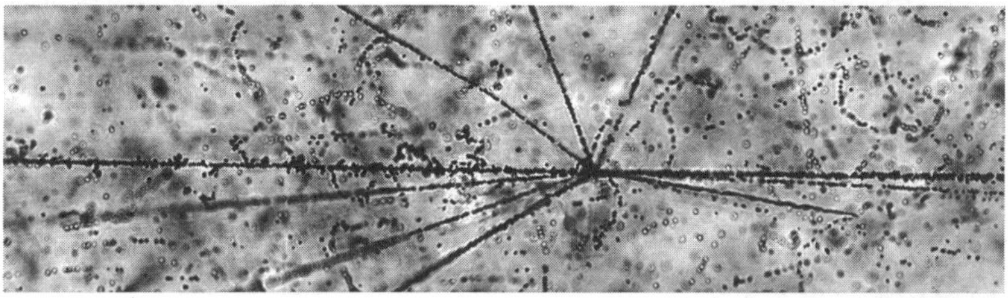

Figura 6.3. En 1937, Marietta Blau y Hertha Wambacher observaron por primera vez los rastros en forma de estrella captados en las placas fotográficas cuando un núcleo se desintegra.

Figura 6.4. Bibha Chowdhuri ayudó a descubrir dos partículas fundamentales: el pion y el neutrino.

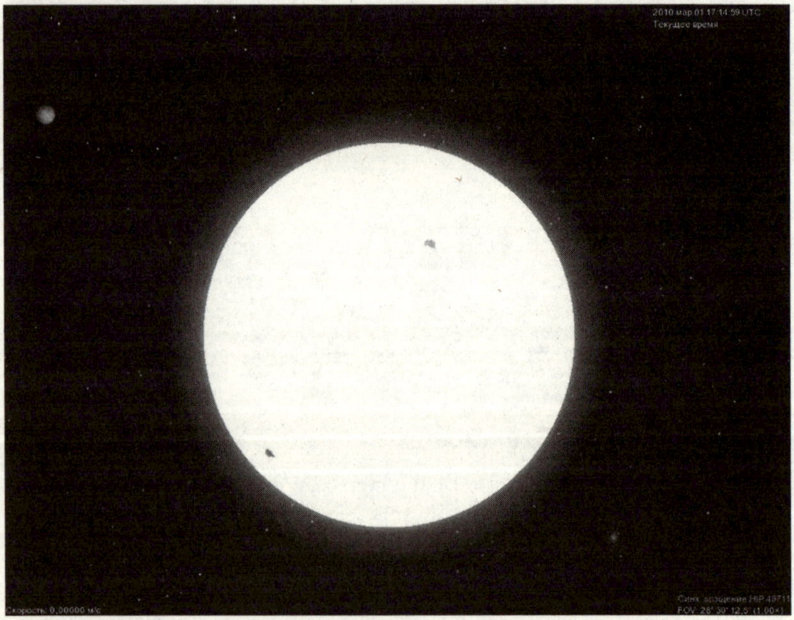

Figura 6.5. Representación de la estrella HD 86081, conocida como «Bibha», que brilla intensamente en honor a la física india que le da nombre.

Figura 6.6. Elisa Frota-Pessôa no solo hizo contribuciones fundamentales en física de partículas, sino que también ayudó a crear una próspera comunidad de físicos en Brasil.

CAPÍTULO 7

Asimetría: transgresoras de la naturaleza

Maria Mitchell, Vera Rubin, Wu Chien-Shiung y las mujeres de la era atómica

Si en la actualidad entramos en cualquier juguetería, encontraremos por un lado los cochecitos y los juegos de construcción y por otro, las muñecas. La sección de los niños y la sección de las niñas son mundos estereotipados independientes. No siempre fue así. A principios del siglo XX, comprar juguetes era una experiencia diferente. En la mayoría de las jugueterías no había segregación por sexos respecto a los juguetes, ni siquiera en el caso de las muñecas. Luego llegó el capitalismo. Se podía ganar más dinero si se convencía a los padres de que era mejor comprar una serie de juguetes para Jaime y otros para Julia. ¿Y por qué limitarse a los juguetes? Los niños y las niñas también necesitan ropa, zapatos, mochilas y libros. Hace poco entré en una librería donde había una mesa bajo un cartel que decía «Libros para chicos con cerebro». Protesté con vehemencia e insistí en que retiraran el cartel. La respuesta del gerente fue pedirme amablemente que me fuera. Quizá estaba asustando a los chicos con cerebro.

De niña era una buena consumidora, como todos los demás, programada para amar los juguetes dirigidos a mi grupo demográfico, lo que significa que me encantaban las muñecas. Lo que más quería era una casa de muñecas. Le tenía echado el ojo a una casa preciosa con dos plantas y balcón, pero era demasiado cara. Los inmuebles no son baratos, ni siquiera en miniatura. Así que construí mi propia réplica con una caja de cartón y materiales de manualidades. No se parecía en nada a la auténtica, pero «estaba» diseñada a medida para mis muñecas. A mis ojos, era una mansión de lujo.

Años más tarde, cuando era estudiante de física, recuerdo pensar en mi casa de muñecas mientras construía un experimento científico. Había aprobado con nota mi curso de óptica y mi profesor me había ofrecido un puesto de investigación en su laboratorio para trabajar en un experimento de vanguardia que iba a ser la base de mi tesis doctoral. Sin embargo, me sentía fuera de lugar en el laboratorio. Simplemente me costaba encontrar el tipo de confianza que me había ayudado a diseñar y construir esa casa de muñecas. Otro estudiante en el laboratorio me hizo sentir incómoda porque no paraba de explicarme cosas y ofrecerse a hacer los experimentos por mí. Yo quería resolver las cosas por mí misma, aunque no estaba segura de poder hacerlo.

La investigación en física no consiste solo en construir un experimento. Requiere valor para pensar con originalidad, confianza para comprobar tus suposiciones y creatividad para diseñar enfoques innovadores con los que poner a prueba los límites de las teorías conocidas. La verdadera magia se produce cuando se pueden traspasar esos límites y ver lo desconocido. Ahí era donde yo quería ir. Quería construir un nuevo tipo de casa de muñecas. Después de todo, otras mujeres habían superado los límites de la física conocida mucho antes que yo.

La revolucionaria

La ciudad de Liuhe está estratégicamente situada en la desembocadura del río Yangtsé, en China, no muy lejos de Shanghái. Allí es donde creció Wu Chien-Shiung. Era hija de un hombre rebelde y progresista llamado Wu Zong-Yi, que había estado involucrado en la revuelta de Shanghái de 1911 que provocó el derrocamiento de la dinastía Qing y el fin de la monarquía en China. Tras la fundación oficial de la República de China, en 1912, Wu Zong-Yi y su esposa Fan Fu Hua tuvieron a su hija. Al poco tiempo se mudaron lejos del bullicio de la gran ciudad para criarla a ella y a sus dos hijos varones.

En Liuhe no había escuelas para niñas. Y para empeorar las cosas, en medio del caos general provocado por la creación de la nueva república, una banda local de bandidos empezó a aterrorizar la ciudad. Wu Zong-Yi decidió solucionar ambos problemas. Reunió a un grupo de gente del pueblo en un templo local que había caído en desuso y de alguna manera los convenció para que se unieran a él para expulsar a los bandidos fuera de la ciudad. Los días de Zong-Yi como revolucionario le habían enseñado tácticas militares que puso en práctica. La banda se dispersó, y el líder de la banda murió en el enfrentamiento. Con ese problema resuelto, Wu Zong-Yi volvió su atención al otro problema e inmediatamente pensó en el templo en desuso. Lo limpió, lo arregló y lo convirtió en una escuela para niñas. Ahora su pequeña Wei-Wei (como apodaban a Chien-Shiung) podría recibir educación en la recién creada escuela Ming De. Ella y su madre, que era maestra, convencieron a otras familias para que también enviaran a sus hijas a la escuela. Cuando les respondieron que las niñas tenían que cuidar de sus hermanos, invitaron a estos a que las acompañaran.

De niña, Wu estaba muy unida a su padre. Él le leía artículos interesantes del periódico y le construyó una radio para que pudiera conectarse con el mundo exterior. También distribuía las radios que hacía él mismo por todo el pueblo para modernizar la comunidad. Al mismo tiempo, él y su mujer enseñaban a sus hijos la historia de China y sus tradiciones. En esta familia maravillosamente solidaria, Wu Chien-Shiung era libre de soñar con cosas más grandes. Sus padres pronto se dieron cuenta de lo brillante que era su hija. Necesitaba una educación de más calidad, más allá de lo que la escuela primaria Ming De podía ofrecer.

La bisabuela de Wu, el miembro más anciano de la familia, también pensaba que Wu debía recibir la mejor educación posible. Así, a la edad de once años, Wei-Wei solicitó la admisión en el Instituto de secundaria para chicas Suzhou, un internado situado a unos ochenta kilómetros de Liuhe. Decidió matricularse en el programa de magisterio porque incluía matrícula y pensión gratuitas. Su familia podía pagar la matrícula, pero ella no quería ser una carga para ellos. Se presentaron diez mil estudiantes, pero solo fueron admitidos doscientas. Wu quedó en noveno lugar. Cuando se graduó, en 1929, seis años después, era la mejor alumna de su clase.

Mientras estaba en Suzhou, Wu Chien-Shiung asistió a una conferencia, impartida por un profesor invitado, cuya temática era la «mujer moderna». La idea la inspiró, pero fue el conferenciante lo que captó su atención: el profesor y filósofo Hu Shih, conocido no solo por sus carismáticas conferencias, sino por haber dado forma al discurso político y cultural chino. Wu se convirtió en una gran admiradora. Tras graduarse, se le exigió trabajar un año como profesora antes de ir a la universidad, pero en su caso, la norma no se cumplió estrictamente, pues pasó aquel año —durante el cual debía dar clases— estudiando en el National China College, donde Hu Shih era presidente y profesor. A Hu Shih le asombró el talento de la joven que aprobaba sin problema sus exámenes.

Wu Chien-Shiung ingresó en la Universidad Nacional Central (Universidad de Nanjing) en 1930 sin tener que hacer un examen de ingreso. Optó por especializarse en matemáticas y más tarde en física, inspirada por Marie Curie y el creciente campo de la física atómica y nuclear. Curie, Rutherford, Fermi, Pauli y otros científicos occidentales estaban descubriendo los misterios del mundo subatómico oculto, y ella deseaba participar en ese apasionante viaje. Como siempre, sus padres la apoyaron incondicionalmente.

Su padre compró todos los libros de matemáticas que pudo conseguir para ayudarla a prepararse para el programa universitario que había elegido.

En la universidad, Wu continuó con su hábito de sobresalir en las clases e impresionaba a todos sus profesores y compañeros. Pero seguía siendo hija de su padre. Aunque no se consideraba una activista, tras la invasión japonesa de Manchuria, en 1930, se convirtió en una líder estudiantil que acudía a las manifestaciones nacionalistas. Wu sabía que lo mejor era no descuidar sus estudios, por lo que se concentró en su trabajo y se graduó con honores en Física en 1934. Tras un año trabajando como ayudante en la Universidad de Zhejiang, fue contratada como investigadora de posgrado en la tremendamente selectiva Academia Sínica de Shangháí. Una vez más, su reputación la precedía y no tuvo que pasar las pruebas de acceso.

En la Academia Sínica, Wu pudo hacer algo que la mayoría de los estudiantes de física no tienen la oportunidad de hacer, incluso hoy en día: trabajar bajo la supervisión de una mujer. Gu Jing-Wei se había doctorado en la Universidad de Michigan y estaba encantada de que una investigadora del calibre de Wu se uniera a su laboratorio. Wu adquirió una valiosa experiencia montando un experimento de espectroscopia con el que estudiar la estructura atómica de un gas a bajas temperaturas. Las dos mujeres trabajaron juntas durante largas jornadas construyendo el aparato, realizando cuidadosas mediciones y perfeccionando el experimento. Consciente del gran talento que atesoraba su alumna, la supervisora de Wu le aconsejó irse al extranjero, como había hecho ella. Su mentor, Hu Shih, estuvo de acuerdo. Así que, en 1936, Wu solicitó el ingreso en el programa de posgrado de física de la Universidad de Michigan. Con su expediente académico, la admisión nunca estuvo en duda. En un caluroso día de agosto de 1936, Wu Chien-Shiung zarpó hacia América. Sus padres estaban allí para despedir a su brillante hija, haciendo todo lo posible por ocultar su tristeza por la despedida. Ella los echaría mucho de menos, especialmente a su padre, que había luchado contra bandidos, fabricado radios y construido una escuela para ella. Si hubiera sabido lo que estaba a punto de suceder, quizá Wu no se habría marchado. Nunca volvió a ver a sus padres.

Un desvío inesperado

Durante los años de mi infancia en la India, Estados Unidos era la tierra de las oportunidades para los aspirantes a científicos de todo el mundo. A principios de los noventa, mis notas eran tan buenas que me ofrecieron una beca completa para estudiar matemáticas y física en una universidad estadounidense. Me moría de ganas de experimentar el brillo y el glamur de la vida estadounidense tal como se mostraba en las películas.

Pronto descubrí que el pequeño pueblo de Ohio al que fui no era tan glamuroso. En tan solo un mes estaba dispuesta a cambiar cada dólar de mi beca por un bocado del daal-bhat (lentejas y arroz) de mi madre. No había restaurantes indios ni tiendas de comestibles en una ciudad tan remota que ni siquiera el autobús Greyhound se molestaba en parar allí. Desesperada, un día me preparé arroz y verduras con salsa de soja, el condimento más exótico que pude encontrar. A todos les encantó mi «arroz frito indio» y me pidieron más. Yo me limité a comer en silencio, mientras me caían lágrimas por las mejillas.

Cuando Wu Chien-Shiung llegó a San Francisco, en 1936, también estaba preparada para nuevas aventuras, pero no para la cocina que se iba a encontrar. Afortunadamente, no tuvo que recurrir a la salsa de soja. Su solución fue buscar un restaurante chino local y negociar un descuento para ella y sus amigos. Se suponía que San Francisco iba a ser una breve parada en su camino hacia la Universidad de Michigan, pero nada salió según lo previsto. El presidente de la Asociación de Estudiantes Chinos de la Universidad de California en Berkeley le presentó a otro estudiante de física, Luke Yuan, que le enseñó los laboratorios de física de la universidad. Wu estaba entusiasmada con los numerosos experimentos que se realizaban allí. El aparato que más le impresionó fue el ciclotrón de Ernest Lawrence.

Desde que los científicos vislumbraron por primera vez el mundo subatómico, habían estado construyendo aparatos experimentales para sondear sus misterios en el laboratorio. El método fotográfico de Marietta Blau reveló la existencia de nuevas partículas creadas por rayos cósmicos de alta energía que chocan con partículas atmosféricas. Los físicos querían conseguir lo mismo en el laboratorio: hacer colisionar partículas de alta energía y estudiar los productos de la colisión. Para ello se necesitaba un acelerador, un dispositivo capaz de acelerar las partículas cerca de la velocidad de la luz antes de estrellarlas entre sí.

Igual que la gravedad acelera una manzana que cae al suelo, las fuerzas eléctricas y magnéticas pueden acelerar partículas cargadas como electrones y protones. Pero los cientos de miles de voltios necesarios para alcanzar las velocidades deseadas eran difíciles de conseguir y podían dañar el acelerador. En 1929, Ernest Lawrence ideó una elegante solución al problema. ¿Por qué no hacer que las partículas circularan a través del mismo voltaje fijo repetidamente, como coches en una pista de carreras? Se podrían utilizar imanes para doblar las trayectorias de las partículas y mantenerlas en una pista en espiral. De esta forma, las partículas podrían ser aceleradas a velocidades cada vez más altas con cada uno de los ciclos que recorrían a través de la pista, sin necesidad de recurrir a voltajes más altos.

El primer acelerador de partículas de Lawrence era un «ciclotrón» de solo diez centímetros de diámetro, pero funcionaba. Cuando Wu Chien-Shiung llegó, en 1936, el laboratorio Lawrence se enorgullecía de tener un modelo de sesenta y nueve centímetros. En él, los protones podían ser acelerados de cero a más de quince mil kilómetros por segundo, antes de estrellarse contra los átomos. Este dispositivo capaz de sondear átomos fascinó a

Wu. ¿Cómo podía ir a Michigan con toda la excitante física que se desarrollaba en Berkeley? Además, había oído hablar del nuevo centro de estudiantes de la Universidad de Michigan. A las mujeres no se les permitía entrar por la puerta principal, aunque sí se les permitió hacer donaciones para construir el centro. Wu no tenía ningún interés en asistir a una universidad tan sexista.

Ernest Lawrence instó a Wu a estudiar en Berkeley, aunque el curso ya había empezado. Entonces, Luke Yuan, que era alumno de Lawrence, la llevó a ver al jefe del Departamento de Física, que hizo una excepción con Wu y le permitió matricularse. Luke se alegró de que se quedara. Aunque cuando Luke conoció a Wu no le habló de su familia, era nieto de Yuan Shikai, el primer presidente de la República de China, que gobernó brevemente antes de morir. En sus días como revolucionario, el padre de Wu había participado en una rebelión contra Yuan Shikai. A Wu le gustaba el joven que la acompañaba por Berkeley, y se convirtió en otra de las razones por las que nunca se marchó a Michigan.

Manteniendo el rumbo

El Laboratorio de Radiación de Berkeley era una instalación multiuso: las mañanas solían reservarse para el tratamiento de enfermos de cáncer con la radiación que se producía en el laboratorio. Algunos de los pacientes quizá se fijaron en la única mujer que trabajaba allí, que además destacaba por llevar a menudo un vestido tradicional chino de cuello alto (qipao) bajo la bata. Wu esperaba pacientemente a que terminaran las sesiones para poder utilizar el ciclotrón para sus experimentos de física. Mientras Ernest Lawrence supervisaba sus primeros experimentos, una buena parte de la investigación de su tesis era dirigida por Emilio Segre, un físico italiano que había trabajado anteriormente con Enrico Fermi. Según Segre, Wu era brillante, apasionada e infaliblemente precisa y exacta en su trabajo. Pronto se convirtió en su alumna y colaboradora de investigación favorita.

Bajo la tutela de Segre, Wu se convirtió en una experta por derecho propio en experimentos con radiación beta (electrones) producida en el ciclotrón. Estudió las energías de los rayos X asociadas a la desintegración beta y la cadena de productos radiactivos producidos en la fisión del uranio, centrándose en el xenón. A nadie le sorprendió que su tesis doctoral fuera muy superior a la media de las tesis doctorales. Aunque pudo publicar su trabajo sobre los rayos X, el de la fisión del uranio era delicado. En 1940, cuando Wu terminó su doctorado, la carrera para construir la bomba estaba empezando. Ella y Segre decidieron no publicar sus estudios sobre el uranio hasta después de la guerra.

Los cuatro años transcurridos desde que Wu llegó a Estados Unidos habían pasado a gran velocidad. Ahora era oficialmente la doctora Wu Chien-Shiung, una estrella en ascenso en la comunidad de físicos. Había encontrado un círculo de amigos y compañeros que la admiraban y apoyaban, y que a menudo se reunían con ella en su restaurante favorito para disfrutar de comida china a un precio rebajado. A pesar de su éxito científico y su nueva vida en Estados Unidos, Wu siempre había planeado volver a China y reunirse de nuevo con su familia tras terminar sus estudios, pero los japoneses invadieron China en 1937 y desbarataron sus planes. Wu se vio obligada a quedarse algunos años más en Berkeley como investigadora posdoctoral.

Quedarse también tenía cosas buenas. Wu podría continuar su investigación con Segre, y también estaba Luke Yuan, quien se había trasladado a Caltech en 1937 para trabajar con Robert Millikan, el primer premio Nobel estadounidense; pero él y Wu siguieron siendo amigos a distancia. Al parecer, Wu tenía muchos admiradores en Berkeley, pero Luke era especial. La amistad acabó convirtiéndose en romance y se casaron en 1942. Para entonces, Japón había bombardeado Pearl Harbor y la guerra en el Pacífico había comenzado. Ningún miembro de su familia de China pudo asistir a la boda, y no había posibilidad de que la pareja regresara a su país natal.

Robert Millikan organizó amablemente el banquete en su casa, cerca de Caltech. Mientras Chien-Shiung y Luke se casaban, los ciudadanos de origen japonés estaban siendo encerrados en campos de internamiento. El racismo contra los asiáticos se disparó. Incluso si no eras japonés, parecer oriental era suficiente para convertirte en un objetivo. Al igual que ocurrió con el resto de la comunidad de Asia oriental, los recién casados se enfrentaron a la realidad del racismo. Pero Wu se negaba a dejarse intimidar y celebraba su cultura siempre que podía. Siguió vistiéndose con su qipao y nunca adoptó un nombre occidentalizado. Al mismo tiempo, también quería contribuir al esfuerzo de guerra y ayudar a China a luchar contra la invasión japonesa. Cuando era estudiante en su país natal, participó en manifestaciones antijaponesas y estaba dispuesta a hacer más si tenía la oportunidad.

En Los Álamos, Nuevo México, no lejos de los campos de internamiento para los japoneses, científicos e ingenieros se habían reunido para empezar a trabajar en el Proyecto Manhattan. Robert Oppenheimer, que dio clases en Berkeley y formó parte del comité que evaluó la tesis doctoral de Wu, fue puesto a cargo del proyecto. Naturalmente, pidió a varios investigadores de Berkeley que se unieran a él. Para Oppenheimer, Wu era toda una autoridad en física nuclear, pero no podía pedirle que trabajara en un proyecto de alto secreto para construir una bomba atómica porque ella era ciudadana china. Mientras tanto, Emilio Segre pidió encarecidamente al presidente del Departamento de Física en Berkeley que contratase a Wu como miembro de la universidad. No encontrarían a ningún investigador o investigadora más cualificado que ella. Pero eso tampoco era posible. Para incredulidad de Segre, en Berkeley no se planteaban contratar a una mujer.

Veneno nuclear

Es un placer conducir por la sinuosa carretera que va desde Santa Fe hasta la cima de la meseta de Pajarito, en Nuevo México, aunque mi destartalado Plymouth Sundance no estaba de acuerdo, a pesar de tener un nombre que parece sacado del salvaje Oeste. Subió a trancas y barrancas a lo largo de las empinadas curvas, perdiendo velocidad a medida que luchaba contra la gravedad tratando de llegar a la cima de la meseta. No me importaba. Me daba tiempo para disfrutar de los tonos multicolores del desierto que rodeaba las fantasmales montañas Sangre de Cristo, que asomaban en la distancia. Por fin apareció en el horizonte una torre de vigilancia abandonada que marcaba la entrada a Los Álamos. Como estudiante de posgrado visitaba el lugar con frecuencia, pues colaboraba en una investigación con un equipo del laboratorio situado en aquel lugar. En mi primer viaje a la meseta deambulé por la ciudad tratando de imaginar cómo había sido ese lugar, situado en medio del desierto, durante la segunda guerra mundial, mientras los científicos creaban en secreto armas de destrucción masiva.

Robert Oppenheimer tenía claro que en su equipo de Los Álamos tenían que estar los mejores. Eso se aplicaba a todos los especialistas, incluidas las mujeres. Cuando el proyecto llegó a su fin, habían participado más de seiscientas mujeres, pero no pude encontrar ninguna mención sobre ellas en el museo de la ciudad. Como siempre, las mujeres habían sido eliminadas de la historia, aunque dejaron su huella en la bomba atómica. Por ejemplo, Elda Anderson fue la primera que preparó uranio en una forma casi pura para las pruebas que aquí se realizaron. Katherine Way realizó los cálculos que se necesitaban para mantener la viabilidad de una reacción en cadena. Sus cálculos se utilizaron para diseñar el primer reactor nuclear del mundo, el Chicago Pile-1, construido en una pista de squash subterránea situada en la Universidad de Chicago. El responsable fue el equipo de Enrico Fermi. En 1938, Way analizó el modelo de gota líquida del núcleo y demostró que era inestable, pero no dio el siguiente paso, por lo que no pudo identificar el proceso de fisión nuclear. Lise Meitner lo hizo al año siguiente, poniendo en marcha la carrera por la bomba atómica.

Agnes Naranjo, una científica indígena del cercano Pueblo de Santa Clara, trabajó en el Departamento de Hematología de Los Álamos para analizar cómo afectaba la radiación a la sangre. Más tarde se convirtió en una investigadora de referencia en biología de la radiación. Cuando Lili Hornig —una científica de formación que había escapado de la Alemania nazi con su marido— llegó a Los Álamos, le preguntaron a qué velocidad mecanografiaba. Resultó que no sabía escribir a máquina, pero, en cambio, sabía cómo analizar las propiedades del plutonio que se usaba para la fisión. Después de que se llevara a cabo el primer ensayo de la bomba, ella y otros científicos pidieron que no se utilizara contra Japón. Los militares hicieron caso omiso.

A los veinticuatro años, Leona Woods Marshall era la persona más joven y la única física del equipo de Enrico Fermi. Ayudó a construir el Chicago Pile-1, pero tuvo que ocultar su embarazo para que no la despidieran. Fue la única mujer que vio funcionar con éxito el primer reactor del mundo. La placa que conmemora el momento ignora su papel: «El 2 de diciembre de 1942, el hombre logró aquí la primera reacción en cadena autosostenida e inició así la liberación controlada de energía nuclear».

Wu Chien-Shiung era sin duda la mujer más conocida de la física nuclear de la época. Así que, a pesar de su ciudadanía extranjera, era solo cuestión de tiempo que encontrara su camino hacia el Proyecto Manhattan. En 1942, a su marido le ofrecieron un trabajo para desarrollar una nueva tecnología llamada radar para los laboratorios RCA de Princeton, Nueva Jersey. Wu no podía trabajar en la misma universidad, pero fue contratada como profesora en el Smith College de Massachusetts. Así que la pareja se trasladó al este y Wu se centró en enseñar a las jóvenes de Smith durante el año siguiente. La adaptación fue difícil. Smith era una institución excelente, pero no disponía de los recursos ni de los laboratorios necesarios para que Wu siguiera con su investigación en física nuclear. En una conferencia en Boston, habló con Ernest Lawrence sobre su situación. Lawrence escribió inmediatamente cartas de recomendación a las principales universidades. Al año siguiente recibió numerosas ofertas de trabajo. Harvard, el MIT y Columbia estaban interesados en contar con sus servicios. También Princeton.

El Smith College trató desesperadamente de conservar a Wu en su plantilla, ofreciéndole un gran aumento de sueldo y un ascenso; pero Luke estaba en Princeton, por lo que, a pesar de que esa universidad también carecía de las instalaciones adecuadas para la investigación experimental, Wu aceptó la oferta, convirtiéndose en la primera mujer en dar clases en un departamento de Princeton. Dado que a las mujeres no se les permitía estudiar allí, sus estudiantes eran todos hombres. Luke y ella vivieron una vida feliz en Princeton con un nuevo círculo de amigos, pero Wu seguía deseando trabajar en investigación. Unos meses más tarde la llamaron para una entrevista en Columbia en la que le ofrecieron un puesto de investigación en un proyecto clasificado. No le fue muy difícil adivinar qué proyecto secreto necesitaba los servicios de una física nuclear. Consiguió el trabajo y en 1944 se trasladó a Columbia para unirse al Laboratorio de Materiales de Aleaciones Sustitutivas y trabajar en el Proyecto Manhattan.

Proyecto K-25 era el nombre en clave del esfuerzo de guerra para enriquecer uranio que se llevaba a cabo en la planta de Oak Ridge en Tennessee, construida en la reserva india de Oak Ridge. Con más de un kilómetro y medio de longitud, la instalación K-25 era el edificio más grande del mundo en aquel momento, una instalación en la que trabajaban más de cincuenta mil personas separando los preciosos gramos de uranio 235 del mineral en un proceso compuesto por muchos pasos llamado *difusión gaseosa*. Wu Chien-Shiung aprovechó sus profundos conocimientos sobre el uranio y sus propiedades para desarrollar la técnica de purificación del uranio en Oak Ridge y para medir con precisión la radiactividad. El uranio enriquecido que se produjo allí fue finalmente transportado por la bomba atómica Little Boy, que fue lanzada sobre Hiroshima en 1945, y que acabó con más de cien mil vidas en una única y terrorífica explosión.

Fat Man (la segunda bomba atómica) mató a otras sesenta mil personas en Nagasaki tres días después. En este caso, no era una bomba de uranio. Llevaba un núcleo de plutonio que había sido producido, no sin dificultad, en el reactor B de Hanford, Washington. Tras el éxito del reactor Chicago Pile, el equipo de Enrico Fermi, incluida Leona Marshall, se centró en los problemas de funcionamiento del reactor B, que se apagaba continuamente porque era incapaz de mantener la reacción nuclear en cadena. Fermi sospechaba que algún producto de fisión desconocido actuaba en el reactor como si fuera un «veneno nuclear» que detenía la reacción en cadena.

Emilio Segre no se había olvidado de su mejor alumna y de su detallada investigación sobre los productos de fisión del uranio en Berkeley. Le sugirió a Fermi «preguntar a la señorita Wu». Ella confirmó que el xenón producido en la fisión del uranio era un fuerte absorbente de neutrones. Dado que los neutrones eran los impulsores de la reacción en cadena, el reactor se apagaba cuando los neutrones eran absorbidos por el xenón. Wu tenía un borrador de los resultados que ella y Segre no habían publicado debido a la guerra, y se lo dio a Fermi. Sus cálculos ayudaron a diagnosticar y resolver correctamente el problema. El reactor B consiguió producir el plutonio, y Fat Man aniquiló a la mitad de la población de Nagasaki.

¿Cómo viven los científicos que se han machando las manos con la sangre de cientos de miles de personas? Siendo humanos. La mayoría de los que trabajaron en la bomba nunca se hicieron públicamente responsables de sus actos, aunque ninguno pudo evitar el impacto (bueno o malo) que tuvo en sus vidas. Aunque al final muchos expresaron su pesar por lo sucedido, ninguno de los famosos científicos implicados decidió dejar de hacer ciencia. Algunos, como Oppenheimer, se involucraron en esfuerzos para acabar con la guerra nuclear. En Alemania, Otto Hahn también abogó por el uso responsable de la energía nuclear.

El movimiento contra la energía atómica se extendió por todo el mundo. En la comunidad de físicos, no solo eran los hombres quienes lideraban el movimiento. Las mujeres desempeñaron un papel activo en la defensa de la paz, aunque sus contribuciones no siempre han sido reconocidas. En Egipto, Samira Musa —la primera mujer de su país en ser física nuclear— ayudó a organizar, después de la guerra, una conferencia internacional en Inglaterra a la que acudieron destacados científicos y cuyo tema central fue el uso de la energía atómica para la paz. La madre de Musa había muerto de cáncer cuando ella era solo una niña, y soñaba con que hubiera un tratamiento nuclear barato, accesible para todos. Fue una de las primeras mujeres en recibir una beca Fulbright, en 1951, para dedicarse a la investigación nuclear en Estados Unidos. También fue la primera extranjera a la que se le concedió permiso para visitar las instalaciones de investigación nuclear de Estados Unidos, lo que suscitó muchos debates y críticas. Desgraciadamente, en 1952 murió en un accidente de coche en Estado Unidos. Tenía solo treinta y cinco años, pero dejó una huella imborrable en su país como científica inspiradora y defensora de la justicia social.

En Inglaterra, Kathleen Lonsdale se declaró objetora de conciencia cuando tenía que hacer el servicio militar durante la segunda guerra mundial. Fue encarcelada durante un mes por negarse a inscribirse en el servicio de defensa civil. Ya en aquel entonces era famosa por utilizar rayos X para explorar la estructura de distintos tipos de moléculas, gracias a lo cual descubrió que los átomos de carbono de las moléculas de benceno se disponían en una estructura anular plana. Su experiencia en la cárcel la convirtió en una activista de la reforma penitenciaria y portavoz de alto nivel de la cooperación internacional y el desarme nuclear.

En Canadá, la física y superviviente del holocausto Ursula Franklin también se convirtió en una destacada activista por la paz. Fue uno de los primeros miembros de la organización conocida como Voz Canadiense de las Mujeres por la Paz (VOW, por sus siglas en inglés), la primera organización feminista por la paz de Canadá. Franklin dirigió un proyecto en aquel país cuyo objetivo era medir la cantidad de material radiactivo presente en los dientes de los bebés para evaluar así el impacto de las pruebas con armas nucleares. El informe sobre la lluvia radiactiva que presentó al Gobierno federal en nombre de VOW contribuyó a la prohibición de las pruebas de armas nucleares en la superficie. A lo largo de su carrera, Franklin escribió y habló elocuentemente en favor de la paz. Como ella misma dijo, «la paz no es la ausencia de guerra, sino la ausencia de miedo».

En cuanto a Wu Chien-Shiung, la mujer que hizo que ambas bombas funcionaran sin fallo alguno, nunca dijo mucho sobre su papel en el Proyecto Manhattan, pero parecía tener sentimientos encontrados al respecto. En 1962, en un viaje a Taiwán, aconsejó al presidente del país que no pusiera en marcha ningún programa nuclear.

Descubriendo conexiones cuánticas

El final de la guerra significó que el trabajo de Wu en Columbia se había acabado. Pero para entonces ya había demostrado ampliamente su capacidad como investigadora, por lo que la invitaron a quedarse como profesora. También llegó una carta de China con la buena noticia de que su familia estaba a salvo. Wu ansiaba volver a ver a su familia, pero el fin del conflicto mundial no trajo la paz a China. La guerra civil estalló de nuevo en 1945, por lo que Wu y Yuan decidieron no regresar todavía. Más adelante, tras el nacimiento de su hijo Vincent en 1947, dudaron aún más en arriesgarse a visitar su país natal. Desconectada de su familia biológica, Wu se propuso explorar conexiones fundamentales en su laboratorio.

En 1935, Albert Einstein, Boris Podolsky y Nathan Rosen habían escrito un artículo sobre un tema de la física cuántica que era tan paradójico que cuestionaba la naturaleza de la realidad misma. La paradoja de EPR, que es como pasó a ser conocida más adelante en honor a sus autores, era un fenómeno en el que partículas como electrones o fotones podían mostrar una poderosa conexión entre ellas llamada «entrelazamiento», que unía instantáneamente las partículas a través del espacio y el tiempo sin importar cuán separadas estuvieran. Esta mágica conexión instantánea que aparentemente violaba el principio de causa-efecto era tan extraña que Einstein y sus compañeros asumieron que no podía ser real, y concluyeron que algo debía estar mal en la propia teoría cuántica, pero la única manera de saberlo con certeza era tratar de observar el entrelazamiento en el laboratorio.

Wu decidió intentarlo. Midió el nivel de correlación existente entre pares de fotones creados al aniquilar pares de electrones y positrones en el ciclotrón de Columbia, y observó algo sorprendente: los fotones estaban extrañamente conectados, tal y como predecía la teoría cuántica. Otros investigadores realizaron sus propios experimentos, pero sus mediciones no eran lo suficientemente buenas como para ser concluyentes. Wu fue la primera persona que encontró una evidencia experimental del entrelazamiento, aunque su hallazgo estaba tan adelantado a su tiempo que no causó mucho revuelo cuando publicó sus resultados en 1950. Pasaron otras tres décadas antes de que los científicos se dieran cuenta de la importancia de dicho fenómeno. En la actualidad, el entrelazamiento es el «combustible» de los ordenadores cuánticos, la encriptación infranqueable y la futura Internet cuántica. El artículo de EPR publicado en 1935 es ahora el más citado de todos los trabajos de Einstein, superando a sus trabajos sobre la relatividad. Pero la mayoría de la gente ha olvidado que la primera observación de los efectos del entrelazamiento cuántico la realizó la profesora Wu Chien-Shiung.

Al estar especializada en física cuántica, tengo un cariño especial por el experimento de entrelazamiento de Wu, pero la investigación que la convirtió en una superestrella de la física aún estaba por llegar. El tiempo del entrelazamiento todavía no había llegado, pero la física nuclear era sin duda uno de los campos de investigación que estaban más en auge después de la guerra. Y Wu era una de las mejores especialistas de la época en física nuclear experimental. Así que decidió centrarse en el estudio del proceso de desintegración beta en el que un núcleo emite radiación al descomponerse en núcleos más ligeros. Enrico Fermi había propuesto una teoría sobre la desintegración beta, pero los resultados experimentales aún no habían confirmado las predicciones de la teoría.

Wu se preguntaba si las fuentes radiactivas utilizadas en los experimentos anteriores estaban causando errores experimentales. Se le ocurrió una forma de fabricar películas más limpias de fuentes radiactivas —literalmente— añadiendo jabón a la solución radiactiva. Esta y otras técnicas innovadoras le permitieron confirmar definitivamente que la teoría de Fermi sobre la desintegración beta era correcta. A diferencia de lo que ocurrió con el experimento de entrelazamiento, los experimentos de desintegración beta de Wu llegaron a oídos de todos los físicos. No dudaron en aplaudir su experimento, convirtiéndola en la líder indiscutible en ese campo. La desintegración beta era una teoría tan fundamental que su trabajo fue considerado digno de una nominación al Nobel. Pero incluso este trabajo fue solo un precursor de un experimento que cambió la física para siempre.

Rompiendo el espejo

Cuando se trata de las leyes del universo, los físicos son muy conservadores. He mencionado en páginas anteriores la ley de conservación de la energía que postula que la energía puede ser convertida de una forma a otra, pero no puede ni crearse ni destruirse. A los físicos también les gusta la ley de conservación del momento. Es la que te permite disfrutar de una buena partida de billar. El momento de una bola blanca cuando golpea la bola ocho no se destruye, sino que se conserva y se transfiere casi perfectamente a la bola ocho, impulsándola a la tronera, gracias a lo cual podemos ganar la partida.

Cuando las leyes de conservación de la física se ven amenazadas por nuevas observaciones, los físicos se ponen nerviosos, pero también se sienten muy emocionados porque nuestra comprensión sobre cómo funciona el universo pueda cambiar. Por ejemplo, cuando la radiación beta parecía violar la conservación de la energía, los científicos desarrollaron una nueva teoría de la desintegración beta y predijeron una nueva partícula: el neutrino. La conservación de la energía se salvó. Pero en 1957, Wu Chien-Shiung llevó a cabo un experimento que destruyó una ley fundamental de la conservación de la física. Lo que cayó no fue la energía o el momento, sino la conservación de la paridad.

La paridad se entiende mejor mirándose en un espejo. Si inclino mi cabeza hacia mi izquierda, mi imagen en el espejo inclinará su cabeza hacia su derecha. Esa transformación entre izquierda y derecha es lo que los físicos conocen como transformación de la paridad. Los físicos también pueden realizar ese tipo de transformaciones en el laboratorio, no mirando en un espejo, sino haciendo una versión especular del mismo experimento, cambiando las etiquetas «derecha» e «izquierda». Por ejemplo, si lanzamos una pelota con la mano izquierda y la atrapamos con la derecha, el experimento de paridad invertida consistiría en lanzarla exactamente igual con la mano derecha y cogerla con la izquierda.

A lo largo de la historia de la física, tales experimentos han confirmado que el resultado es una versión exacta del experimento original, pero con las etiquetas cambiadas. Todos los procesos físicos obedecían las mismas reglas en los experimentos reflejados, al igual que el mundo de nuestro reflejo en el espejo es idéntico al mundo real. En otras palabras, la transformación de la paridad (o cambio de etiquetas) no modifica las leyes de la física. Es lo que los físicos llaman conservación de la paridad. Lo mismo puede decirse respecto a las etiquetas «arriba» y «abajo» o «adelante» y «atrás» en nuestro mundo tridimensional.

Imaginemos ahora que inclinamos la cabeza hacia la izquierda y nuestra imagen en el espejo inclina la suya hacia la izquierda en lugar de hacia la derecha. Incluso el más leve movimiento de nuestra cabeza especular hacia la izquierda sería absolutamente alucinante, tanto como lanzar una pelota de tenis al aire y verla flotar en vez de caer. Probablemente pensaríamos que estamos teniendo una alucinación. Si eso les ocurriera a los físicos que llevasen a cabo un experimento de transformación de la paridad que mostrara una anomalía como esa, también creerían que estaban imaginando cosas. El más mínimo indicio de que el resultado del experimento de cambio de paridad «no» fuera una imagen especular exacta de la original sería impensable. O eso suponían los físicos hasta que los aceleradores de partículas produjeron fenómenos inesperados.

A medida que se construían aceleradores más grandes y mejores, se iban detectando todo tipo de nuevas partículas subatómicas. Algunas parecían ser idénticas en todos los sentidos, excepto que, bajo una transformación de paridad, se descomponían en partículas con propiedades diferentes. Con la conservación de la paridad bajo amenaza, los físicos se sintieron a la vez nerviosos y entusiasmados.

Dos físicos teóricos, Lee Tsung-Dao y Yang Chen-Ning, se preguntaron si la «ley» de la conservación de la paridad debería ser reexaminada. Revisaron experimentos anteriores y descubrieron que no había pruebas reales que demostrasen que se conservaba la paridad en las interacciones nucleares débiles. Lee era compañero de Wu en Columbia y decidió preguntarle si se podía hacer una prueba concluyente de la conservación de la paridad.

Wu ya había confirmado la teoría de Fermi sobre las interacciones nucleares débiles, y, aunque no fue un hecho tan conocido, también había encontrado pruebas de la existencia de entrelazamiento cuántico. Por supuesto, le interesó la propuesta de probar la conservación de la paridad. El problema le intrigaba tanto que canceló el primer viaje que tenía planeado a Asia desde que dejó su hogar en 1936. (En aquella época había obtenido la nacionalidad estadounidense gracias a una dispensa especial del Congreso, y ella y Luke habían planeado ir a Taiwán, ya que todavía estaba prohibido viajar a la China comunista. Al final, Luke fue solo).

El experimento de paridad no fue fácil. La idea era observar la radiación beta de los núcleos de cobalto mientras estaban alineados magnéticamente en una dirección, y luego cambiar la dirección del campo magnético y comparar las emisiones beta en el experimento de imagen especular donde los núcleos de cobalto estaban ahora alineados en la dirección opuesta. Si la conservación de la paridad era cierta, las emisiones de partículas beta deberían ser exactamente idénticas. Pero para eliminar todas las perturbaciones y los errores externos, los núcleos de cobalto debían enfriarse para estar a una temperatura inferior a la del espacio exterior. Wu se puso en contacto con un equipo de la Oficina Nacional de Estándares de Washington, uno de los tres únicos lugares con la capacidad de refrigeración necesaria.

La mayor parte de la comunidad física —incluido Lee, el físico que le planteó el problema a Wu— asumió que, si el experimento funcionaba, confirmaría la conservación de la paridad. Pero nadie sabía si los núcleos de cobalto se mantendrían lo suficientemente fríos, si la radiación beta podría medirse con suficiente precisión o si el proceso de replicación sería lo suficientemente preciso. Solo una especialista del calibre y el compromiso de Wu podía ser capaz de superar todos los retos de un experimento así.

Los resultados de Wu sacudieron los cimientos de la física. En enero de 1957, la Universidad de Columbia convocó una conferencia de prensa cuyo contenido fue noticia de primera página en *The New York Times*: «Un concepto básico de la física es desmentido por las pruebas». Wu y su equipo observaron que la radiación beta de los núcleos de cobalto era mayor a lo largo de una dirección particular y que no se conservaba cuando se cambiaba la paridad. Se había violado la conservación de la paridad. Inspirado por Wu, Leon Lederman —otro físico de Columbia— confirmó la violación, y los dos resultados fueron anunciados al mismo tiempo con un tercer experimento llevado a cabo por Valentine Telegdi, publicado solo dos semanas más tarde. La reunión de la Sociedad Americana de Física de ese año atrajo a 3.000 físicos (una cifra récord) que abarrotaron el auditorio para escuchar a Wu y a los demás investigadores presentar sus resultados. Nadie se lo podía creer. Era como si la cabeza en el espejo se hubiera inclinado hacia el lado equivocado. Como dijo Wolfgang Pauli: «Todos estamos bastante afectados por la muerte de nuestra querida amiga, la paridad».

A pesar de la conmoción provocada, la muerte de la conservación de la paridad supuso un gran avance para la física de partículas. Sin las restricciones de la invariancia de paridad era más fácil explicar y clasificar la multitud de partículas detectadas por los aceleradores, y el modelo estándar de la física de partículas se consolidó. Poco después cayó otro pilar de la conservación.

Cuando se cambia la carga de una partícula, pero se mantiene todo lo demás igual, se obtiene la antipartícula correspondiente. Por ejemplo, un positrón es la antipartícula compañera de un electrón. Es lo mismo que un electrón, pero con una carga positiva en lugar de negativa. ¿Qué pasaría si hiciéramos un cambio de paridad, además de un cambio de carga, y realizáramos una imagen especular de un experimento con las partículas intercambiadas por antipartículas? Los físicos lo llaman transformación CP (conjugación de carga + inversión de paridad). En 1964, la comunidad física se sorprendió al saber que los resultados de tales experimentos tampoco eran invariantes.

De hecho, la violación de la CP podría ayudarnos a aclarar uno de los mayores misterios del universo: por qué existimos. ¿Por qué existe materia en el universo? Si después del *big bang* se crearon cantidades iguales de materia y antimateria con carga opuesta, entonces tendrían que haberse aniquilado mutuamente dando lugar a un universo lleno de nada más que energía, pero la violación de la CP implicaba que la materia y la antimateria no tenían por qué estar equilibradas, lo que daría lugar a un universo lleno de hidrógeno y helio y finalmente estrellas, planetas y formas de vida basadas en el carbono. El hecho de que Wu Chien-Shiung descubriera la existencia de una pequeña asimetría en la radiación beta nos proporcionó una nueva perspectiva sobre la cosmología del universo y sobre las interacciones fundamentales que lo gobiernan.

El experimento Wu, que es como llegó a ser conocido, la hizo aún más famosa de lo que ya era. Como dijo, en tono de broma, la dramaturga Clare Boothe Luce: «Cuando la doctora Wu eliminó el principio de paridad estableció el principio de paridad entre hombres y mujeres». Pero eso resultó no ser del todo cierto. En 1957, el mismo año en que publicó su innovador resultado, Wu se unió a la lista de mujeres despreciadas por el Comité del Premio Nobel. Ese año, Lee Tsung-Dao y Yang Chen-Ning ganaron el Premio Nobel de Física por su investigación sobre la ley de no conservación de la paridad, convirtiéndose en los primeros chinos en ganar el Nobel. Como siempre, el comité recompensó a los hombres y olvidó a la mujer que protagonizó el descubrimiento. Yang y Lee reconocieron la contribución de Wu y le dieron las gracias en sus discursos de aceptación, aunque a ninguno de ellos se le ocurrió insistir en que la incluyeran antes de aceptar el premio. Wu Chien-Shiung no hizo ningún comentario público al respecto. En privado admitió que le había dolido mucho que no la tuvieran en cuenta.

Lejos de allí, en China, su familia y su país celebraron el año en que tres científicos chinos transformaron la física. Pero al año siguiente el hermano mayor de Wu falleció, y al año siguiente perdió a su querido padre. Wu escribió a Hu Shih: «Ya no puedo contener las lágrimas». Los viajes a China seguían estando restringidos, por lo que Wu no pudo regresar para ninguno de los dos funerales. Tampoco pudo asistir al entierro de su madre, en 1962. En 1973, cuando finalmente pudo regresar a la China continental, las tumbas de sus padres habían sido destrozadas por los partidarios de la Revolución Cultural. El primer ministro chino, Zhou Enlai, le pidió disculpas personalmente por su destrucción.

En busca de la paridad

A pesar del desprecio mostrado por el Comité del Premio Nobel, la carrera de Wu progresó rápidamente. En 1958 la ascendieron a profesora titular y más tarde le aumentaron el sueldo. Fue la primera mujer en recibir un doctorado *honoris causa* por la Universidad de Princeton. La desintegración beta la condujo a experimentos aún más innovadores. En 1959, Richard Feynman y Murray Gell-Mann contactaron con ella para discutir su nuevo modelo teórico que describía las interacciones nucleares de forma similar a las ya conocidas interacciones electromagnéticas de la luz y la materia. Le rogaron que ideara un experimento con el que probar su teoría. No pudo negarse.

En 1962 su equipo publicó la confirmación experimental de la teoría, sentando las bases para la futura descripción unificada de las interacciones electromagnéticas y nucleares débiles, conocida ahora como modelo electrodébil. Wu siguió ampliando los límites de los experimentos de física nuclear durante el resto de su carrera. A mediados de los años sesenta puso en marcha una serie de experimentos en una mina de sal para explorar un fenómeno llamado desintegración beta doble. Su libro de 1965, *Beta Decay*, se convirtió en un texto clásico sobre el tema. También investigó las posibles aplicaciones de la física nuclear en la atención sanitaria, estudiando los efectos de la anemia en los cambios moleculares de la hemoglobina.

En 1964, en un simposio del MIT sobre las mujeres y las profesiones científicas, Wu Chien-Shiung dijo: «Me pregunto si los diminutos átomos y núcleos, los símbolos matemáticos o las moléculas de ADN tienen alguna preferencia por el tratamiento masculino o femenino». Wu nunca olvidó el compromiso de su padre con la educación de las niñas. Como mujer que había destacado en la ciencia defendió los derechos de la mujer siempre que le fue posible. Hablaba abiertamente de sus propios retos y participó en el desarrollo de un programa de discriminación positiva en Columbia en los años setenta, lo que la llevó a desempeñar un papel de activista sin buscarlo.

En 1975, Wu Chien-Shiung volvió a los titulares, esta vez no por violar una ley de la física, sino por romper una ley tácita de los físicos. Se convirtió en la primera mujer que presidía la Sociedad Estadounidense de Física, la principal asociación de físicos de Estados Unidos y del mundo. Entre los anteriores presidentes figuraban Fermi, Millikan y numerosos premios Nobel, pero en sus setenta y cinco años de historia nunca se había elegido a una mujer para este cargo. Wu estuvo más que a la altura de la tarea, causando un impacto que a su modo fue tan importante como el de sus famosos experimentos: se reunió con el presidente Gerald Ford y le aconsejó que creara un órgano de asesoramiento científico, a lo que él accedió. Al año siguiente, el Congreso creó la Oficina de la Casa Blanca para Políticas de Ciencia y Tecnología, que asesora directamente al presidente en todos los asuntos científicos. Ford también condecoró a Wu con la Medalla Nacional de la Ciencia, el mayor reconocimiento científico del país. Fue la primera mujer en ganar la medalla en el campo de las ciencias físicas.

El Premio Nobel le siguió siendo esquivo a pesar de que Wu fue nominada en repetidas ocasiones. En 1978 se creó el Premio Wolf. Uno de sus objetivos era reconocer contribuciones destacadas que habían sido ignoradas por el Nobel. La primera galardonada fue Wu Chien-Shiung. También recibió casi todos los demás premios y honores otorgados en ciencia, por lo que fue conocida como la madame Curie china, aunque a ella no le gustaba esa etiqueta. Sin embargo, allá donde fuera era recibida como una heroína, especialmente en su país de nacimiento y en su país de adopción. Tras jubilarse, en 1981, visitó China con frecuencia. Falleció en 1997, y de acuerdo con sus últimos deseos, sus cenizas fueron trasladadas a China y enterradas en el patio de la escuela Ming De, donde su padre le había abierto las puertas al resto de su vida.

La cazadora de cometas

Veintiún años después de que Wu Chien-Shiung hiciera saltar por los aires el modelo vigente de física de partículas, otra mujer hizo añicos el modelo de la composición del universo. Al igual que Wu, comenzó su viaje con un poco de ayuda por parte de su padre, Pesach Kobchefski, que se trasladó con su familia desde Lituania a Gloversville, Nueva York, cuando tenía siete años. El joven Pesach no solo dejó atrás su antigua vida, sino también su nombre, que cambió por Philip (Pete) Cooper ya en Nueva York. Pete fue el primero de su familia en asistir a la universidad y se graduó en la Universidad de Pensilvania con un título en ingeniería eléctrica en 1920. Pronto consiguió un trabajo en la Bell Telephone Company. Allí se enamoró de una contable llamada Rose Applebaum, a la que invitó a salir a pesar de que Bell desaconsejaba a sus empleados tener una pareja en la empresa. Se casaron en 1924, pero Rose tuvo que dejar su trabajo en Bell. Se dedicó a criar a sus dos hijas, Vera y Ruth. En 1938 la familia se trasladó a Washington D. C. Fue en este nuevo hogar donde Vera Cooper, de diez años, se enamoró de las estrellas.

Observando desde la ventana de su habitación, a Vera le fascinaba ver las estrellas rotando en el cielo nocturno. Era la primera vez que percibía el movimiento de la Tierra en el universo. Observaba las lluvias de meteoritos e intentaba recordar sus estelas mientras se dormía para dibujarlas por la mañana. Al igual que Margaret Burbidge, Vera se inspiró en el popular libro de James Jeans titulado *El universo que nos rodea*. En la escuela, escribió ensayos sobre astronomía incluso en sus clases de lengua inglesa. Sus padres hicieron todo lo posible por apoyar la inusual pasión de su hija. En casa de los Cooper, la astronomía era para todos, no solo para los hijos varones. El padre de Vera la ayudó a construir un telescopio casero y la llevaba a las reuniones del Club de Astronomía Amateur de Washington D. C., donde pudo escuchar a distinguidos astrónomos como Harlow Shapley, y soñó con seguir sus pasos algún día.

El apoyo de los padres de Vera resultó ser muy importante porque en la escuela se topó con un obstáculo. Su profesor de física era de la vieja escuela y creía que la física requería mentes brillantes. Según él, las mujeres eran trabajadoras, no brillantes. Vera no le hizo caso, y en su lugar encontró un modelo en Maria Mitchell, quien en 1847 se convirtió en la primera mujer estadounidense en descubrir un cometa. El descubrimiento le valió a Mitchell una prestigiosa medalla de oro otorgada por el rey de Dinamarca y la convirtió en una celebridad en Estados Unidos. Al igual que su cometa, Mitchell estaba dispuesta a abrirse camino en la astronomía. En 1865, se convirtió en la primera mujer en trabajar como profesora de astronomía en Estados Unidos al aceptar un puesto docente en el Vassar College. También fue nombrada directora del observatorio de dicha institución. Gracias a su enfoque práctico de la enseñanza de la astronomía, sus alumnos la tenían en gran consideración. En una ocasión, llevó a sus alumnos con sus telescopios a Colorado para observar un eclipse solar. Durante la década siguiente, Vassar atrajo a más estudiantes de astronomía que Harvard, en gran parte debido a la reputación de profesoras como Mitchell. Tomó algunas de las primeras fotografías de manchas solares e hizo observaciones de nebulosas, cometas, estrellas y movimientos planetarios. Era bien conocida por académicos y otros astrónomos, como Caroline Herschel, en Europa, también descubridora de cometas.

A pesar de su trayectoria y reputación, Mitchell recibía un salario inferior al de los miembros masculinos más jóvenes que ella que trabajaban en la facultad de Vassar. Cuando se enteró, exigió un aumento no solo para ella, sino también para su compañera Alida Avery, que era la otra mujer que trabajaba en la facultad. La universidad dio un paso atrás y accedió a sus demandas. El activismo de Mitchell no terminó ahí. Participó en el movimiento antiesclavista, así como en el movimiento por el sufragio femenino. Asimismo, fue cofundadora de la Asociación para el Progreso de la Mujer. Fue una auténtica pionera, ya que además fue la primera mujer elegida para formar parte de la Asociación Estadounidense para el Avance de la Ciencia y también de la Academia Estadounidense de las Artes y las Ciencias. Continuó enseñando astronomía en Vassar hasta que se jubiló, en 1888, justo un año antes de morir.

La historia de Maria Mitchell dio esperanzas a Vera. Tras graduarse en el instituto, en 1945, solicitó y ganó una beca para asistir a Vassar. Su profesor de física del instituto no la apoyó y le aconsejó que se mantuviera alejada de la ciencia. No le hizo caso. En 1948, ciento un años después de que Maria Mitchell observara su cometa, Vera Cooper se graduó en el Vassar College: fue la única estudiante que se licenció en Astronomía ese año.

Una futura astrónoma

Vera se encaminaba hacia la carrera de astronomía que había soñado desde que era pequeña. Todos esos años observando el cielo habían logrado que sus metas fueran muy ambiciosas. Escribió a

Princeton solicitando un catálogo de su programa de posgrado, pero le informaron de que no admitían mujeres en la especialidad de astronomía. Su otra opción era Harvard, donde las mujeres calculadoras del observatorio habían escrito sus nombres de forma indeleble en la historia de la astronomía. Seguramente, allí sí respetaban las habilidades de las mujeres en dicha especialidad. Pero Harvard tampoco otorgaba títulos a las mujeres de forma directa; preferían dejar eso a su institución hermana, Radcliffe. Esa política no cambió hasta la década de 1960. Incluso hoy, la proporción de mujeres estudiantes de física y astronomía sigue siendo muy baja.

Vera tenía otra razón para no ir a Harvard. Durante sus días de estudiante en Vassar, había conocido a un hombre llamado Bob Rubin que se estaba graduando en química en la Universidad de Cornell. Le preguntó si conocía al famoso físico Richard Feynman, profesor de dicha institución, y este le respondió que era alumno suyo. Era la respuesta correcta. Vera y Bob congeniaron y se casaron en 1948. Bob era todavía un estudiante en Cornell, así que fue allí donde Vera se matriculó. En Cornell asistió a las clases de física que impartía Feynman, pero su primer amor seguía siendo la astronomía.

Sentía fascinación tanto por los cursos impartidos por la primera mujer que daba clases en Cornell, la astrónoma Martha Stahr Carpenter, como por su investigación sobre las galaxias. El curso de Carpenter sobre dinámica galáctica influyó definitivamente en el rumbo que tomaría la carrera de Rubin. En su tesis, se centró en estudiar el movimiento a gran escala de las galaxias. Se preguntaba si se movían de otra manera que no fuera alejándose uniformemente de la Tierra, como predice el modelo del *big bang*. Al examinar sus velocidades, propuso que las galaxias se movían alrededor de un eje común, como los electrones orbitaban alrededor de un núcleo o la Luna alrededor de la Tierra. Más tarde se demostró que su hipótesis estaba equivocada, pero sirvió de acicate para que otros investigadores exploraran más a fondo la dinámica de las galaxias. La cuestión de los movimientos orbitales en el universo desempeñaría un papel decisivo en sus futuras investigaciones. Otro descubrimiento intrigante que hizo fue que las galaxias de nuestro vecindario del universo parecían estar concentradas en un plano particular. Pasaron muchos años antes de que los astrónomos confirmaran sus hallazgos. Esa región pasó a ser conocida como plano supergaláctico, el plano ecuatorial de nuestro supercúmulo local de galaxias.

Tras la presentación de la tesis de Rubin, William Shaw, director del Departamento de Astronomía, le dijo que el suyo había sido un trabajo bastante chapucero. Aun así, le ofreció presentar sus resultados en una próxima reunión de la Sociedad Astronómica Estadounidense, la principal asociación astronómica del país. Por aquel entonces estaba embarazada, y el bebé nacería al cabo de un mes y, por otro lado, no era miembro de la Sociedad. No obstante, se negó a permitir que él presentara su trabajo en su nombre. Rubin insistió en que podía presentar ella misma su trabajo, por lo que poco después de nacer su hijo partió para dar su primera conferencia científica. La acompañaban Bob, para cuidar del bebé, y sus padres, que los llevaron en coche.

La primera vez que hablas de tu trabajo científico ante otros expertos debería ser un momento emocionante en el que compartir y recibir comentarios, pero la verdad es que es una experiencia angustiosa. Te preguntas si tu trabajo es suficientemente bueno e interesante. Te preocupa haber olvidado algo obvio. Tienes la boca tan seca que crees que nadie entenderá tus graznidos. Estás segura de que alguien más listo que tú se dará cuenta de la existencia de un fallo letal y todo el mundo verá que eres una impostora. Recuerdo mi primera conferencia, con la voz trémula y las manos temblorosas. Había escrito mi presentación de antemano y memorizado cada palabra. Había comprobado una y otra vez todos los datos y preparado cuidadosamente mis diapositivas. Sin saber cómo, pude dar la charla entera en quince minutos, que a mí me parecieron una eternidad. Resultó que un físico muy famoso daba una conferencia al mismo tiempo que yo, así que casi nadie asistió a mi sesión ni prestó mucha atención a mis descubrimientos. Fue decepcionante, pero en mi interior me sentía aliviada.

Lo más seguro es que la experiencia de Vera Rubin en su primera conferencia fuera peor que la mía. La había titulado con gran entusiasmo «Rotación del universo», y sentía que había hecho una buena presentación, pero el público masculino no estaba de acuerdo. Casi todos los comentarios del debate posterior fueron negativos. El *Washington Post* publicó un artículo sobre su charla con el siguiente titular: «Una joven madre encuentra el centro de la creación». No es de extrañar que pensara que nunca sería tomada en serio como una «auténtica» astrónoma. Tanto el *Astrophysical Journal* como el *Astronomical Journal* rechazaron su trabajo, por lo que este nunca se publicó. Incluso después de obtener su posgrado en astronomía, Vera Rubin siguió siendo una extraña en el campo.

Explorando el movimiento cósmico

En 1951, los Rubin se mudaron a Washington D. C., donde a Bob le habían ofrecido un puesto en la Universidad Johns Hopkins, concretamente en el Laboratorio de Física Aplicada. Vera se quedó en casa para criar a su hijo, pero echaba tanto de menos la astronomía que incluso llegaba a llorar cuando leía el *Astrophysical Journal*. Bob no quería verla abatida y la instó a volver a estudiar. Así que, en 1952, mientras estaba embarazada de su segundo hijo, Vera se inscribió en el programa de doctorado en astronomía de la Universidad de Georgetown. Su marido compartía oficina con un físico llamado Ralph Alpher, que trabajaba con George Gamow en la Universidad George Washington. Alpher le contó a Gamow que la esposa de su compañero de oficina era una astrónoma que estaba haciendo un doctorado en galaxias y Gamow quiso reunirse con ella para conocer más detalles. Rubin pidió asistir a una próxima conferencia suya que daría en el Laboratorio de Física Aplicada, pero le dijeron que las «esposas» no podían entrar en el laboratorio. Se pusieron de acuerdo y Rubin decidió finalmente trabajar en un proyecto en el que Gamow sería el supervisor externo de su doctorado.

Basándose en su análisis previo de las galaxias, Gamow le sugirió a Rubin que estudiara la distribución espacial de estas. Rubin descubrió que las galaxias no están distribuidas uniformemente en el universo, sino que tienden a agruparse. Este descubrimiento le valió el doctorado en 1954. Pero si creía que sus nuevas credenciales y el apoyo de su famoso supervisor convencerían a otros astrónomos para que se tomaran en serio su descubrimiento, se equivocaba. Aunque hoy es ampliamente aceptado, su trabajo fue ignorado durante años. Desanimada, se mantuvo firme en su decisión de ser una «auténtica» astrónoma. Siguió trabajando en la Universidad de Georgetown durante la década siguiente, primero como investigadora y después como profesora, compaginando el cuidado de sus cuatro hijos con la investigación astronómica. (El amor de sus padres por la ciencia era contagioso: sus cuatro hijos eligieron carreras científicas, y con el tiempo hubo seis doctores y doctoras Rubin en la familia).

En la Universidad de Georgetown, Rubin impartió un curso nocturno sobre la dinámica de las galaxias a estudiantes graduados en astronomía. Aunque le gustaba dar a conocer a los estudiantes una muestra de la investigación que se llevaba a cabo en el mundo real, ni ella ni sus alumnos podían acceder a ninguno de los grandes observatorios del país. Así que trabajó con lo que tenía al alcance de la mano. En una de sus clases, encomendó a sus seis alumnos una tarea específica. Debían analizar el movimiento de rotación de estrellas lejanas de la Vía Láctea utilizando los datos observacionales disponibles en los catálogos de estrellas existentes. La rotación es una parte fundamental de nuestro movimiento en el cosmos. Cuando, de niña, Vera se dio cuenta de que las estrellas giraban en el cielo cada noche, lo que estaba observando en realidad era la rotación de la Tierra alrededor de su eje cada veinticuatro horas. Cuando cambian las estaciones y observamos la trayectoria variable del Sol a través del cielo, estamos viendo la órbita anual que sigue la Tierra alrededor de nuestra estrella. Y el Sol también gira. En 1612, Galileo se dio cuenta de que las manchas oscuras de la superficie del Sol parecían moverse cuando la estrella gira sobre su eje aproximadamente una vez cada veintisiete días. Nosotros también giramos con el Sol en su larguísima órbita alrededor del centro de la Vía Láctea. Cada año cósmico en el que el Sol completa un viaje alrededor del centro de la galaxia dura unos 230 millones de años terrestres.

El Sol tiene algo más de veinte años cósmicos y recorrerá otras veinte órbitas galácticas antes de morir. La vida humana comenzó en la Tierra en los últimos diez días del año cósmico actual. Algunos de esos humanos se convirtieron en astrónomos. En la década de 1920, hace catorce segundos cósmicos, los astrónomos observaron los movimientos de las estrellas cercanas y calcularon el movimiento orbital del Sol y su familia de planetas alrededor del centro galáctico, una vez cada año cósmico. Un año cósmico puede parecer mucho tiempo, pero no es porque vayamos despacio. Cada minuto nos desplazamos más de doce mil kilómetros en nuestra órbita galáctica junto con el Sol. Aun así, necesitamos bastante tiempo para completar los 1.600.000.000.000.000.000 kilómetros de nuestro recorrido alrededor del centro de la Vía Láctea.

Vera Rubin quería estudiar el movimiento de rotación de otras estrellas alrededor del centro de nuestra galaxia. Se dio cuenta de que lo mejor sería optar por las estrellas identificadas como O y B, según el esquema de clasificación de Annie Cannon y las calculadoras de Harvard. Estas eran las estrellas más masivas y brillantes, lo que significaba que su movimiento podía ser rastreado con mayor facilidad y precisión. Rubin instruyó a sus estudiantes para extraer datos sobre estas estrellas de los catálogos estelares y trazar una curva de rotación.

Estrellas con comportamiento anormales

De pequeña, uno de mis juguetes favoritos era el tocadiscos Fisher-Price de mi hermano. Me encantaba ver girar el disco mientras sonaba la música. Yo no lo sabía entonces, pero ese disco giratorio es una forma divertida y sencilla de entender el poder de las curvas de rotación. Los primeros fonógrafos hacían girar los discos a setenta y ocho revoluciones por minuto (RPM). En la década de 1950, las compañías discográficas encontraron la manera de meter más música en un disco de larga duración (LP), que giraba a una velocidad más lenta de 33 ½ RPM. Ese se convirtió en el estándar que sigue existiendo hoy en día. Todos los LP de 30 centímetros dan 33,5 vueltas en el tocadiscos cada minuto, es decir, setenta y siete vueltas en dos minutos. (Si todavía tienes un tocadiscos y discos de vinilo, puedes comprobarlo).

Si elegimos un punto en el borde exterior de un disco y observamos cómo gira, como yo solía hacer cuando era pequeña, veremos que en una rotación completa recorre una distancia mucho mayor que la que recorre un punto cercano al centro del disco. Ambos puntos tienen la misma velocidad angular (RPM) y orbitarán 33,5 veces en un minuto, pero el punto exterior recorrerá una distancia total mayor en ese tiempo y, por tanto, tendrá una velocidad orbital mayor. Los puntos más cercanos al centro del disco tendrán la velocidad orbital más baja, ya que necesitan recorrer una menor distancia para completar una órbita. A medida que nos desplazamos alejándonos del centro del disco, la velocidad orbital aumenta. Una curva de rotación es simplemente una representación gráfica de esa relación, y muestra la velocidad orbital en función de la distancia al centro. Dado que la velocidad aumenta con la distancia, la curva de rotación del disco giratorio es una línea recta ascendente.

De hecho, todos los objetos rígidos que están en rotación tienen curvas de rotación cuya pendiente es ascendente. Otro ejemplo es el de un tiovivo de un parque infantil. Los niños a los que les gusta ir rápido disfrutan montando en el borde exterior. Así que si vemos una curva de rotación inclinada hacia arriba, podemos dar por hecho que representa el movimiento de un objeto rígido que está girando (incluso aunque no lo veamos).

Pero no todas las curvas de rotación se inclinan hacia arriba. ¿Qué ocurre si la curva es descendente? Bueno, una curva de este tipo revela una situación en la que la velocidad orbital disminuye a medida que nos alejamos del centro de rotación. Este tipo de curva es característico del movimiento planetario y fue observada por primera vez por el astrónomo alemán Johannes Kepler hace más de cuatrocientos años.

Kepler se dio cuenta de que la velocidad orbital de los planetas disminuía bruscamente al aumentar su distancia respecto al Sol. Cuanto más lejos estaba el planeta del Sol, más lento se movía. Eso es porque el Sol y los planetas no están todos pegados juntos en un disco rígido como en un LP. En lugar de eso, el movimiento de cada planeta se rige por la atracción gravitatoria del cuerpo más masivo del sistema solar: el Sol. Los planetas más cercanos a él sienten su atracción con más fuerza y pueden orbitar a mayor velocidad, y los más alejados orbitan más despacio. De ahí la curva de rotación descendente, comúnmente llamada *curva de rotación kepleriana*. Los sistemas planetarios que orbitan alrededor de otras estrellas también deberían moverse siguiendo curvas keplerianas. La órbita de cualquier cuerpo celeste que orbite alrededor de un objeto central masivo mostraría una curva kepleriana descendente similar. Pero en algunas ocasiones nos encontramos con algo que no esperamos.

Vera Rubin y sus alumnos estudiaron minuciosamente los catálogos de estrellas de clase O y B para calcular las velocidades orbitales y las distancias de las estrellas de la Vía Láctea. El proyecto duró un año y se prolongó más allá del final del curso. Por fin tenían una curva de rotación. Rubin presentó sus resultados en la reunión de abril de 1962 de la Sociedad Astronómica Estadounidense. En los bordes exteriores de la Vía Láctea, a distancias superiores a 26.000 años luz del centro galáctico, se toparon con una sorpresa: «No se observa la disminución de la velocidad de rotación esperada para las órbitas keplerianas».

Los científicos esperaban que las estrellas del borde de la Vía Láctea se mantuvieran en sus órbitas debido a la atracción gravitatoria de las estrellas del centro de la galaxia, porque la gran mayoría de ellas se concentraban en el centro galáctico. Al igual que la masa central del Sol une gravitacionalmente los planetas que lo orbitan en el sistema solar, la masa central de estrellas en la Vía Láctea debería mantener en órbita a las estrellas más externas. En el caso del sistema solar, la atracción gravitatoria del Sol disminuye con la distancia. Lo mismo ocurre en la Vía Láctea: la atracción gravitatoria de las estrellas centrales disminuye a medida que nos alejamos del centro. Por lo tanto, las curvas de rotación de las estrellas de la Vía Láctea deberían ser similares a las curvas keplerianas del sistema solar, pero eso no era lo que Rubin y sus estudiantes habían descubierto. Más allá de una distancia de 26.000 años luz del centro de la galaxia, las velocidades orbitales de las estrellas no disminuían con la distancia como se había predicho, sino que se movían más rápido de lo esperado. Rubin y su equipo lo comprobaron una y otra vez y su conclusión fue que la anomalía no podía deberse a errores en las observaciones o en sus cálculos. No era así, por lo que algo debía de estar ocurriendo.

Por fin una «auténtica» astrónoma

Conscientes de lo controvertido que era su descubrimiento, Vera Rubin y sus estudiantes pasaron largas horas revisando cuidadosamente sus cálculos antes de preparar un artículo para su publicación. A menudo trabajaban en su casa, en su gran mesa de comedor, más llena de papeles que de comida. Por fin, Rubin consideró que el artículo estaba listo para enviarlo a una revista. *Astronomical Journal* aceptó publicarlo, pero el editor le comunicó a Rubin que sus estudiantes no serían incluidos como coautores, a lo que ella respondió que debía incluirlos como tales o retiraría el artículo. El editor cedió y el artículo se publicó en octubre de 1962 con los nombres de todos los estudiantes y el de Rubin. A lo largo de su carrera, Rubin seguiría siendo una firme defensora de los estudiantes y los investigadores noveles, pero no pudo protegerlos de las reacciones profundamente negativas que suscitó su primer artículo sobre la curva de rotación.

Nadie creía que la curva de rotación de la Vía Láctea pudiera ser no kepleriana. A pesar de los cuidadosos cálculos que realizaron para el artículo, otros científicos señalaron que debía haber errores en el análisis o en los datos de observación. Casi todos los comentarios que recibió Rubin eran escépticos; algunos de ellos incluso «desagradables», como ella misma dijo. Aunque la hostilidad era injustificada, el escepticismo era comprensible. Después de todo, el hallazgo de esta curva no kepleriana desafiaba la noción misma de gravedad.

La curva de rotación kepleriana de nuestro sistema solar, con su característica pendiente descendente, es una consecuencia de cómo funciona la gravedad. En el sistema solar, los planetas más distantes se mueven más lentamente que los más cercanos debido a la disminución de la atracción gravitatoria del Sol con la distancia. Según la teoría de la gravedad, la curva de rotación de la Vía Láctea tendría que ser kepleriana. Si no lo era, significaba que la velocidad orbital de las estrellas no disminuía con la distancia, tal como se predijo. La gravedad, explicada por la elegante teoría de la relatividad general de Einstein, era una piedra angular de la física. Si los científicos tenían que elegir entre Einstein y Rubin, la elección estaba clara. La mayoría de ellos descartaron la curva de rotación por considerarla un error.

Vera Rubin estaba acostumbrada a que no la tuvieran en cuenta. Pero no se dio por vencida y publicó otro artículo de seguimiento con uno de sus estudiantes como coautor. Una vez más presentaron pruebas de que la rotación era más constante de lo esperado. A partir de cierta distancia, las velocidades orbitales de las estrellas no disminuían, sino que se mantenían más o menos constantes. Pero Rubin sabía que necesitaba más datos y ansiaba la oportunidad de hacer sus propias observaciones. Pronto tuvo la ocasión de hacerlo. En 1963, Bob recibió una prestigiosa beca que le permitiría pasar un año en la Universidad de California en San Diego. Y allí era donde estaban Margaret y Geoff Burbidge.

Los Burbidge ya eran famosos por su artículo B^2FH, de 1957, en el que explicaban la nucleosíntesis estelar. Para Vera, Margaret Burbidge era la prueba real, en carne y hueso, de que las mujeres podían dejar su huella en la astronomía. Por su parte, los Burbidge quedaron inmediatamente impresionados por los profundos conocimientos de Rubin y su pasión por la astronomía, por lo que le ofrecieron un puesto en su equipo durante un año. Ese año, Rubin pudo realizar sus propias observaciones de las rotaciones de las galaxias en los observatorios Kitt Peak y McDonald. Publicó nueve artículos con los Burbidge en el *Astrophysical Journal* durante los dos años siguientes. Así, al leer dicha publicación, ya no sentía la tristeza de antaño.

Envalentonada por el éxito de sus observaciones, Rubin también solicitó tiempo de observación en el Observatorio Palomar de Caltech, donde según las normas de la época: «las mujeres no pueden llevar a cabo ningún programa de observación». La razón era la de siempre: no había baños para mujeres. Margaret Burbidge había oído excusas similares cuando quiso utilizar el telescopio situado en el Monte Wilson, el observatorio hermano de Palomar. Sin embargo, la solicitud de Rubin era tan sólida que no pudo ser denegada, por lo que se convirtió en la primera mujer que tuvo acceso directo al telescopio de Palomar. Su «solución» al problema del baño también se hizo legendaria. En la puerta del baño pegó un trozo de papel en forma de falda encima del símbolo de los hombres.

Pruebas irrefutables

El año que pasó en San Diego hizo que Vera se sintiera por fin una astrónoma de verdad. Demostró que poseía una gran capacidad de observación y publicó con los mejores astrónomos del mundo. En 1964 fue acogida como miembro de pleno derecho de la Unión Astronómica Internacional. Trabajar en San Diego también hizo que se diera cuenta de que tenía que dejar su puesto en Georgetown, porque allí había muy pocas oportunidades para la astronomía observacional. Fue un movimiento arriesgado, pero mereció la pena. En 1965 le ofrecieron un puesto como científica en la Institución Carnegie de Washington.

Como estudiante, Rubin había visitado por primera vez la institución para reunirse con George Gamow sobre su proyecto de doctorado. Volver allí como científica de plantilla era un sueño hecho realidad. Sin embargo, no podía trabajar a tiempo completo porque tenía que estar fuera todos los días a las tres de la tarde, cuando los niños volvían de la escuela. La institución le pagaba dos tercios de su salario a tiempo completo para satisfacer sus necesidades.

Durante el año siguiente, Rubin trabajó con Kent Ford, un físico que había desarrollado un nuevo dispositivo para grabar imágenes: un espectrógrafo que podría mejorar, en un factor de diez, la capacidad de un telescopio para captar los espectros de objetos débiles. Pero no era astrónomo, razón por la cual quiso contar con Vera Rubin. Ella y Ford utilizaron el nuevo dispositivo para realizar una serie de observaciones en los observatorios de Kitt Peak y Lowell. Lo primero que estudiaron fueron los cuásares, un tema candente en la astronomía de la época. Los cuásares mostraban grandes desplazamientos al rojo, por lo que eran especialmente adecuados para ser observados con el nuevo espectrógrafo debido a su mejor resolución en la parte roja del espectro. Rubin y Ford publicaron datos que mostraban que su dispositivo podía reducir el tiempo de observación en un factor de diez, lo que permitía al telescopio Lowell de 200 centímetros funcionar tan bien como el telescopio Palomar de 508 centímetros. Pero no les gustó la extrema competitividad de la carrera por encontrar cuásares cada vez más débiles. Así que decidieron dedicar sus esfuerzos a un área menos investigada que era la favorita de Rubin: las curvas de rotación de las galaxias.

En 1970, tras dos años de minucioso trabajo, Vera Rubin y Kent Ford publicaron un artículo histórico sobre la curva de rotación de la galaxia de Andrómeda en el *Astrophysical Journal*. Gracias al espectrógrafo de Ford fueron capaces de observar el movimiento de las estrellas situadas mucho más lejos del centro de Andrómeda de lo que nadie había visto antes. Descubrieron que, al igual que la Vía Láctea, la curva de rotación de Andrómeda no era kepleriana. Más allá de cierta distancia del centro, la curva ya no se inclinaba hacia abajo, sino que permanecía horizontal. Las estrellas más externas de Andrómeda se movían más rápido de lo esperado. Y esta vez no había posibilidad de descartar los resultados como un error porque el espectrógrafo de Kent era muy preciso. Incluso la revista *Sky & Telescope* prestó atención al tema y publicó un informe sobre sus hallazgos. Rubin y Ford siguieron adelante, y en 1978 ya habían publicado las curvas de rotación de otras diez galaxias. Todas las curvas seguían siendo obstinadamente no keplerianas. Mientras tanto, otros investigadores confirmaron que ninguna se escapaba de ese patrón. A grandes distancias, las curvas de rotación de las galaxias eran planas. Las velocidades orbitales de las estrellas eran las mismas a pesar de que la distancia al centro aumentase.

Las estrellas de los bordes exteriores de las galaxias se movían tan rápido que deberían escapar de la atracción gravitatoria de la masa central de estrellas. ¿Qué las mantenía en órbita? Había dos explicaciones posibles. Una era que nuestro modelo de gravedad en sí era defectuoso y tenía que ser modificado. La otra opción era que hubiera materia adicional en las galaxias. Esta materia era invisible a nuestros telescopios, pero podía ejercer una atracción gravitatoria que mantenía en órbita a las estrellas en rápido movimiento. La mayoría de los científicos se inclinaron por la idea de que debía haber materia invisible en las galaxias que no emitía ni reflejaba luz, pero que ejercía un efecto gravitatorio sobre la materia visible.

Rubin y Ford habían encontrado pruebas de la existencia de materia oscura en el universo.

El universo invisible

La idea de que existe materia invisible en el universo no era novedosa. Los astrónomos sabían que en el universo había nebulosas de gas y estrellas muertas que no emitían luz y que serían muy difíciles de ver. Aun así, estimaban que este tipo de materia era probablemente insignificante en comparación con la de las estrellas visibles de las galaxias. Pero en 1933, el astrónomo suizo Fritz Zwicky descubrió que algunas galaxias del cúmulo de Coma se movían tan rápido que deberían ser capaces de escapar de la atracción gravitatoria ejercida por el cúmulo. Zwicky propuso audazmente que el cúmulo de la Coma se mantenía unido por materia invisible que era diez veces más abundante que la materia que los astrónomos podían ver. Sinclair Smith encontró estimaciones similares para la materia invisible del cúmulo de Virgo. Los científicos llamaron «oscura» a esta materia desconocida del universo. El término se quedó, pero haré caso de la sugerencia de la física Chanda Prescod-Weinstein y seguiré llamándola materia invisible.

En 1959, antes incluso de que Rubin y sus estudiantes publicaran su primer artículo sobre la curva de rotación de la Vía Láctea, una astrónoma holandesa llamada Louise Volders ya había publicado una curva de rotación plana de la galaxia M33 que creó a partir de sus emisiones de hidrógeno. Al igual que ocurrió con el trabajo de Rubin, los resultados de Volders fueron ampliamente ignorados: otros científicos también consideraron que debían contener errores en los datos, o tal vez otros factores explicaran la curva anómala. Los posibles errores en los datos tendrían que haber sido demasiado grandes para que los resultados fueran los presentados. No fue hasta que apareció el artículo de Rubin y Ford de 1970 cuando los astrónomos empezaron a tomar en serio la materia invisible. Poco a poco las pruebas empezaron a acumularse. En 1986, Rubin y Ford habían añadido otras veintitrés galaxias a su lista de curvas de rotación planas y ya habían publicado más de cincuenta artículos sobre la dinámica de las galaxias. Rubin calculó que la materia adicional necesaria para explicar las curvas de rotación planas tendría que ser diez veces más abundante que la materia visible de las galaxias; bromeando, dijo que era aproximadamente la misma proporción existente entre la ignorancia y el conocimiento. Las mediciones actuales combinadas con modelos teóricos muestran que la proporción es en realidad aproximadamente de 5:1.

El telescopio Hubble también ha proporcionado más pruebas de la existencia de halos gigantes de materia invisible alrededor de las galaxias. Fritz Zwicky fue el primero que propuso el método de estudio. Una galaxia lejana que se encuentra detrás de un cúmulo de galaxias cercano normalmente quedaría bloqueada a nuestra vista, pero la luz puede ser curvada gravitacionalmente por objetos masivos como los cúmulos de galaxias. La galaxia lejana se volvería visible para nuestros telescopios si la luz procedente de ella se curvara alrededor del cúmulo de galaxias cercano.

El grado de curvatura de la luz depende de la cantidad de materia del cúmulo. Gracias a este efecto de curvatura o de «lente gravitacional» podemos calcular la cantidad de materia presente en el cúmulo de galaxias y confirmar la relación 5:1 entre materia invisible y visible. Más recientemente se han observado pequeñas variaciones en el fondo cósmico de microondas, la energía remanente del *big bang*. Las variaciones se ajustan a modelos teóricos que incluyen cinco veces más materia invisible que visible. Los modelos del *big bang* también indican que la materia invisible desempeñó un papel fundamental en la formación de galaxias y estrellas en el universo primitivo. Sin la materia invisible no existiríamos.

Las curvas planas de Rubin y Ford despertaron a la comunidad astronómica y obligaron a los científicos a reconocer que la mayor parte de la materia del universo era desconocida e invisible. De hecho, era tan abundante que no podía ser explicada como nebulosas de gas o estrellas muertas, sino que tenía que ser un tipo completamente nuevo de materia invisible, diferente de la materia ordinaria de la que están hechas las estrellas, los planetas y los humanos. La tabla periódica en la que se listan todos los elementos que componen la materia ordinaria no se aplica a la materia invisible. No sabemos cómo es la tabla periódica invisible. ¿Existen análogos invisibles de los protones, neutrones y electrones? Como aún no se ha descubierto una partícula fundamental de la materia invisible, nadie lo sabe. Pero la caza ha comenzado utilizando aceleradores de partículas, telescopios e ingenio humano.

El 13 de julio de 1993 sonó el teléfono de Vera Rubin. La oficina del presidente de Estados Unidos de América la llamaba para comunicarle que iba a recibir la Medalla Nacional de la Ciencia. La misma llamada había recibido Wu Chien-Shiung dieciocho años antes. En los años transcurridos desde entonces, la única mujer de ciencias físicas que había recibido la llamada fue la mentora de Rubin, Margaret Burbidge, en 1983.

En 1996, la Real Sociedad Astronómica también la llamó y le concedió la medalla de oro, su más alta distinción. La otra única mujer que había ganado dicha medalla fue Caroline Herschel, 168 años antes que ella. Rubin estaba encantada de recibir el galardón, pero no le impresionó el ridículo y extenso intervalo de tiempo transcurrido entre la concesión de la medalla de Caroline Herschel y la suya. Para entonces, estaba harta del arraigado sexismo al que se había enfrentado a lo largo de su carrera y que aún afectaba a las investigadoras más jóvenes. Siempre había sido una firme defensora de la igualdad de género, denunciando los prejuicios allí donde los veía, formando parte de numerosos comités nacionales centrados en la integración de la perspectiva de género y tutelando personalmente a la nueva generación de científicas. En una ocasión, en respuesta a una oferta de empleo en la que se indicaban salarios más bajos para las mujeres, envió una carta al director de *Nature* sugiriendo que los hombres debían exigir salarios más bajos para ser tan competitivos como las mujeres. El director se negó a publicar su carta.

Vera Rubin siguió siendo una investigadora activa y una defensora de los derechos de la mujer hasta bien entrados los ochenta años. Publicó más de cien artículos sobre sus investigaciones y su nombre figuró regularmente en las listas de posibles ganadores del Nobel, pero para el comité del premio, ella era materia invisible. Murió a los ochenta y seis años, el día de Navidad de 2016, dejando un rastro brillante entre las estrellas que tanto le gustaba observar.

Átomos danzantes

En la primavera de 1997, mientras luchaba con mi proyecto de investigación de posgrado en óptica, encontré un obituario en la revista *Nature* que estaba escrito por el premio Nobel T. D. Lee sobre su compañera y amiga Wu Chien-Shiung. Ese fue mi primer contacto con la historia de la mujer que dio forma a la física conocida. Quería saber más sobre esta increíble física, una mujer inmigrante que, como yo, había empezado su viaje en Asia y que había llegado tan lejos en su vida. A medida que buscaba más información sobre ella, me sorprendió darme cuenta de todo lo que había logrado. Y deseé haber conocido su historia antes. Ojalá hubiera podido conocerla. Quizá eso habría hecho que todos los retos con los que me topaba en el laboratorio me resultaran más fáciles de resolver.

Nunca encontré la inspiración y la confianza para continuar mi investigación en ese laboratorio de óptica. Lo dejé poco después y me planteé dejar la física para siempre. Estaba convencida de que yo no tenía lo que se necesita para atravesar los límites de la física y la astronomía como hicieron Wu y Rubin, pero seguía enganchada a esta ciencia. No podía imaginar mi vida sin ella. Seguía buscando una razón para quedarme. Por fin la encontré, no en el espectro visible de la luz en el laboratorio de óptica, sino en el reino invisible de las partículas cuánticas.

¿Cómo se ve lo invisible? Mirando de cerca. Cuando encontró materia invisible, Vera Rubin demostró que incluso la invisibilidad deja un rastro. Puede que no viéramos a una persona que fuera invisible, pero, aun así, veríamos las huellas que dejan sus botas en la nieve. Lo mismo ocurre con los átomos 100.000 veces más pequeños que el grosor de un cabello humano. Si apuntamos un rayo láser hacia átomos invisibles imposiblemente diminutos, veremos cómo dejan sus huellas en la luz. Así es como se enciende literalmente una luz en el extraño mundo cuántico de los átomos.

Mi experiencia en el proyecto de óptica me dejó claro que no quería volver al laboratorio. En lugar de eso, colaboré con otros experimentalistas para ayudar a diseñar un experimento con el que observar átomos interactuando con láseres. Las semanas se convirtieron en meses y luego en años mientras trabajábamos en los cálculos, los diseños y las pruebas. Por fin, un día apareció una imagen en mi correo electrónico de mi compañero de investigación: una imagen de un átomo, construida a partir de los datos tomados en los experimentos de laboratorio. Al ensamblar una secuencia de dichas imágenes, podíamos crear una película casera del átomo.

Lo que aprendimos de nuestros experimentos no revolucionó la física, pero fue la primera película de ese tipo. Para nuestro equipo era digna de un Oscar, y mostró un interesante comportamiento cuántico que no se entendía bien, que incluía el entrelazamiento cuántico, el fenómeno observado por primera vez por Wu hace décadas. Sentí que por fin estaba tocando los límites de la física. Sabía que había encontrado el área de investigación en la que quería pasar el resto de mi carrera. Comprobé y volví a comprobar los datos en los archivos para asegurarme de que no había errores. Luego me senté y volví a ver la película del átomo danzante con asombro. Lloré... como una niña.

Figura 7.1. Wu Chien-Shiung transformó la física al acabar con la ley de conservación de la paridad.

Figura 7.2. Maria Mitchell, en primer plano, enseñando a las estudiantes de Vassar cómo realizar observaciones astronómicas.

Figura 7.3. Vera Rubin utilizó el espectrógrafo de Kent Ford instalado en el Observatorio Nacional de Kitt Peak para registrar las curvas de rotación de las galaxias.

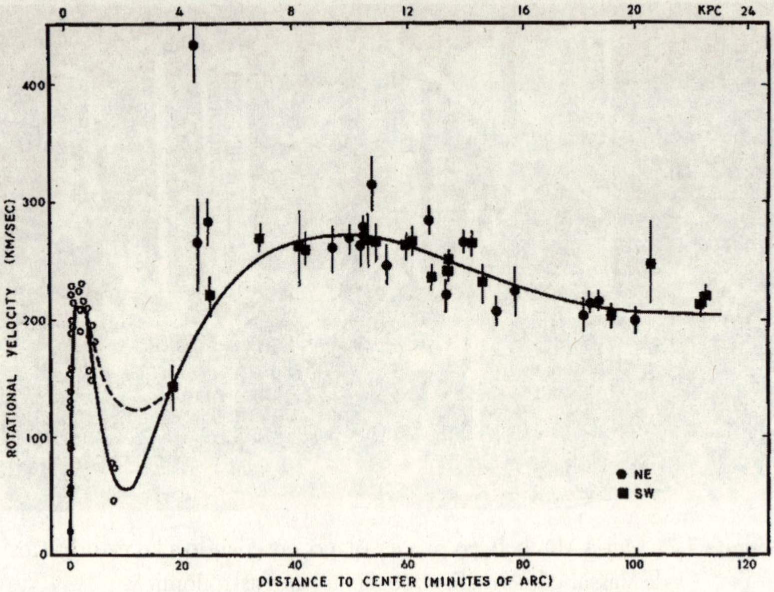

Figura 7.4. Curva de rotación plana que aparece en el famoso artículo de Vera Rubin y Kent Ford, publicado en 1970, en el que por primera vez se mostraron pruebas de la existencia de materia oscura.

EPÍLOGO

Caída libre.

Flotando, sacudiendo los brazos a la deriva en plena oscuridad. ¿Sigo en la Tierra? ¿Por qué es tan difícil respirar? Me despierto y me fuerzo a abrir los ojos. Estoy tumbada en la cama, tratando de llenar mis pulmones de aire, pero de alguna manera debo de haber flotado en el espacio exterior, porque no parece haber suficiente oxígeno. ¿Es así como se sienten los astronautas? Jadeo un par de veces, finalmente inhalo el aire suficiente que me impide entrar en pánico. Decido que odio el espacio exterior.

Es abril, el primer mes del año que nos dejó a todos sin aliento. En el exterior todo está en silencio, como en el vacío del espacio. Definitivamente no me gusta el espacio exterior. Las noticias están llenas de escenarios catastróficos. Confinamiento es la palabra del día, pero no sé cómo bloquear mi miedo. Me conecto a Internet para encontrar valor y conexión. No funciona, pero encuentro vídeos divertidos de gatos haciendo cosas graciosas. La risa me hace jadear de nuevo, pero no me importa. Decido que me encantan los vídeos de gatos.

Finalmente, el oxígeno regresa a mis pulmones y trae consigo algo de calma. Sabía que lo tenía mucho más fácil que muchos otros. Para empezar, estaba viva. Ya no estaba en el espacio exterior, pero estaba en un universo donde el tiempo ahora se medía por el goteo de episodios de Netflix y el espacio estaba marcado con cinta adhesiva en los pasillos del supermercado. Continué con mi vida desde casa mientras el número de cadáveres aumentaba inexorablemente. Las noticias de la India mostraban cadáveres a lo largo de las orillas del Ganges, pero los partidos de cricket continuaban en estadios vacíos. Odio los universos alternativos tanto como el espacio exterior.

Pasaron los meses y me mantuve ocupada impartiendo cursos en Zoom sobre partículas cuánticas invisibles mientras otras partículas invisibles nos tenían como rehenes. Pero la invisibilidad no es absoluta. Todas las mujeres de este libro lo demostraron con su trabajo. Así lo hizo Katalin Karikó, que trabajó en la oscuridad durante años antes de encontrar una manera de luchar contra los ataques invisibles a nuestros cuerpos armada tan solo con cuatro letras: ARNm. Y también Andrea Ghez, que ganó el Premio Nobel de Física ese año de pesadilla. ¿Su logro? Consiguió que el agujero negro supermasivo e invisible situado en el centro de la Vía Láctea fuera visible.

En el verano del año dos, mi pareja y yo fuimos en un viaje por carretera a un remoto lago en el norte para tomarnos un breve descanso. Paramos por el camino y cogimos unos bocadillos para comérnoslos en un parque. Como el resto del mundo, estábamos agotados. Estaba preocupada por mis alumnos, a algunos de los cuales ni siquiera había conocido en persona. Las mujeres se estaban llevando la peor parte de la pandemia, y algunas habían abandonado sus proyectos de investigación en física.

Cerca, en el parque, un grupo de universitarios charlaba en voz bastante alta. Me molestó su insensibilidad, así que intenté ignorar su charla mientras comía. Por supuesto no funcionó. De repente, oí a una mujer decir a otra del grupo: «No estoy segura de haber escogido la mejor opción. Me gusta la biología, pero me *encanta* la física». Pensé que había oído mal. ¿Cuáles eran las probabilidades de que esa chica hubiera dicho algo así en un parque al azar? Pero entonces continuó: «Me va bien en biología, ¡pero bordé los exámenes de física!».

Era evidente que el universo me estaba mandando una señal. Seguí comiendo con calma, pero mi mente iba a mil por hora. «¡Sí!», quise gritar. «¡Yo también amo la física! Sí, vale la pena explorarla, no importa lo difícil que sea y no importa quién seas». Quería hablarle de Cecilia Payne, Bibha Chowdhuri, Claudia Alexander y todas las mujeres que, contra todo pronóstico, encontraron inspiración en el universo, y cómo este las recompensó revelándoles sus misterios ocultos. Quería decirle cuánto me habían inspirado.

Terminé de comer, me acerqué a ella y me presenté. Sorprendida, me dijo que se llamaba Brianna. Cuando le dije que era física, se quedó asombrada. Y sus amigas también. ¿Cuáles son las probabilidades de conocer a una física en un parque al azar? La animé a estudiar una carrera de física y le dije que no tenía que dejar la biología para estudiar física. «La física te abrirá el universo», le dije. Me hubiera gustado darle un abrazo o estrecharle la mano, cualquier cosa para salvar los dos metros de distancia social que nos separaban. En lugar de eso, solo le sonreí detrás de mi mascarilla, esperando que pudiera leer mis pensamientos, y le dejé mi dirección de correo electrónico por si quería ponerse en contacto conmigo.

Al día siguiente tenía un correo electrónico nuevo en mi bandeja de entrada. Era de Brianna.

AGRADECIMIENTOS

En mi familia, las matemáticas, la ciencia y la curiosidad nunca tuvieron género. Crecí en un hogar lleno de estanterías con libros. Más tarde me di cuenta de lo especial que fue y de lo especiales que fueron mis padres por regalarme aquellos maravillosos años. Mi padre me introdujo en la poesía de *Cosmos*, de Carl Sagan, y mi madre era un prodigio de las matemáticas y mi protectora al mismo tiempo. Mi hermano mayor, Dada, me enseñó que la ciencia debía ir acompañada de justicia social. Siempre estaré eternamente agradecida por el amor y el aprendizaje que han dado forma a mis pensamientos y palabras.

En los oscuros primeros días de la pandemia, mi agente John Pearce me dio el ánimo y los consejos que necesitaba para creer que podía escribir este libro. Le estoy profundamente agradecida por dar alas a este proyecto. También quiero dar gracias de todo corazón a Jermey Matthews, de MIT Press, y a Anne Collins, de Penguin Random House Canadá, que recibieron con los brazos abiertos a las mujeres de este libro. Recibieron mi borrador y lo hicieron volar. Como escritora principiante, no podría haber pedido mejores editores para guiarme en este viaje.

Muchas gracias a Haley Biermann y a todos los equipos editoriales y de *marketing* de MIT Press y PRHC, que coordinaron sus actividades en dos países. Reena Jayswal, de la editorial Jaico Publishing House estaba entusiasmada con este libro incluso antes de que empezase a escribirlo. Le estoy muy agradecida por ayudarme a darlo a conocer a mi familia y amigos de la India. Muchas gracias también a Meg Wheeler, Caroline Vassallo y a la gente de Westwood Creative Artists por su incansable promoción mundial del libro. Dhinesh Kumar y el equipo de gestión de derechos de Lumina Datamatics obtuvieron milagrosamente los permisos para las numerosas imágenes procedentes de distintos lugares del mundo. Gracias de todo corazón por ayudarme a poner cara a las mujeres que aparecen en estas páginas.

Este libro surgió de una charla que di en 2019 en un episodio de TED Talks India, presentado por el incomparable Shah Rukh Khan. Gracias, señor Khan, por dar a estas científicas una plataforma tan poderosa, y gracias a Juliet Blake, Sonia Chowdhry y al maravilloso equipo de producción de TED Talks India por encender esta chispa. Mi más profunda gratitud también a los intrépidos programas TED Fellows y su personal por proporcionar asesoramiento, conocimientos, consejos para escribir, ánimos, risas, amistad e inspiración a lo largo del camino.

Eden Hennessey, mi colega y amiga de enredos cuánticos en el Centro para las Mujeres de Ciencia (WinS) me enseñó sobre género, identidad, pertenencia y alegría. Skye Hennessey fue mi roca y mi más feroz protectora siempre que lo necesité. Este libro no existiría sin mi familia Hennessey y el apoyo de los miembros y asesores de WinS: Adrianna Tassone, Julia Scullion, Mridhulaa Suresh, Debbie Chaves, Ken Maly, Allison McDonald, Maria Gallego y Greg Dick.

Saanvi Kohli fue la ayudante de investigación más entusiasta que una escritora puede desear. Un enorme agradecimiento para ella por desenterrar información y por ayudarme a contar las apasionantes historias de las mujeres que aparecen en este libro.

Mis profesores y mentores Perry Rice, Ivan Deutsch y Barry Sanders vieron en mí a una física antes de que yo misma lo supiera. Su apoyo me dio el valor para labrarme mi propio camino y encontrar mi propia voz. Les estaré eternamente agradecida. A los muchos otros físicos, demasiados, que me han enseñado todo lo que sé sobre el funcionamiento del universo, gracias por compartir un regalo tan preciado como ese.

También estoy profundamente en deuda con la Universidad Wilfrid Laurier y el Consejo de Ciencias Naturales e Ingeniería de Canadá por darme la flexibilidad y los recursos necesarios para desarrollar proyectos como este.

Aunque este libro trata de mujeres que no llegué a conocer, debe su origen a las muchas científicas increíbles que conozco personalmente y que me han inspirado, apoyado y enseñado lo que significa ser mujer en la ciencia. Es imposible hacer una lista completa, pero quiero dar las gracias muy especialmente a Deb MacLatchy, Imogen Coe, Donna Strickland, Atefeh Mashatan, Christine Kraus, Svetlana Barkanova, Chanda Prescod-Weinstein, Kirsty Duncan, Catherine Mavriplis, Laleh Behjat, Eve Langelier, Tamara Franz-Odendaal, Jennifer Jakobi, Nadia Octave, Laurier Rousseau-Nepton, Yasaman Soudagar, Bianca Dittrich, Maïté Dupuis, Aggie Branczyk, Genevieve von Petzinger, Renée Hložek, Melanie Campbell, Anne Wilson, Chitra Rangan, Prajval Shastri, Sally Seidel, Apriel Hodari, Jan Yarrison-Rice, mis compañeras de la División de Igualdad de Género en Física de la Asociación Canadiense de Físicos, y los miembros del Grupo de la Unión Internacional de Física Pura y Aplicada.

Escribir es una tarea solitaria sin amigos con los que compartir los altibajos. Mi más sincero agradecimiento a mi mentora y amiga Angele Foley, que siempre estuvo a mi lado. Espero que los momentos buenos hayan sido más numerosos que los malos. Un agradecimiento muy especial a mi confidente y modelo de escritura, Chandreyee Lahiri. Mi vieja amiga Radha Basu y mi casi vieja amiga Rima Roy me han apoyado en este proyecto y me han dado la confianza que solo los viejos amigos saben dar. Los agradecimientos no son necesarios entre amigos así, pero gracias de todos modos.

Escribir también es una tarea somnolienta sin café. No tuve problemas gracias a los baristas de Fahrenheit Coffee (sobre todo Marina y Rowe), que de alguna manera mantuvieron las puertas abiertas durante toda la pandemia y me proporcionaron el combustible necesario para escribir este libro. Gracias a Byron por sus discusiones sobre física; a Valentina, por sus discusiones sobre la vida; a David, por sus siempre valiosas discusiones aleatorias; a Derek y Orlena, por sus consejos sobre portadas y mucho más; a Charlotte, por los viajes astronómicos por carretera, y a Avi, por aportar siempre perspectivas únicas.

Y por encima de todo, a mi compañero de vida y de viaje por el espacio-tiempo, René. Gracias por encontrar siempre la manera de darme mi espacio y mi tiempo, incluso a costa del tuyo. Gracias por mirarme a los ojos y decirme cuándo algo era una mala idea para el libro. Gracias por ayudarme a convertir las buenas ideas en bellas historias. Gracias por dar forma a nuestra historia.

ARTÍCULOS CIENTÍFICOS

En su conjunto, las mujeres de este libro produjeron cientos de publicaciones de investigación, y sus descubrimientos sentaron las bases de muchas más. A continuación, cito solo algunas de las más destacadas.

Blau, M., M. Caulton, y J. E. Smith, «Meson production by 500-MeV negative pions», *Physical Review*, vol. 92, n.° 2, 1953, pág. 516.

—, y B. Dreyfus, «The multiplier photo-tube in radioactive measurements», *Review of Scientific Instruments*, vol. 16, n.° 9, 1945, págs. 245-248.

—, y Hertha Wambacher, «Disintegration processes by cosmic rays with the simultaneous emission of several heavy particles», *Nature*, vol. 140, n.° 3544, 1937, pág. 585.

Bose, D. M., y Biva Choudhuri, «A photographic method of estimating the mass of the mesotron», *Nature*, vol. 148, n.° 3748, 1941, págs. 259-260.

Brooks, Harriet, «A volatile product from radium», *Nature*, vol. 70, n.° 1812, 1904, pág. 270.

Burbidge, E. Margaret, Geoffrey Ronald Burbidge, William A. Fowler, y Fred Hoyle, «Synthesis of the elements in stars», *Reviews of Modern Physics*, vol. 29, n.° 4, 1957, págs. 547-650.

Burbidge, Geoffrey, y Margaret E. Burbidge, *Quasi-stellar objects*, San Francisco, CA., W. H. Freeman, 1967.

Cannon, Annie J., y Edward C. Pickering, «The Henry Draper catalogue», *Annals of the Astronomical Observatory of Harvard College*, vols. 91-99, 1918.

—, «Spectra of bright southern stars photographed with the 13-inch Boyden telescope as part of the Henry Draper memorial», *Annals of the Astronomical Observatory of Harvard College*, vol. 28, n.º 2, 1901, págs. 129-263.

Carson, T. R., D. Ezer, y R. Stothers, «Solar neutrinos and the influence of radiative opacities on solar models», *Astrophysical Journal*, vol. 194, 1974, págs. 743-744. (Dilhan Eryurt también publicó como Dilhan Ezer).

Chaudhuri, B., «Extensive penetrating showers», *Nature*, vol. 161, n.º 4096, 1948, pág. 680.

Curie, M., «Rays emitted by compounds of uranium and thorium», *Comptes rendus de l'Academie de Sciences*, vol. 126, n.º 1, 1898, págs. 1101-1103.

—, y M. S. Curie, «On a new radioactive substance contained in pitchblende», *Comptes rendus de l'Academie de Sciences*, vol. 127, 1898, págs. 175-178.

Curie, P., M. Curie, y G. Bémont, «Sur une nouvelle substance fortement radioactive contenue dans la pechblende (O nowej substancji silnie radioaktywnej znalezionej w blendzie uranowej)», *Comptes rendus de l'Académie des Sciences*, vol. 127, 1898, págs. 1215-1218.

Davidsson, Björn J. R., Samuel Gulkis, Claudia Alexander, Paul von Allmen, Lucas Kamp, Seungwon Lee, y Johan Warell, «Gas kinetics and dust dynamics in low-density comet comae», *Icarus*, vol. 210, n.º 1, 2010, págs. 455-471.

Draper, Henry, «Researches upon the photography of planetary and stellar spectra», *Proceedings of the American Academy of Arts and Sciences*, n.º 19, 1884, págs. 231-261. (Aunque no aparece listada como autora, Anna Draper ayudó a captar el espectro de Vega, del que se habla en este artículo).

Ezer, Dilhan, y G. W. Cameron, «The early evolution of the Sun», *Icarus*, vol. 1, n.os 1-6, 1962, págs. 422-441. (Dilhan Eryurt también publicó como Dilhan Ezer).

Fleming, Williamina P., y Edward Charles Pickering. «A photographic study of variable stars forming a part of the Henry Draper memorial», *Annals of the Astronomical Observatory of Harvard College*, vol. 47, n.° 1, 1907, págs. 1-113.

Frota-Pessôa, E., «Isotropy in π–μ decays», *Physical Review*, vol. 177, n.° 5, 1969, págs. 2368-2370.

—, y Neusa Margem, «Sobre a desintegração do méson pesado positive», *Anais da Academia Brasileira de Ciências*, vol. 22, 1950, págs. 371-383.

Leavitt, Henrietta S., «The north polar sequence», *Annals of Harvard College Observatory*, vol. 71, n.° 3, 1917, págs. 47-232.

—, «1777 variables in the magellanic clouds», *Annals of Harvard College Observatory*, vol. 60, n.° 4, 1908, págs. 87-108.

—, y Edward C. Pickering. «Periods of 25 variable stars in the small magellanic cloud», *Harvard College Observatory Circular*, vol. 173, 1912, págs. 1-3.

Lee, Y. K., L. W. Mo, y C. S. Wu, «Experimental test of the conserved vector current theory on the beta spectra of B12 and N12», *Physical Review Letters*, vol. 10, n.° 6, 1963, págs. 253-258.

Maury, Antonia C., «The spectral changes of Beta Lyrae», *Annals of Harvard College Observatory*, vol. 84, n.° 8, 1933, págs. 207-255.

—, y Edward C. Pickering, «Spectra of bright stars photographed with the 11-inch Draper telescope as part of the Henry Draper memorial», *Annals of the Astronomical Observatory of Harvard College*, vol. 28, n.° 1, 1897, págs. 1-128.

Meitner, Lise, «Die muttersubstanz des actiniums, ein neues radioaktives element von langer lebensdauer», *Zeitschrift für Elektrochemie und Angewandte Physikalische Chemie*, vol. 24, n.os 11-12, 1918, págs. 169-173.

—, «Über die entstehung der ß-strahl-spektren radioaktiver substanzen», *Zeitschrift für Physik*, vol. 9, n.° 1, 1922, págs. 131-144.

—, y Otto Robert Frisch, «Disintegration of uranium by neutrons: A new type of nuclear reaction», *Nature*, vol. 143, n.° 3615, 1939, págs. 239-240.

—, y Wilhelm Orthmann, «Über eine absolute bestimmung der energie der primären ß-Strahlen von radium E», *Zeitschrift für Physik*, vol. 60, n.° 3, 1930, págs.143-155.

Neighbors, Joyce, y Ryan S. Robert, «Structural dynamics for new launch vehicles», *Aerospace America*, vol. 30, n.° 9 (septiembre de 1992), págs. 26-29.

Payne, Cecilia H., *Stellar atmospheres: A contribution to the observational study of high temperature in the reversing layer of stars*, Cambridge, Harvard College Observatory, 1925.

Payne-Gaposchkin, Cecilia, «The stars of high luminosity», *Harvard Observatory Monographs*, vol. 3, 1930, págs. 1-320.

Perry, Jason, Rosaly Lopes, John R. Spencer, y Claudia Alexander, «A summary of the Galileo mission and its observations of Io», En *Io after Galileo*, págs. 35-59. Berlín, Springer, 2007.

Pickering, Edward C., «Detection of new nebulae by photography», *Annals of the Harvard College Observatory*, vol. 18, n.º 6, 1890, págs. 113-117. (Mina Fleming fue la primera persona que detectó la nebulosa Cabeza de Caballo de la que se habla en este artículo).

—, «The Draper catalogue of stellar spectra photographed with the 8-inch Bache telescope as a part of the Henry Draper memorial», *Annals of the Astronomical Observatory of Harvard College*, vol. 27, 1890, págs. 1-388. (Mina Fleming y las calculadoras de Harvard hicieron gran parte del trabajo que dio lugar a este catálogo, a pesar de lo cual no aparecen listadas como autoras).

—, «On the spectrum of Zeta Ursae Majoris», *American Journal of Science*, vol. s3-s39, n.º 229, 1890, págs. 46-47. (Antonia Maury analizó el espectro de esta binaria con Pickering, aunque no aparece listada como autora).

Ross, Stanley, *Space Flight Handbooks*, vol. 3: *Planetary Flight Handbook*. NASA-SP-35-VOL. 3-PT. 1. NASA, 1963. (Mary Ross realizó importantes contribuciones a este compendio a pesar de no aparecer como autora).

Rubin, Vera C., David Burstein, W. Kent Ford, Jr., y Norbert Thonnard. «Rotation velocities of 16 Sa galaxies and a comparison of Sa, Sb, and Sc rotation properties», *Astrophysical Journal*, vol. 289, 1985, págs. 81-98.

—, y W. Kent Ford, Jr., «Rotation of the Andromeda nebula from a spectroscopic survey of emission regions», *Astrophysical Journal*, vol. 159, 1970, págs. 379-403.

—, W. Kent Ford, Jr., y Norbert Thonnard, «Rotational properties of 21 Sc galaxies with a large range of luminosities and radii, from NGC 4605 (R = 4 kpc) to UGC 2885 (R = 122 kpc), *Astrophysical Journal*, vol. 238, 1980, págs. 471-487.

—, W. Kent Ford, Jr., Norbert Thonnard, Morton S. Roberts, y John A.

Graham, «Motion of the Galaxy and the local group determined from the velocity anisotropy of distant SC I galaxies. I -The data», *Astronomical Journal*, vol. 81, 1976, págs. 687-718.

Rutherford, Ernest, y Harriet T. Brooks, «Comparison of the radiations from radioactive substances», *London, Edinburgh, and Dublin Philosophical Magazine and Journal of Science*, vol. 4, n.º 19, 1902, págs. 1-23.

—, «The new gas from radium», *Transactions of the Royal Society of Canada*, vol. 3, 1901, págs. 21-25.

Schulz, Rita, Claudia Alexander, Hermann Boehnhardt, y Karl-Heinz Glassmeier, *Rosetta: ESA's Mission to the Origin of the Solar System*, Nueva York, Springer, 2009.

Wampler, E. J., L. B. Robinson, J. A. Baldwin, y E. M. Burbidge, «Redshift of OQ172», *Nature*, vol. 243, 1973, págs. 336-337.

Wu Chien-Shiung, «Recent investigation of the shapes of ß-Ray spectra», *Reviews of Modern Physics*, vol. 22, n.º 4, 1950, págs. 386-398.

—, Ernest Ambler, Raymond W. Hayward, Dale D. Hoppes, y Ralph Percy Hudson, «Experimental test of parity conservation in beta decay», *Physical Review*, vol. 105, n.º 4, 1957, págs. 1413-1415.

—, y S. A. Moszkowski, *Beta Decay*, Nueva York, Interscience Publishers, 1966.

—, e Irving Shaknov, «The angular correlation of scattered annihilation radiation», *Physical Review*, vol. 77, n.º 1, 1950, pág. 136.

[illegible] Molina, [illegible]

[illegible]

[illegible]

[illegible]

[illegible]

[illegible]

[illegible]

[illegible], 1971, pp. 1-16.

LECTURAS ADICIONALES

Hay disponible mucha más información sobre las mujeres que aparecen en este libro. A continuación, listo una selección de fuentes en las que se pueden consultar más detalles de la vida de estas pioneras, los desafíos a los que se enfrentaron y la ciencia que exploraron. No es una lista exhaustiva de todas las fuentes en las que me he basado, sino que pretende servir de guía a los lectores que deseen profundizar en el tema. A pesar de mis esfuerzos, no puedo asegurar que exista una fidelidad histórica precisa en todo lo expuesto. Si hay errores involuntarios, pido perdón de antemano y espero que los lectores encuentren información adicional valiosa en los recursos que figuran a continuación.

Introducción

Black, Harry, «Tom Bolton, astronomer: Discoverer of the first black kole», en *Canadian scientists and inventors: Biographies of people who shaped our world*, Pembroke, Markham, 2008, págs. 24-27.

Bolton, Charles Thomas, «Identification of cygnus X-1 with HDE 226868», *Nature*, vol. 235, n.º 5336, 1972, págs. 271-273.

Clery, Daniel, «For the first time, you can see hat a black hole looks like», *Science AAAS*, 2019.

Chicas codificadoras. «Canadian women and girls in STEM report», 2018. <https://www.dropbox.com/s/4j7y7uftszgffbc/GirlsWhoCode_WomeninSTEM_Report.pdf?dl=0>.

Hill, Catherine, Christianne Corbett, y Andresse St. Rose, *Why so few? Women in science, technology, engineering, and mathematics*, Washington D. C.: AAUW, 2010.

McCullough, Laura, *Women and physics*, San Rafael, Morgan & Claypool Publishers, 2016.

Miller, David I., Kyle M. Nolla, Alice H. Eagly, y David H. Uttal, «The development of children's gender-science stereotypes: A meta-analysis of 5 decades of U.S. draw-a-scientist studies», *Child Development*, vol. 89 (marzo de 2018), págs. 1943-1955.

Research America, «American attitudes about science and scientists in 2017», 2017. <https://www.researchamerica.org>.

Schleicher, Andreas, *PISA 2018: Insights and interpretations: A report on the programme for international student assessment of the organisation for economic Co-operation and development (OECD)*, OECD, 2018.

Spelke, Elizabeth, «Sex differences in intrinsic aptitude for mathematics and science: A critical review», *American Psychologist*, vol. 60, n.º 9 (diciembre de 2005), págs. 950-958.

Capítulo 1

Bailey, Solon I., *The history and work of Harvard observatory, 1839-1927*, Nueva York, McGraw-Hill, 1931.

Cannon, Annie Jump, *In the footsteps of Columbus: Souvenir photo book for the world fair*, Blair Camera Company, 1893.

—, *Escritos de Annie Jump Cannon*, HUGFP 125, archivos de la Universidad de Harvard. <https://id.lib.harvard.edu/ead/hua12001/catalog>. Consultada el 9 de febrero de 2024.

Des Jardins, Julie, *The madame Curie complex: The hidden history of women in science*, Nueva York, Feminist Press, 2010.

Dickinson, Terence, y Alan Dyer, *The backyard astronomer's guide*, Richmond Hill, Firefly Books, 2002.

Fleming, Williamina Paton, *Journal of Williamina Paton Fleming*, archivos de la Universidad de Harvard, sección de 1900, diarios, HUA 900.11.

Haramundanis, Katherine, *Cecilia Payne-Gaposchkin, an autobiography and other recollections*, Cambridge, Cambridge University Press, 1996.

Harvard University. Colección de placas astronómicas de cristal de Harvard, acceso digital a Sky Century @ Harvard. <https://pweb.cfa.harvard.edu/research/dasch-digital-access-sky-century-harvard>. Consultada el 9 de febrero de 2024.

—, Proyecto PHaEDRA, biblioteca Wolbach, Harvard. <https://library.cfa.harvard.edu/project-phaedra>.

Hearnshaw, John B., *The measurement of starlight: Two centuries of astronomical photometry*, Cambridge, Cambridge University Press, 1996.

Jones, Bessie Zaban, y Lyle Gifford Boyd, *The Harvard college observatory: The first four directorships, 1839-1919*, Cambridge, Harvard University Press, 1971.

Kaler, James B., S*tars and their spectra: An introduction to the spectral sequence*, Cambridge, Cambridge University Press, 2011.

Payne-Gaposchkin, Cecilia, *Escritos de Cecilia Helena Payne-Gaposchkin*, 1924, circa 1950s-1990s, 2000, archivos de la Universidad de Harvard, HUGB P182.XX. <https://id.lib.harvard.edu/ead/hua03004/catalog>. Consultada el 9 de febrero de 2024.

Robinson, Keith, *Spectroscopy: The key to the stars*, Nueva York, Springer, 2007.

Sobel, Dava, *The glass universe: How the ladies of the Harvard observatory took the measure of the stars*, Nueva York, Penguin Books, 2016 (trad. cast.: *El universo de cristal*, Madrid, Capitán Swing, 2017).

Capítulo 2

Burbidge, E. Margaret, *Margaret Burbidge Papers*, MSS 736, colecciones especiales y archivos de la biblioteca de la UC en San Diego.

—, Oral Histories: E. Margaret Burbidge, *American Institute of Physics*, 9 de enero de 2015.

—, «Watcher of the skies», *Annual Review of Astronomy and Astrophysics*, vol. 32, 1994, págs. 1-36.

Byers, Nina (comp.), *Out of the shadows: Contributions of twentieth-century women to physics*, Cambridge, Cambridge University Press, 2006.

Ferguson, Kitty, *Measuring the universe: The historical quest to quantify space*, Nueva York, Walker, 1999 (trad. cast.: *La medida del universo*, Barcelona, Ma Non Troppo, 2000).

Fernie, J. Donald, «The period-luminosity relation: A historical review», *Publications of the Astronomical Society of the Pacific*, vol. 81, n.º 483, 1969, págs. 707-731.

Gunderson, Lauren, *Silent sky*, Nueva York, Dramatists Play Service, 2015.

Hirshfeld, Alan W., *Parallax: The race to measure the cosmos*, Nueva York, W. H. Freeman, 2001.

Hoffleit, Dorrit, *Women in the History of Variable Star Astronomy*. Cambridge, American Association of Variable Star Observers, 1993.

Jeans, J., *The mysterious universe*, Cambridge, Cambridge University Press, 1930.

Johnson, George, *Miss Leavitt's stars: The untold story of the woman who discovered how to measure the universe*, Nueva York, W. W. Norton, 2005 (trad. cast.: *Antes de Hubble, Miss Leavitt*, Barcelona, Antoni Bosch, 2009).

Kass-Simon, Gabriele, Patricia Farnes, y Deborah Nash (comps.), *Women of science: Righting the record*. Bloomington, Indiana University Press, 1993.

Leavitt, Henrietta Swan, *Henrietta Swan Leavitt notebooks*, 1904-04-30/1906-02-19. Observaciones del Observatorio del Harvard College, registros, lecturas de instrumentos y cálculos, KG11365-6, phaedra2519, Box 273. Archivos de la biblioteca Wolbach, Universidad de Harvard.

—, *Henrietta Swan Leavitt notebooks*, 1905-10-20/1921-08-29. Observaciones del Observatorio del Harvard College, registros, lecturas de instrumentos y cálculos, KG11365-6, phaedra2525, Box 273. Archivos de la biblioteca Wolbach, Universidad de Harvard.

Sargent, Anneila I., y Malcolm S. Longair, «Eleanor Margaret Burbidge, 12 august 1919-5 april 2020», *Biographical Memoirs of Fellows of the Royal Society*, vol. 71, 2021, págs. 11-35.

Singh, Simon, *Big Bang: The origin of the universe*, Nueva York, Fourth Estate, 2004 (trad. cast.: *Big Bang*, Barcelona, Buridán, 2018).

Sullivan, Woodruff T., «Interview with E. Margaret Burbidge», Escritos de Woodruff T. Sullivan III, Archivos del Observatorio Nacional de Radioastronomía. <https://www.nrao.edu/archives/items/show/910>. Consultada el 9 de febrero de 2024.

Smith, R. W., *The Space Telescope: A Study of NASA, Science, Technology and Politics*, Cambridge, Cambridge University Press, 1993.

Capítulo 3

Alexander, Claudia, «The compelling nature of locomotion», TEDx Columbia College Chicago, diciembre de 2015.

—, *Windows to adventure: Windows to the morning star*, Red Phoenix Books, 2012.

Bahadir, Osman, «Dilhan Eryurt, a pioneer in astrophysics», *Pendulum*, 15 de octubre de 2018.

Cassidy, Mike, «What went wrong at Shiprock», *San Jose Mercury News*, 7 de mayo de 2000.

Crenshaw, Kimberlé, «Demarginalizing the intersection of race and ex: A black feminist critique of antidiscrimination doctrine, feminist theory and antiracist politics», *University of Chicago Legal Forum*, vol. 140, 1989, págs. 139-167.

DiFrancesco, A., F. Boorady, y D. Sumpter. «The agena rocket engine story», en *25th Joint Propulsion Conference*, 2390. Monterey, American Association of Aeronautics and Astronautics, Monterey, 1989.

Donovan, Bill, «50 years ago: The highs and lows of the Fairchild operation in Shiprock», *Navajo Times*, 21 de abril de 2016.

Ehle, John, *Trail of tears: The rise and fall of the cherokee nation*, Nueva York, Anchor Books, 1988.

Holt, Nathalia, *Rise of the rocket girls: The women who propelled us, from missiles to the Moon to Mars*, Nueva York, Little, Brown, 2016.

Howes, Ruth, y Caroline L. Herzenberg, *After the war: Women in physics in the United States*, San Rafael, Morgan and Claypool, 2015.

Johnson, Katherine J., *Reaching for the moon: The autobiography of NASA mathematician Katherine Johnson*, Nueva York, Simon & Schuster, 2019.

McQuaid, Kim, «Racism, sexism, and space ventures: Civil rights at NASA in the Nixon era and beyond», *Societal Impact of Spaceflight*, 2007, págs. 421-449.

Murray, Charles A., y Catherine Bly Cox, *Apollo: The Race to the Moon*, Nueva York, Simon & Schuster, 1989.

Nakamura, Lisa, «Indigenous circuits: Navajo women and the racialization of early electronic manufacture», *American Quarterly*, vol. 66, n.º 4 (diciembre de 2014), págs. 919-941.

Neighbors, Joyce, «Joyce Neighbors interview: First woman to join von Braun's team in technical role remembers Explorer launch 60 years later», WHNT News 19, 31 de enero de 2018.

Paul, Richard, y Steven Moss, *We could not fail: The first african americans in the space program*, Austin, University of Texas Press, 2015.

Roop, Lee, «Alabama's 'hidden figure' helped launch America's space program with Explorer 1», AL.com, 31 de enero de 2018.

Ross, Mary Golda, «Historic trailblazer: Mary Golda Ross», vídeo del Museo de Historia de los Nativos Americanos, 2020.

—, Aparición en el programa *What's My Line?* CBS, 22 de junio de 1958.

Schulz, Rita, Claudia Alexander, Hermann Boehnhardt, y Karl-Heinz Glassmeier (comps.), *Rosetta: ESA's Mission to the Origin of the Solar System*, Nueva York, Springer, 2009.

Sheppard, Laurel M., «An interview with Mary Ross: First native american woman engineer aerospace pioneer returns to her native american roots», Lash Publications International, 1999. <http://www.nn.net/lash/maryross.htm>.

Shetterly, Margot Lee, *Hidden figures: The american dream and the untold story of the black women mathematicians who helped win the space race*, Nueva York, William Morrow, 2016 (trad. cast.: *Figuras ocultas*, Madrid, HarperCollins, 2017).

Singer, Kels, entrevista con Claudia Alexander, Mujeres en ciencia planetaria, 3 de febrero de 2011. <https://womeninplanetaryscience.wordpress.com/2011/02/03/claudia-alexander-be-prepared-to-be-flexible-in-your-career/>.

Sorell, Traci, y Natasha Donovan, *Classified: The Secret Career of Mary Golda Ross, Cherokee Aerospace Engineer*, Minneapolis, Millbrook Press, 2021.

Young, M. Jane, «"Pity the indians of outer space": Native american views of the space program», *Western Folklore*, vol. 46, n.º 4, 1987, págs. 269-279.

Capítulo 4

Brooks, H., «Damping of the oscillations in the discharge of a Leyden jar», tesis doctoral, McGill University, 1901.

Cech, Erin A., y Mary Blair-Loy «The changing career trajectories of new parents in STEM», *Proceedings of the National Academy of Sciences*, vol. 116, n.º 10, 2019, págs. 4182-4187.

Curie, Eve, *Madame Curie: A biography*, Da Capo Press, 2001 (trad. cast.: *La vida heroica de María Curie*, Madrid, Espasa-Calpe, 1986).

Curie, Marie, *Pierre Curie: With the autobiographical notes of Marie Curie*, Nueva York, Dover Publications, 1963.

—, «Radium and the new concepts in chemistry», conferencia Nobel, 11 de diciembre de 1911.

Goldsmith, Barbara, *Obsessive genius: The inner world of Marie Curie*, Nueva York, W. W. Norton, 2005 (trad. cast.: *Marie Curie, genio obsesivo*, Barcelona, Antoni Bosch, 2005).

Porter, Anne Marie, y Rachel Ivie, «Women in physics and astronomy, 2019. Report», AIP Statistical Research Center, 2019.

Rayner-Canham, Marelene F., y Geoffrey Rayner-Canham, *A devotion to their science: Pioneer women of radioactivity*, Montreal, McGill-Queen's University Press, 1997.

—, *Harriet Brooks: Pioneer nuclear scientist*, Montreal, McGill-Queen's University Press, 1992.

Rutherford, Ernest, *Correspondence and Papers*, GBR/0012/MS Add.7653, vol. MS Add.7653 recortes de prensa, biblioteca de la Universidad de Cambridge.

Capítulo 5

Calvin, Scott, *Beyond Curie: Four women in physics and their remarkable discoveries, 1903 to 1963*. San Rafael, Morgan & Claypool, 2017.

Lykknes, Annette, y Brigitte Van Tiggelen (comps.), *Women in their element: Selected women's contributions to the periodic system*, Hackensack, World Scientific, 2019.

Meitner, Lise, «Lise Meitner looks back», *Advancement of Science*, vol. 21, 1965, págs. 39-46.

—, Historia oral, entrevista con Lise Meitner, 12 de mayo de 1963, biblioteca y archivos Niels Bohr, American Institute of Physics, College Park, MD.

—, Escritos de Lise Meitner. GBR/0014/MTNR, Centro de archivos Churchill. <https://archivesearch.lib.cam.ac.uk/repositories/9/resources/1733>. Consultada el 9 de febrero de 2024.

Rhodes, Richard, *The making of the atomic bomb*, Nueva York, Simon & Schuster, 1986.

Sime, Ruth Lewin, *Lise Meitner: A life in physics*, Berkeley, University of California Press, 1996.

—, «The Politics of memory: Otto Hahn and the third Reich», *Physics in Perspective*, vol. 8, n.º 1, 2006, págs. 3-51.

Yruma, Jeris Stueland, «How experiments are remembered: The discovery of nuclear fission, 1938-1968», tesis doctoral, Princeton University, 2008.

Capítulo 6

Bertolotti, M., *Celestial messengers: Cosmic rays: The story of scientific adventure*, Heidelberg, Springer, 2013.

Brown, Laurie M., «Hideki Yukawa and the meson theory», *Physics Today*, vol. 39, n.º 12, 1986, págs. 55-62.

Chandra, Bipan, Mridula Mukherjee, Aditya Mukherjee, Kandiyur Narayana Panikkar, y Sucheta Mahajan, *India's struggle for independence*, Londres, Penguin Random House, 2016.

Close, Frank, *Particle Physics: A very short introduction*, Oxford, Oxford University Press, 2004.

Godbole, R. M., y R. Ramaswamy (comps.), *Lilavati's daughters: The women scientists of India*, Bangalore, Indian Academy of Sciences, 2008.

Mukerjee, Madhusree, *Churchill's secret war: The British Empire and the ravaging of India during World War II*, Nueva York, Basic Books, 2011.

Mukherji, Purabi, «Debendra Mohan Bose (1885-1975): An eminent physicist of India», *Current Science*, vol. 109, n.º 12, 2015, págs. 2322-2324.

Powell, Cecil Frank, Peter H. Fowler, y Donald H. Perkins, *The study of elementary particles by the photographic method: An account of the principal techniques and discoveries, illustrated by an atlas of photomicrographs*, Nueva York, Pergamon Press, 1959.

Rentetzi, Maria, «Gender, politics, and radioactivity research in interwar Vienna: The case of the institute for radium research», *Isis*, vol. 95, n.º 3, 2004, págs. 359-393.

Sime, Ruth Lewin, «Marietta Blau: Pioneer of photographic nuclear emulsions and particle physics», *Physics in Perspective*, vol. 15, n.º 1, 2013, págs. 3-32.

Singh, Rajinder, y Suprakash C. Roy, *A jewel unearthed: Bibha Chowdhuri: The story of an indian woman scientist*, Aachen, Shaker Verlag, 2018.

Strohmaier, Brigitte, y Robert W. Rosner, *Marietta Blau, stars of disintegration: Biography of a pioneer of particle physics*, Riverside, Ariadne Press, 2006.

Capítulo 7

Atomic Heritage Foundation, «Voices of the Manhattan Project», proyecto de testimonios orales, Sociedad Histórica de Los Álamos en asociación con el Museo Nacional de Ciencia e Historia Nuclear.

Chiang Tsai-Chien, *Madame Wu Chien-Shiung: The first lady of physics research*, Hackensack, World Scientific, 2013.

Duarte, F. J., «The origin of quantum entanglement experiments based on polarization measurements», *European Physical Journal*, vol. H 37, n.º 2, 2012, págs. 311-318.

Lederman, Leon M., y Christopher T. Hill, *Symmetry and the beautiful universe*, Amherst, Prometheus Books, 2011 (trad. cast.: *La simetría y la belleza del universo*, Barcelona, Tusquets, 2006).

McDonald, Rebecca, «Women scientists of the secret city», *Los Alamos Science and Technology Magazine*, octubre de 2017.

Mitton, Jacqueline, y Simon Mitton, *Vera Rubin: A life*, Cambridge, Belknap Press, 2021 (trad. cast.: *Vera Rubin: una vida*, Barcelona, Shackleton, 2022).

Musser, George, *Spooky action at a distance: The phenomenon that reimagines space and time—And what It means for black holes, the big bang, and theories of everything*, Nueva York, Scientific American/Farrar, Straus and Giroux, 2015.

Rubin, Vera, *Bright galaxies, dark matters*, Nueva York, Springer-Verlag, 1996.

—, entrevista de Vera Rubin a cargo de Alan Lightman, 3 de abril de 1989, biblioteca y archivos Niels Bohr, American Institute of Physics, College Park, MD. <www.aip.org/history-programs/niels-bohr-library/oral-histories/33963>.

Wu Chien-Shiung, «Can we save basic research?», *Physics Today*, vol. 28, n.º 12, 1975, pág. 88.

—, «The discovery of the parity violation in weak interactions and its recent developments», en *Nishina Memorial Lectures*, págs. 43-70, Tokio, Springer, 2008.

—, Wu Papers, University Archives, Rare Book & Manuscript Library, Columbia University.

Yeager, Ashley Jean, *Bright galaxies, dark matter, and beyond: The life of astronomer Vera Rubin*, Cambridge, MIT Press, 2021.

ÍNDICE ONOMÁSTICO Y DE MATERIAS